KB075192

한글 축쇄본

대동여지도

지도 김정호 · 도편 최선웅

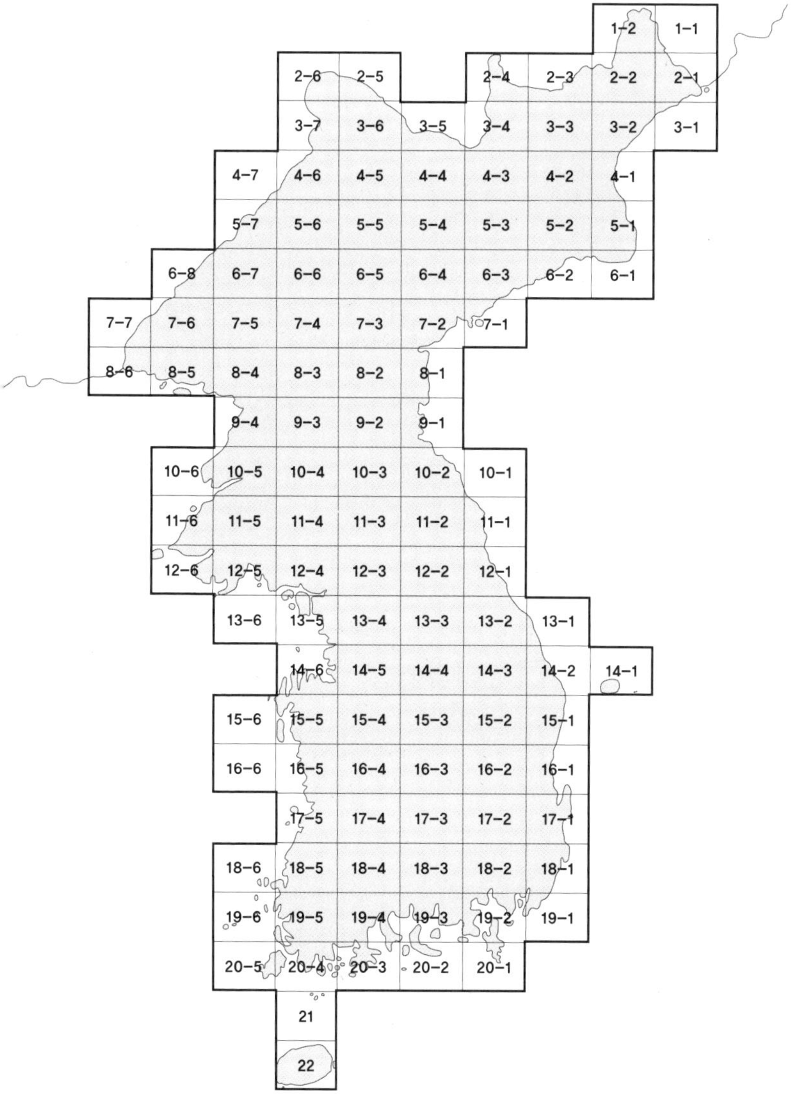
1-2
1-1
2-6
2-5
2-4
2-3
2-2
2-1
3-7
3-6
3-5
3-4
3-3
3-2
3-1
4-7
4-6
4-5
4-4
4-3
4-2
4-1
5-7
5-6
5-5
5-4
5-3
5-2
5-1
6-8
6-7
6-6
6-5
6-4
6-3
6-2
6-1
7-7
7-6
7-5
7-4
7-3
7-2
7-1
8-6
8-5
8-4
8-3
8-2
8-1
9-4
9-3
9-2
9-1
10-6
10-5
10-4
10-3
10-2
10-1
11-6
11-5
11-4
11-3
11-2
11-1
12-6
12-5
12-4
12-3
12-2
12-1
13-6
13-5
13-4
13-3
13-2
13-1
14-6
14-5
14-4
14-3
14-2
14-1
15-6
15-5
15-4
15-3
15-2
15-1
16-6
16-5
16-4
16-3
16-2
16-1
17-5
17-4
17-3
17-2
17-1
18-6
18-5
18-4
18-3
18-2
18-1
19-6
19-5
19-4
19-3
19-2
19-1
20-5
20-4
20-3
20-2
20-1
21
22

說者曰風后受圖九州始布此輿圖之始也山海有經為篇十三此地志
之始也周禮大司徒以下職方司險之官俱以地圖周知險阻辨正
名物戰國時蘇秦甘茂之徒皆據圖而言天下險易蕭何入關先收圖籍
鄧禹馬援亦以此事光武成功名儒者曰鄭玄孔安國以下皆得見圖籍
驗周漢山川蓋圖以察其象書以昭其數左書右書真學者事也
晉裴秀制地圖論畧曰圖書之設由來尚矣自古臺象立制而頼其用三
代置其官史掌其職又曰制地圖之體有六一曰分率所以辨廣輪之度
也　二曰準望所以正彼此之體也三曰道里所以定所由
之數也四曰高下五曰方邪六曰迂直此六者各因地而制形所以校夷
險之實定於道里度數之實定於高下方邪迂直之筭故雖有峻山巨海
之隔絕域殊方之迥登降詭曲之因皆可得擧而正者準望之法既定與
曲直遠近無所隱其形
宋呂祖謙漢輿地圖序曰輿地之有圖古也自成周大司徒掌天下土地
之圖以周知廣輪之數而職方氏之圖後加詳焉迄漢滅秦蕭何先收其
圖書始知天下臨塞戶口多少之差然則尚矣
方輿紀要云正方位辨里道二者方輿之眉目也而或則略之嘗謂言東
則東南東北皆可謂之東審求之則方同而里道恭差里同而山川田互
圖繪可憑也而未可憑記載可信也而未可信惟神明其中者始能通其
意耳若并方隅里道而去之與面墻何異乎

어떤 사람이 이르기를 풍후가 지도를 받아 비로소 구주에 전파하니 이것이 지도의 시초요, 산과 바다에 관한 책이 13편이 되니 이것이 지지의 시초이다. 주례에 대사도 이하 직방·사서·사험의 관리들이 모두 지도를 가지고 험하고 막힌 것을 두루 알고 각지의 명물을 올바로 분별하였으며, 전국시대의 소진·감무의 무리들은 모두 지도에 의해 천하의 험하고 평탄한 것을 말하였다.

소하가 관문에 들어가서 먼저 지도와 서적을 거두고, 등우와 마원은 또한 이로써 광무제를 섬기고 공명을 이루었다. 유학자 정현과 공안국 이하 모두 지도와 서적을 얻어 보아 주·한의 산천을 실제 경험하였으니, 대략 지도로써 그 형상을 살피고 지지로써 그 수를 밝혔으며, 좌측에 지도를 두고 우측에 서적을 두었으니 참다운 학자의 일이라고 하였다.

진나라 배수의 지도 만드는 이론을 간추리면 대략 이러하다. "지도와 서적

지도유설은 〈대동여지도〉의 서문으로, 지도 제작의 기원과 중요성을 밝힌다.

을 만드는 것은 그 유래가 오래되었는데, 옛날 하늘이 형상을 드러내고 제도
를 세운 때부터 활용되었고 3대에는 그 관직을 두어 사가 그 직책을 관장하
였다." 또 "지도를 만드는 데는 6가지 원칙이 있는데, 첫째는 분율이니 그것
은 넓이를 헤아리는 것이다(주례에 동서를 광, 남북을 윤이라 함). 둘째는 준망이
니 이곳과 저곳의 방위를 바르게 하는 것이다. 셋째는 도리이니 이쪽과 저쪽
의 거리를 정하는 것이다. 넷째는 고하이고, 다섯째는 방사요, 여섯째는 우
직이다.

이 6가지로 그 지형에 따라 지도를 만드는 것이니 평탄함과 험함을 헤아리
는 것이기 때문에 지도 모양만 있고 분율이 없으면 원근의 차이를 밝힐 수
없고, 분율이 있되 준망이 없으면 한 곳이 잘되더라도 다른 곳에서 반드시
실패하게 된다. 또한 준망이 있되 도리가 없으면 산과 바다에 막힌 곳도 지
날 수 있듯 보인다. 도리가 있으나 고하·방사·우직과 대조함이 없으면 경
로의 거리가 반드시 원근의 실제와 어긋나게 되고, 준망의 바른 것을 잃게
된다.

그러므로 반드시 이 6가지를 참작하여 고찰한 뒤에 원근의 실제가 분율에
의해 정해지고, 그것의 실제가 도리에 의해서 정해지고, 도수의 실제가 고
하·방사·우직의 계산에 의해서 정해지는 것이다. 그런 까닭에 높은 산과
큰 바다로 막히고, 단절된 지역을 우회하는 방법은 오르내리고 어긋나 굽은
것이 제각기 생겼다 할지라도 준망이 정확하고 곡직원근을 잃지 않는 모양
을 표현해 낼 수 있다."

송나라 여조겸이 쓴 〈한여지도〉의 서문에 이르기를 땅의 지도가 있던 것
은 옛날부터. 성주 때부터 대사도가 천하 토지의 지도를 관장하여 그로써
광륜의 수를 두루 알았고, 직방씨의 지도는 뒤에 더욱 상세해졌다. 한이 진
을 멸망시키기에 이르러서 소하가 먼저 그 지도와 서적을 거두어 비로소 천
하의 험하고 막힌 것과 호구의 많고 적음의 차이를 모두 알았으니 그런즉 오
래된 것이라고 하였다.

《방여기요》에 이르기를 방위를 바로 하고 거리를 밝히는 것의 두 가지는
방여의 요체인데 더러는 그것을 소홀히 한다. 일찍이 이르되 '동쪽'이라 하면
동남쪽이나 동북쪽이나 모두 동쪽이라 할 수 있는데 자세하게 구한다면 방
위는 똑같으나 거리가 들쭉날쭉하고 거리가 같아도 산천이 구불구불할 것이

豆浦江沿八百四十四里
鴨綠江沿二千三十四里　喬桐不入
西北自義州南至通津一千六百八十六里　喬桐不入
南自橫南北至通津一千六百六十里
東自機張西至海南一千八十里　長湍南漢不入
東北起慶興南至機張三千六百十五里
八邑總八千四百十三里　　兩江沿總二千八百八十七里　以邊邑相距計之
文獻備考云三海沿兩江沿總一萬九百三十里　三海沿凡一百二十
民皆將於於吾書有取焉耳
可以不知也世亂則由此而佐折衝鋤強暴時平則以此而經邦國理人
理皆不可以不知也四民行役往來凡水陸之所經險夷趨避之實皆不
民社之寄則彊域之盤錯山澤之藪慝與夫耕桑水泉之利民情風俗之
理民物則財賦之所出軍國之所資皆不可以不知也監司守令受天子
凡邊塞利病之處兵戎措置之宜皆不可以不知也百司庶府執天子之
四夷枝幹強弱之分遲腰重輕之勢不可以不知也宰相佐天子以經邦
地利之所在而爲權衡焉且不獨行軍之一端也天子內撫萬國外莅
敵所愚也故辨要害之處審緩急之機奇正斷千霄中死生變于掌上因
方之險易一一辨其大網識其條貫而欲取信于臨時之鄉導奏於不爲
導用之于臨時者也地利知之于早日者也平日未嘗于九州之形勢四
者不能得地利然不得吾書亦不可以用鄉導鄉導其可恃乎抑何也鄉導
方輿紀要云孫子有言不知山林險阻沮澤之形者不能行軍不用鄉導
經川支流水之大端也其間有滙流者焉有分流絕流者焉
名山支山山之大端也其間有特峙者焉有並峙者焉連峙疊峙者焉

다. 그러면 지도에 그린 것이 믿을 만하지만 꼭 믿을 수 없고, 기재한 것이지만 꼭 믿을 수가 없다. 오직 그 지형을 훤히 아는 사람만이 비로소 그 뜻을 이해할 수 있다. 만약 방위와 거리를 모두 버린다면 담벼락에 얼굴을 대고 있는 것과 무엇이 다르겠는가라고 하였다.

이름난 산에서 갈려 나온 산은 큰 근본이다. 그 사이에 우뚝하게 솟은 것도 있고 나란히 솟은 것도 있고 연이어 솟아 있거나 중첩하여 솟은 것도 있다. 큰 강에서 갈려 나온 물은 큰 근원이다. 그 사이를 돌아 흐르는 것도 있고 나뉘어 흐르는 것도 있고 합쳐서 흐르거나 끊어져 흐르는 것도 있다.

《방여기요》에 손자가 말하기를 산과 숲의 험하고 막힌 것과 늪과 못의 형세를 알지 못하는 사람은 행군을 할 수 없으며, 향도를 쓰지 아니하는 사람은 지세의 이로움을 얻을 수 없다. 그리하여 내 글을 얻지 못하면 또한 가히 향도를 쓸 수가 없으니 향도를 가히 믿을 수 있겠는가. 어째서인가, 향도는 임시로 쓰는 것이고 지세의 이로움은 평소에 알아 두는 것이다. 평소에 일찍이 구주의 형세와 사방의 험하고 평탄한 것에 대해서 하나하나 그 큰 벼리를 판별하고 그 곁가지를 알아 두지 아니하고서 임시로 향도에게서 믿음을 취하고자 하면 어떻게 적이 어리석게 여기는 바가 되지 않을 수 있겠는가.

그러므로 요새가 되는 곳을 구별할 줄 알고 느리고 급한 기미를 살피면, 기습 공격하는 것과 정면 공격하는 것이 가슴 속에서 결정되고, 죽고 사는 것이 손바닥 위에서 변하게 되니, 지세의 이로움이 있는 곳에 의지하여 임기응변하는 것이다. 또한 행군뿐만 아니라 천자가 안으로 만국을 다스리고 밖으로 사방의 오랑캐에 임하는 데 있어 가지와 줄기, 강한 것과 약한 것의 구분과 가장자리와 중심, 중요한 것과 가벼운 것의 형세를 몰라서는 안 된다.

재상이 천자를 도와서 나라를 다스리는 데 무릇 변방 요새의 유리하고 불리한 곳과, 전쟁에 대한 마땅함을 몰라서는 안 되는 것이다. 모든 관원과 여러 부서에서 천자를 위해 백성과 사물을 함께 다스리는 데 있어 재물과 세금이 나오는 곳과 국방과 나랏일의 바탕을 모두 알아야 한다. 감사와 수령들은 천자가 백성과 사직을 맡겼으면 그 지역에 뒤섞여 있는 것과 산과 못의 우거지고 숨겨진 것, 그리고 농사짓고 누에치고, 샘물을 쓰는 데 유리한 것과 백성들의 실정과 풍속을 다스리는 모든 것을 알아야 한다.

백성이 여행하고 왕래하는 데 무릇 수로나 육로의 험하고 평탄함에 따라 나아가고 피하는 내용들을 모두 몰라서는 안 된다. 세상이 어지러우면 이로 말미암아서 쳐들어오는 적을 막아 강폭한 무리들을 제거하고, 시절이 평화로우면 이로써 나라를 경영하고 백성을 다스리니 모두 내 글을 따라서 취하는 것이 있을 따름이라고 하였다.

《문헌비고》에 따르면 3해의 연변과 두 강의 연변이 총 10,930리, 3해의 연변 128읍에 총 8,043리, 두 강의 연변 총 2,887리(변방 고을과의 거리), 동북쪽 경흥에서 남쪽 기장까지 3,615리, 동쪽 기장에서 서쪽 해남까지 1,080리(거제와 남해는 제외), 남쪽 해남에서 북쪽 통진까지 1,660리(제주, 진도, 강화 제외), 서북쪽 의주에서 남쪽 통진까지 1,686리(교동 제외), 압록강 연변은 2,034리, 두만강 연변 844리이다.(황의열 역 재해석)

道	州縣	大小營	鎭堡	山城	烽燧	驛站	坊面	田賦	民戶	人口	軍摠	牧場	倉庫	穀摠
平安	四十二	十二							十七万	七十八万	二十万		四十	四十万
咸鏡	二十五	十二							十九万	七十一万		五	六十	二十万
黃海	二十三	八	十四		四十六				十三万	五十三万		五	二十九	三十万
江原	二十六	二			十一			四万二千	八万	三十三万				八十万
全羅	五十六	十一	三十	七	四十三				二十四万	九十万		五十		一百万
慶尙	七十一	三十	二十七	五	一百四十三				三十万	一百五十万				一百万
忠淸	五十四	八	五	二	四十四	七十一	五百六十二	二十五万六千	二十一万七千	八十六万八千	十七万一千	三	一百三十七	八十六万
京畿	三十七	十二	二十七	五	四十	四十九	四百七十六	八万六千	十一万三千	四十六万一千	九万三千	二十一	六十六	三十七万
濟州	面 二十七	海堡 十	烽 二十七									牧所 十四		
京都	坊 五十六	津堡 二	烽 七	驛 二					戶 四万四千	口 十八万七千				

경도

방 56, 진보 2, 봉수 7, 역 2, 호 44,000, 인구 187,000

경기

주현 37, 대소영 12, 진보 27, 산성 5, 봉수 40, 역참 49,
방면 476, 전부 86,000결, 민호 113,000, 인구 461,000,
군총 93,000, 목장 21, 창고 66, 곡총 370,000

충청

주현 54, 대소영 8, 진보 5, 산성 2, 봉수 44, 역참 71, 방면 562, 전부
256,000결, 민호 217,000, 인구 868,000, 군총 171,000, 목장 3, 창고 137,
곡총 860,000

팔도행정통계는 조선의 중요한 행정통계를 도별로 정리해 놓은 것이다.

경상

주현 71, 대소영 11, 진보 30, 산성 7, 봉수 134, 역참 161,
방면 947, 전부 337,000결, 민호 335,000, 인구 1,447,000,
군총 392,000, 목장 11, 창고 320, 곡총 1,820,000

전라

주현 56, 대소영 10, 진보 28, 산성 6, 봉수 43, 역참 59,
방면 777, 전부 341,000결, 민호 247,000, 인구 917,000,
군총 296,000, 목장 50, 창고 366, 곡총 1,720,000

강원

주현 26, 대소영 5, 진보 2, 봉수 11, 역참 81, 방면 239,
전부 42,000결, 민호 81,000, 인구 343,000, 군총 48,000,
창고 93, 곡총 180,000

황해

주현 23, 대소영 8, 진보 14, 산성 6, 봉수 46, 역참 29,
방면 317, 전부 132,000결, 민호 124,000, 인구 533,000,
군총 167,000, 목장 5, 창고 125, 곡총 370,000

함경

주현 25, 대소영 11, 진보 41, 봉수 151, 역참 60, 방면 281,
전부 118,000결, 민호 119,000, 인구 713,000, 군총 156,000,
목장 5, 창고 261, 곡총 1,270,000

평안

주현 42, 대소영 12, 진보 57, 산성 9, 봉수 127, 역참 44,
방면 479, 전부 119,000결, 민호 197,000, 인구 781,000,
군총 285,000, 목장 5, 창고 434, 곡총 1,100,000

제주

면 27, 해보 10, 봉수 27, 목소 14

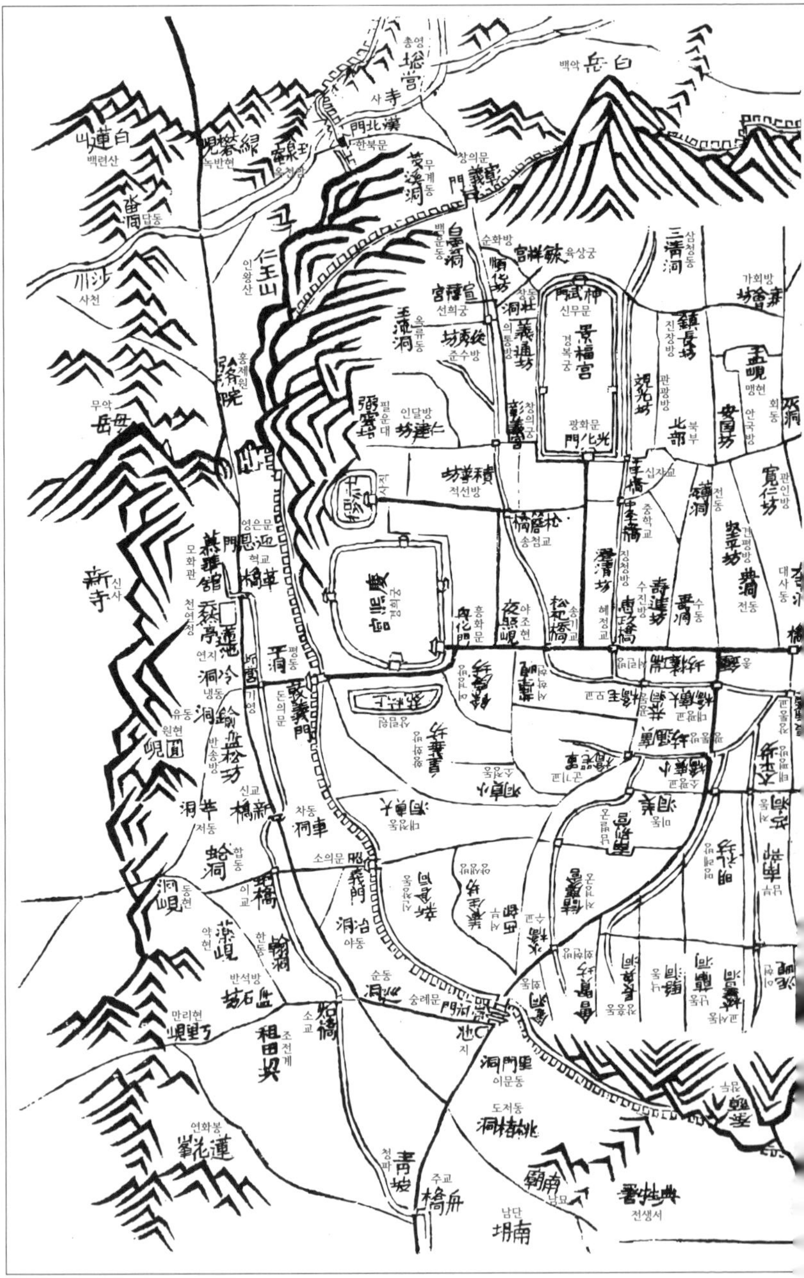

10 도성에는 흥인문·돈의문·숭례문·숙정문의 4대문과 4소문이 있었다.

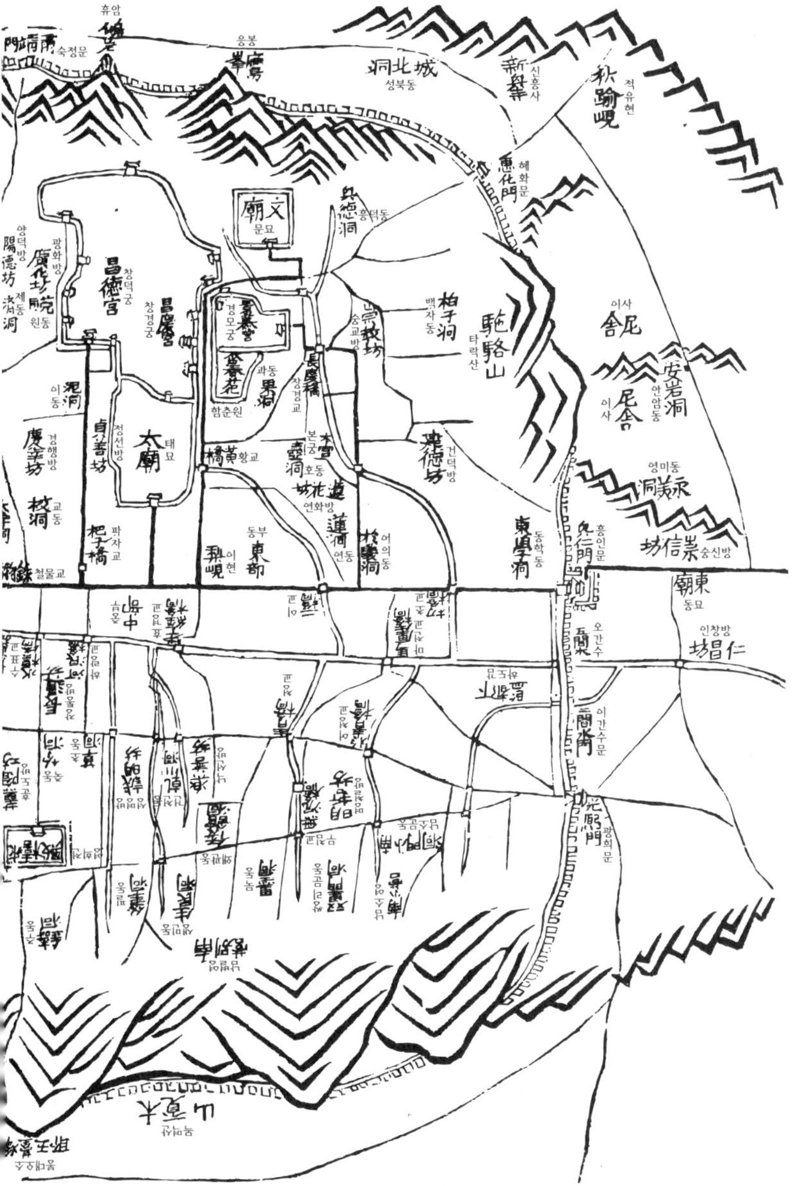

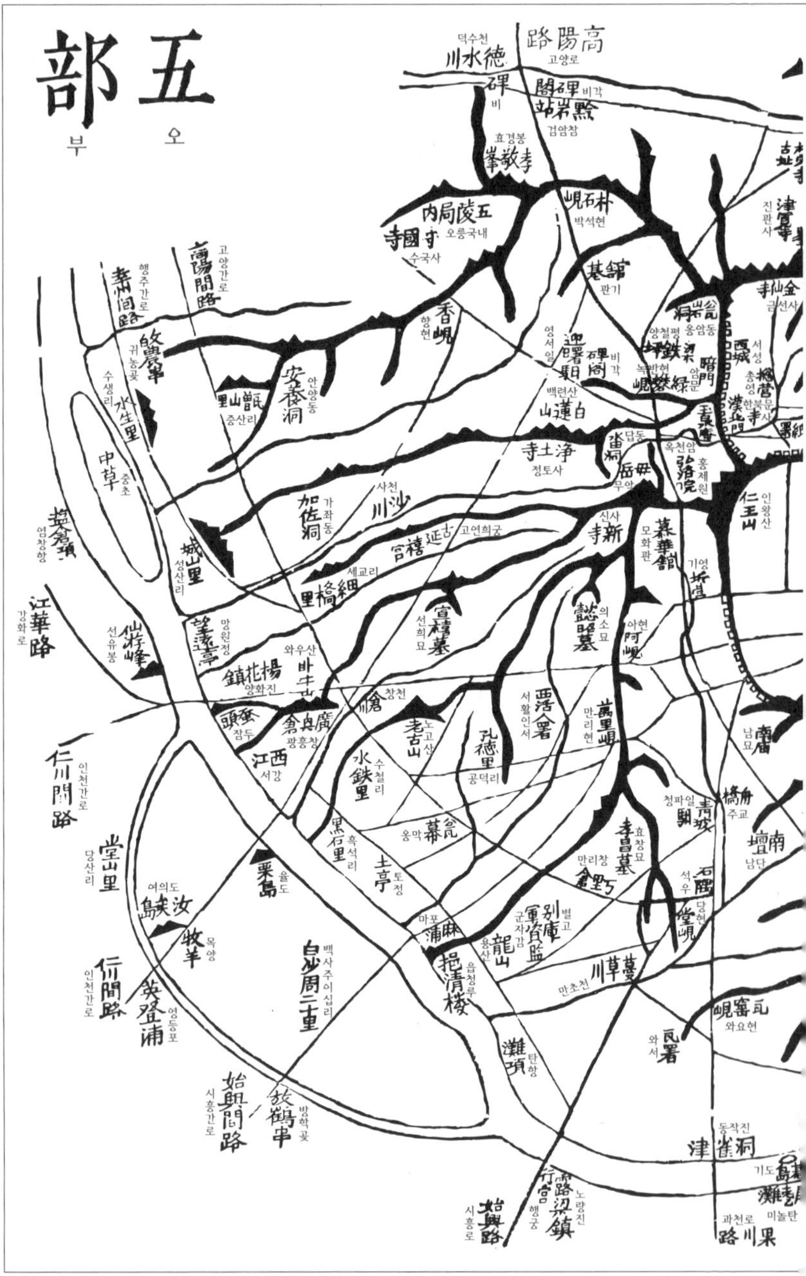

部五

서강과 마포·용산은 상업이 성했고, 왕십리와 전관평은 근교농업이 성했다.

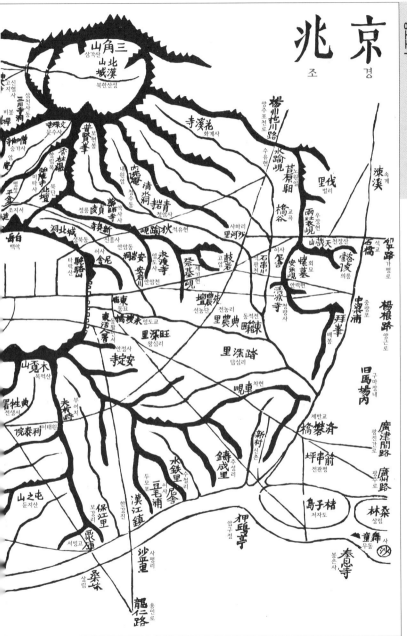

경조오부(京兆五部)는 도성 주변 10리까지를 포함하는 지역이다.   13

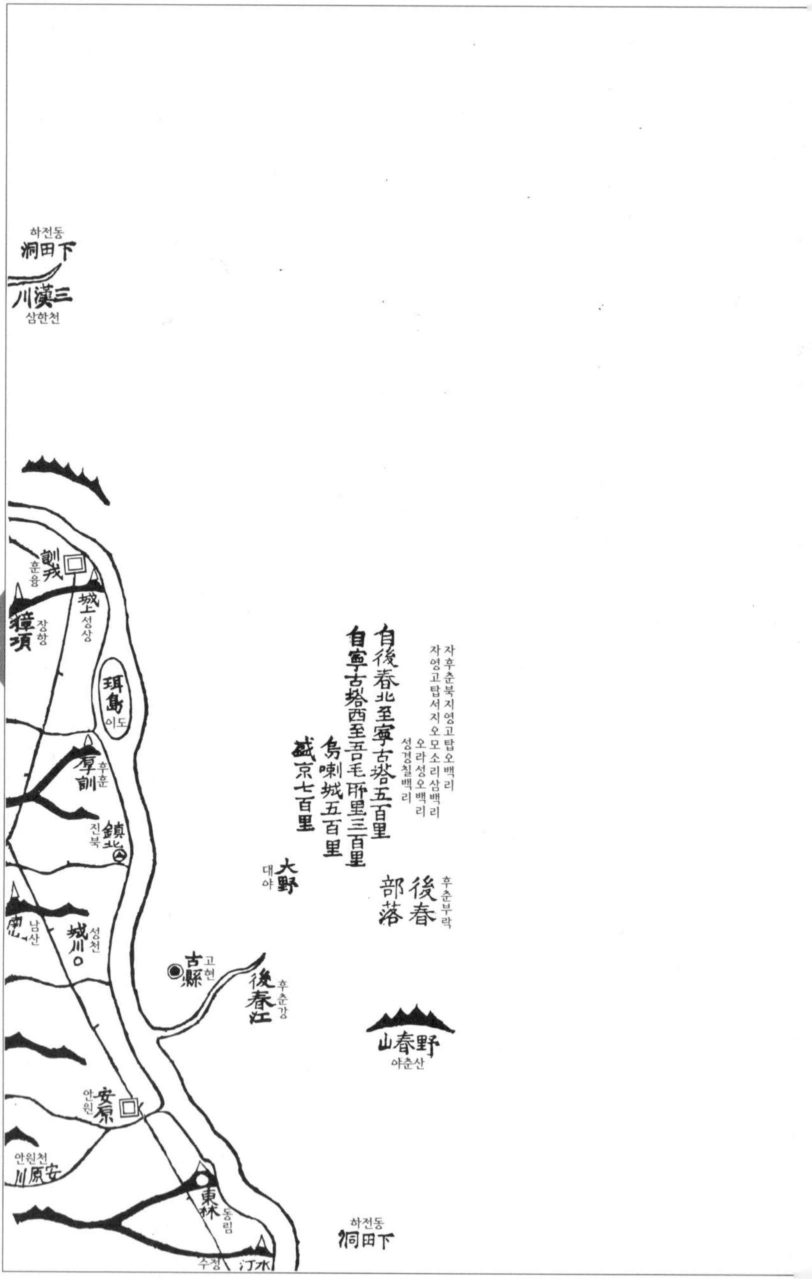

洞田下
하전동

三漢川
삼한천

1-2

訓戎
훈융

城上
성상

獐項
장항

珥島
이도

厚訓
후훈

鎭北
진북

城川
성천
남산

古縣
고현

後春江
후춘강

安原
안원

安原川
안원천

東林
동림

汀水
수정

洞田下
하전동

自後春北至寧古塔五百里
자후춘북지영고탑오백리

自�古塔西至吾毛所里三百里
자영고탑서지오모소리삼백리

烏喇城五百里
오라성오백리

盛京七百里
성경칠백리

大野
대야

後春
후춘

部落
부락

春野山
야춘산

훈융보(訓戎堡)는 조선 세종 때 설치된 경원도호부 9개 요충지의 하나이다.

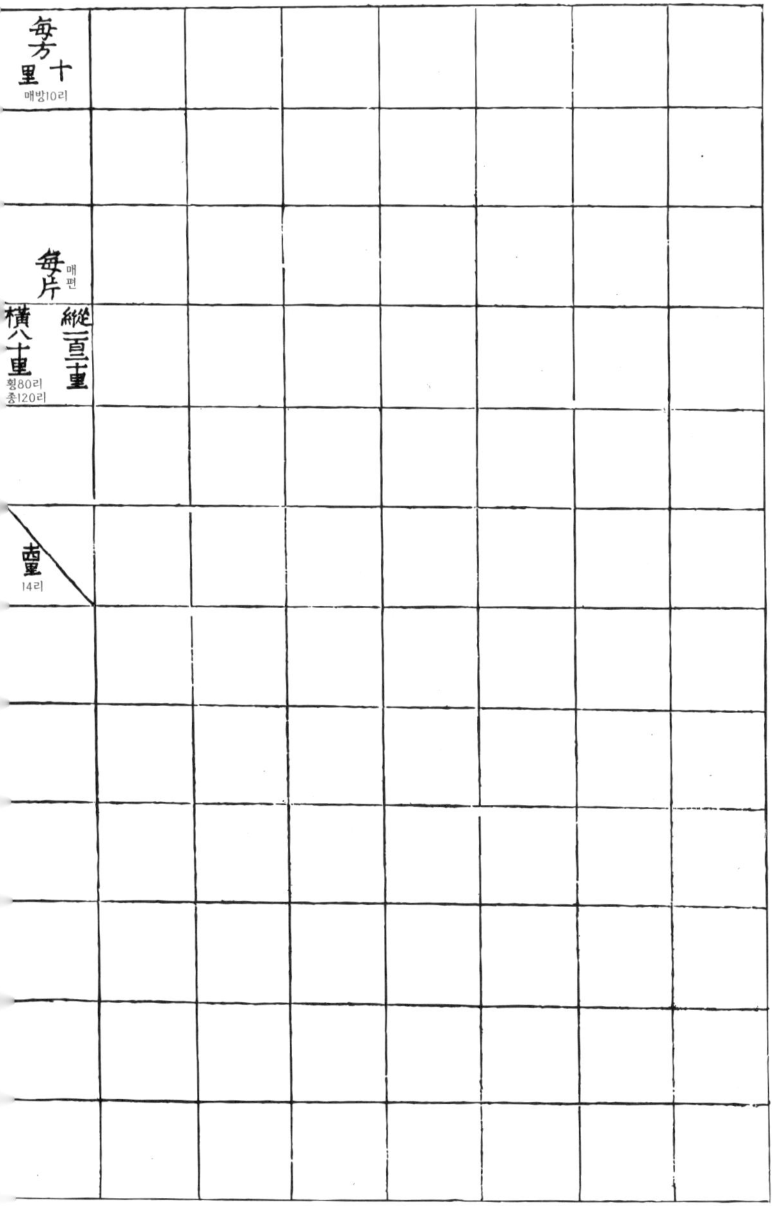

每方十里
매방10리

每片 매편
橫八十重 縱一百二十重
횡80리
총120리

壹
14리

〈대동여지도〉는 매방십리(每方十里) 방격(方格)에 의해 제작된 지도이다. 15

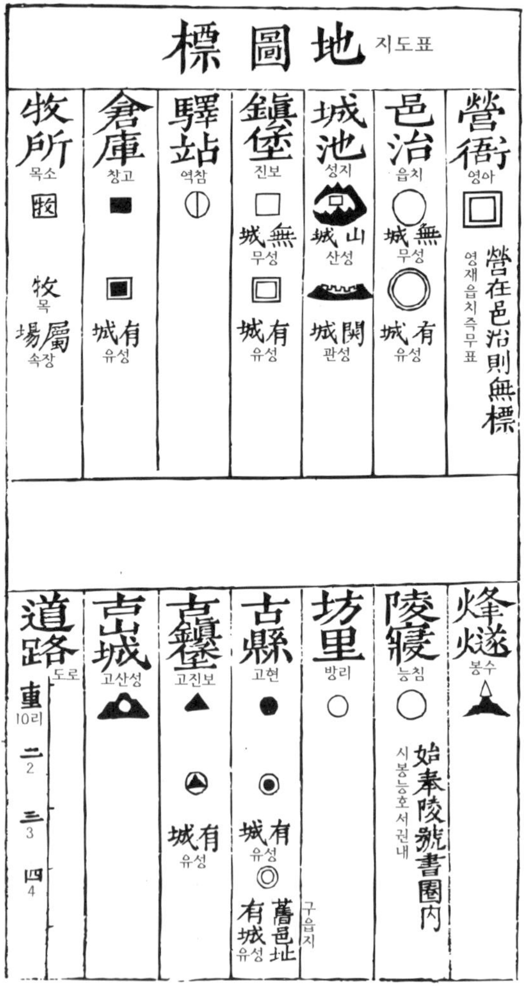
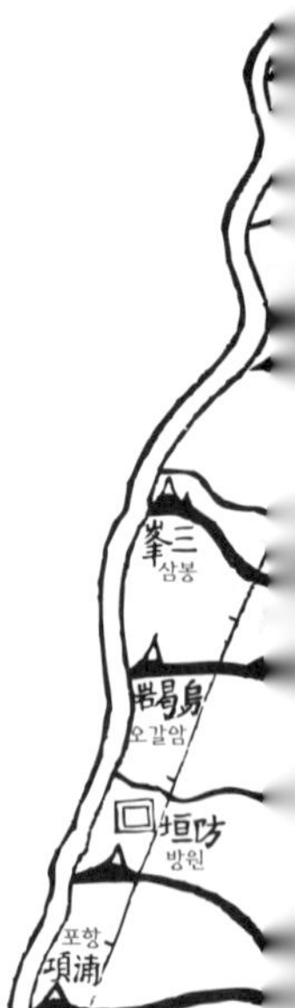

〈대동여지도〉에 사용된 지도표(地圖標)는 현대 지도의 지도범례와 같다.

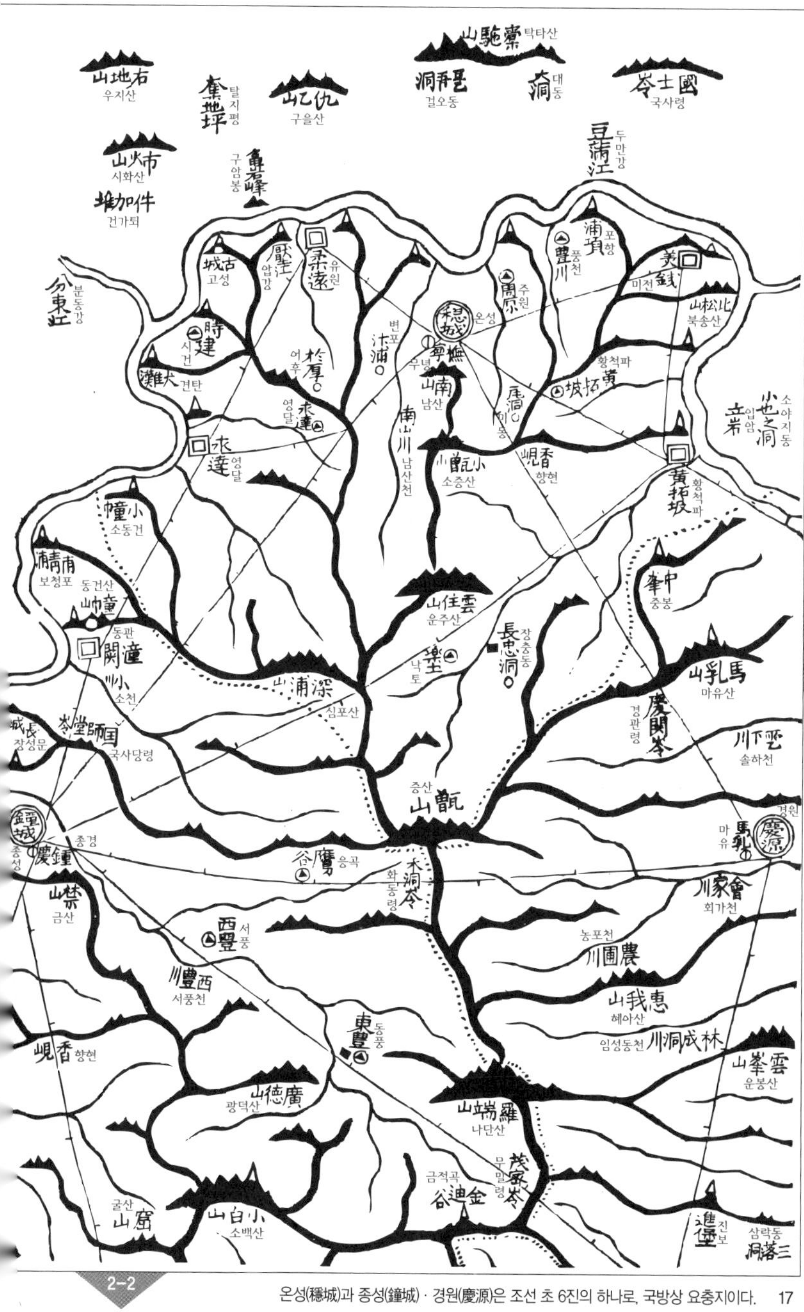

山駝橐 탁타산
洞乔昆 검오동
洞 대동
岑士國 국사령
山地右 우지산
奪苹 탈지령
山乙仇 구을산
山火市 시화산
坡加件 건가퇴
鼻嶰峰 구암봉
豆滿江 두만강
浦積 포항
豊川 풍천
美口戍 미전첨
分東垂 분동수
城古 고성
嚴山 암산
柔遠 유원
穩城 온성
南界 남계
唐 당
山松北 봉송산
小也洞 소야지동
音崖 음애
黃拓坡 황척파
時建 시건
灘犬 견탄
杆厚 우두
沽海 고해
山南 남산
南山川 남산천
甑山 소증산
峴香 향현
城拓夷 성척이
黃拓坡 황척파
水達 수달
幢小 소동건
靖甫 보청포
동건산
岬童 영달
關童 동관
山浦深 신포산
山住雲 운주산
鐘土 종토
長中洞 장충동
奉中 중봉
山乳馬 마유산
慶關峯 경관령
川下乺 솔하천
城長 장성무
岬童 국사당령
山禁 금산
鐘城 종성
慶鐘 경종
甑山 증산
甕谷 응곡
木洞令 화동령
慶源 경원
馬乳 마유
川家會 회가천
西豐 서풍
川豐西 서풍천
川圃農 농포천
山我惠 혜아산
川洞成林 임성동천
東豐 동풍
山峯雲 운봉산
峴香 향현
山德廣 광덕산
山端羅 나단산
金迪谷 금적곡
무모령
進堡 삼락동
洞落三 삼락동
山窟 굴산
山白小 소백산

2-2

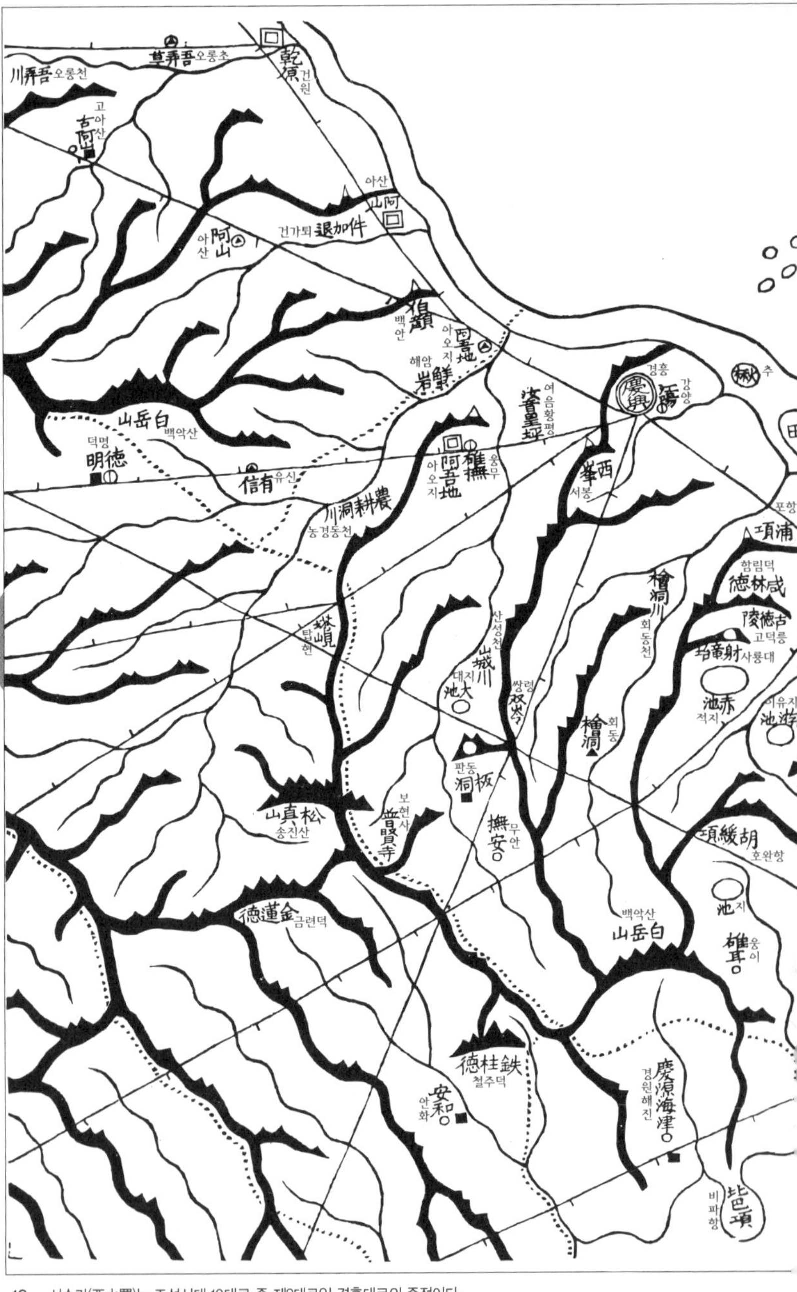

川弄吾 오룡천
草弄吾 오룡초
乾原 건원
古阿 고아산
退加件 건가퇴
阿山 아산
阿山 아산
嶺 백안
阿嬴巖鮮 아오지 해암
慶興 경흥
客皇坪 여음황평
西峰 서봉
山岳白 백악산
德明 덕명
信有 유신
阿嬴地 아오지
農耕洞川 농경동천
項浦 포항
德林咸 함림덕
德陵古 고덕릉
射帝台 사룡대
嶺 탑현
檜川 회동천
山城川 대성천
池大 대지
夜雙 쌍령
池赤 적지
池游 유지지
松真山 송진산
檜洞 회동
普賢寺 보현사
板洞 판동
撫安 무안
項綏胡 호완항
德蓮金 금련덕
山岳白 백악산
池 지
耕其 용이
鐵桂德 철주덕
安和 안화
山岳白 백악산
慶源海津 경원해진
項巴 비파항

　서수라(西水羅)는 조선시대 10대로 중 제2대로인 경흥대로의 종점이다.

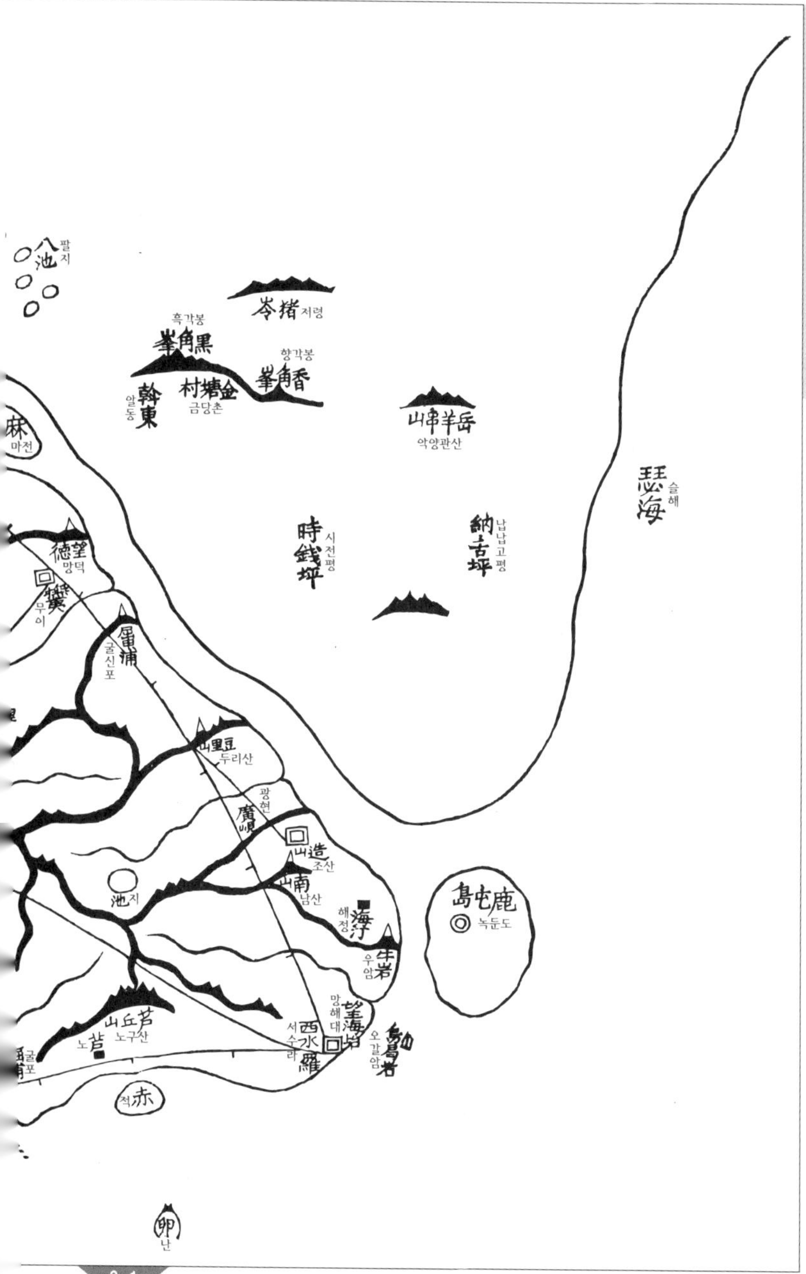

八池 팔지

岺猪 저령

峯角黑 흑각봉

峯角香 향각봉

村塘金 금당촌

幹東 알동

山串羊岳 악양판산

麻 마전

瑟海 슬해

時錢坪 시전령

納古坪 납납너고령

德 望 망덕

寞 무이

屯浦 굴신포

里豆山 두리산

廣峴 광현

池 지

山造 조산

山南 남산

海浮 해정

串牛 우암

島屯鹿 녹둔도

◎ 녹둔도

山丘若 노구잔

望海坮 망해대

西水羅 서수라

島烏 오갈암

赤 적굴포

卯 난

녹둔도는 조선의 영토였으나, 1860년 베이징조약 이후 러시아에 편입되었다.   19

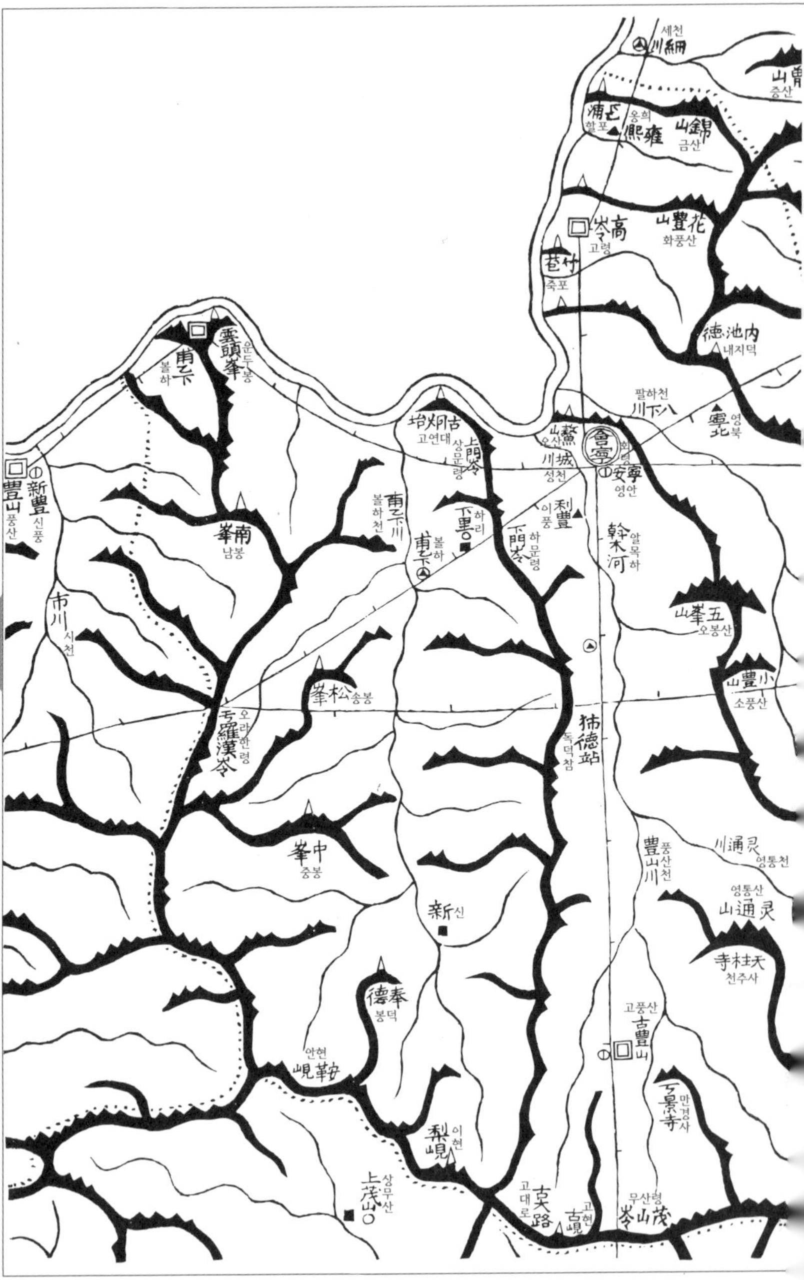

세천
川細

山帽
증산

浦正
할포
옹희
熙雍

山錦
금산

岑高
고령
화풍산
山豐花

苫竹
죽포

德池內
내지덕

雲頭峯
운두봉
甫乙下
볼하

山城
성천
팔하천
川下八

蒸山
오농대
蒸川

曾寧
會寧
安寧
영안

雲北
영북

坮炯古
고연대

新豐
신풍

豐山
풍산

上門岑
요농령

下乭里
하리

利豐
이풍

幹木河
알목하

峯南
남봉

甫乙下川
볼하천

甫下
볼하

下門岑
하문령

山峯五
오봉산

市川
시천

峯松
송봉
오라한령

德漢谷
두라한곡

山豐小
소풍산

猫德站
묘덕점

豐山川
풍산천

峯中
중봉

新신

川通
영통천

山通灵
영통산

寺柱天
천주사

峯奉
봉덕

안현
峴華安

古豐山
고풍산

寺景萬
만경사

梨峴
이현

상무산
上茂山

고대로
古
茂山峯
무산령

路英
고현

20   회령(會寧)은 두만강 변 방어의 중요한 거점으로, 6진이 설치되었던 곳이다.

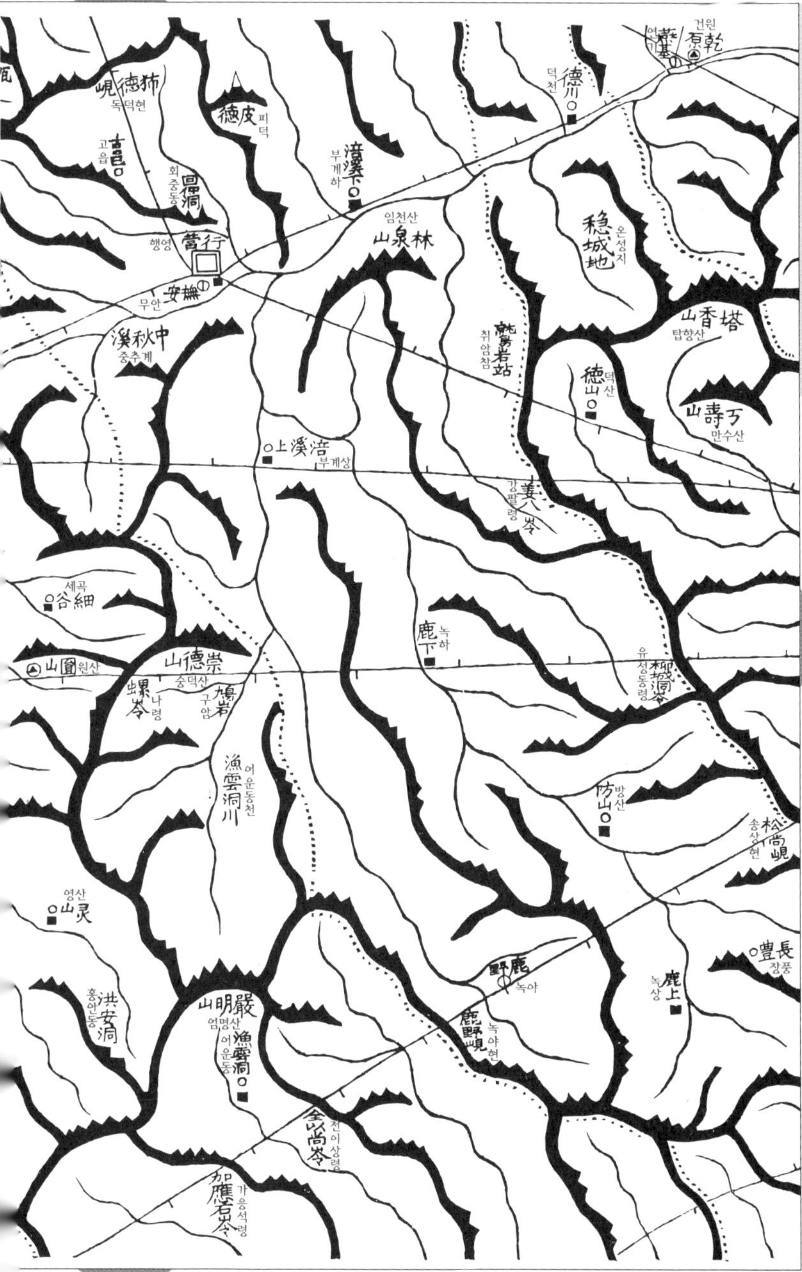

瓦

행영(行營)은 북병사가 있던 곳으로, 회령·종성·온성·경원을 연결하는 요충지였다. 21

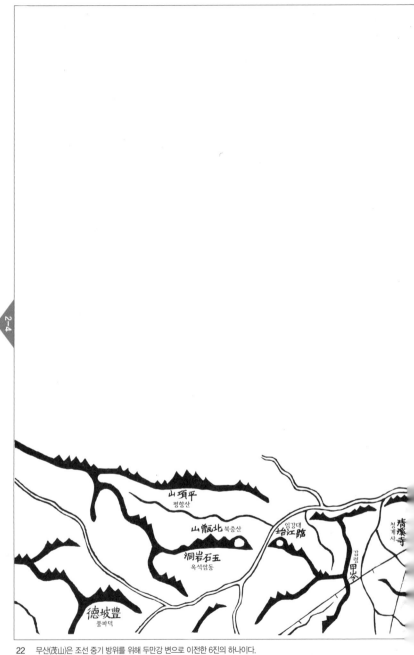

山項平
평항산

山甑北 북증산

臨江台
임강대

洞岩石玉
옥석암동

淸溪寺
청계사

甲岑
갑령

德坡豊
풍파덕

무산(茂山)은 조선 중기 방위를 위해 두만강 변으로 이전한 6진의 하나이다.

2-4

2-2

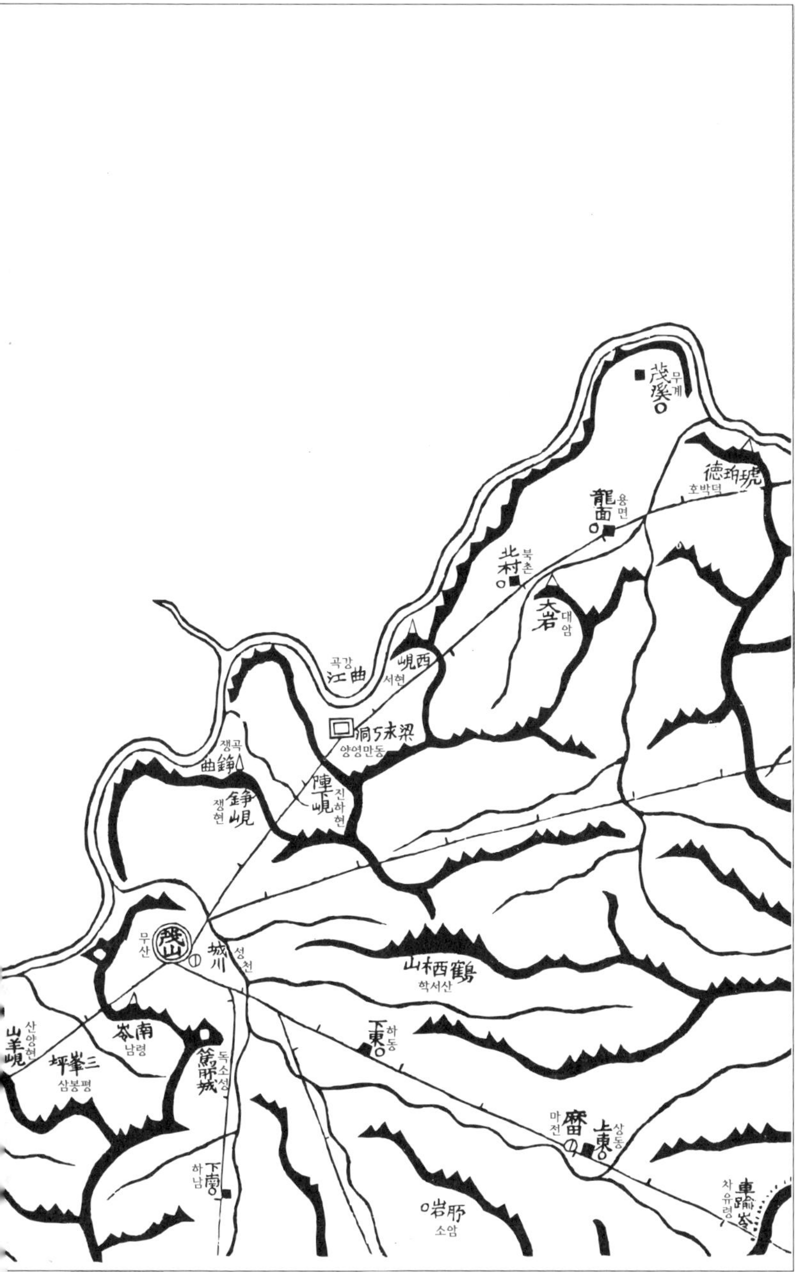

무계 茂溪

德琊琥

龍面 용면

호박덕

北村 북촌

大岩 대암

江曲 곡강

峴西 서현

梁末5洞 양영만동

曲鋒 쟁곡

爭峴 쟁현

陣峴 진하현

茂山 무산

城川 성천

山栖鶴 학서산

嶺南 남령

東 하동

山羊峴 산상양현

坪峰三 삼봉평

簡那城 동소성

審上東 상동 마전

下南 하남

岩肵 소암

車踰峁 차유령

양영만동보(梁永萬洞堡)는 종9품 권관(權官)이 맡아 지키던 관방 시설이다.   23

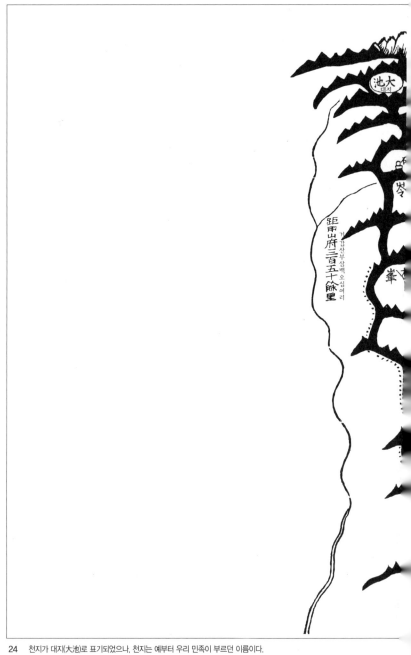

距甲山府三百五十餘里

池大
대지

가갑산부상백오십여리

岑

峯

천지가 대지(大池)로 표기되었으나, 천지는 예부터 우리 민족이 부르던 이름이다.

분계강(分界江)은 조선과 중국의 국경이라고 했으나, 실제는 존재하지 않는 강이다.

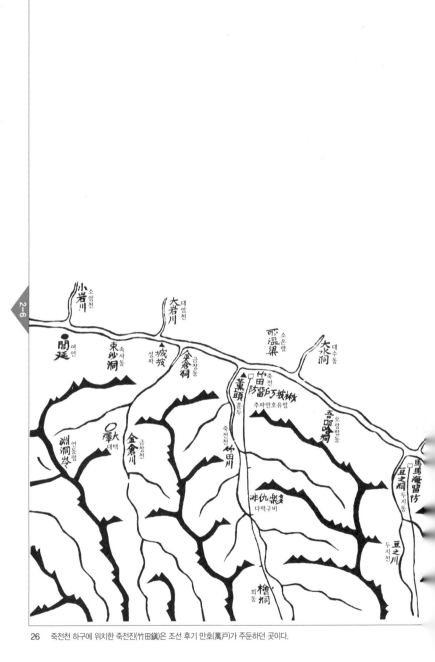

小岩川 소암천

間延 여연

束沙洞 속사동

城坡 성파

大岩川 대암천

金倉洞 금창동

阿溫梁 소온량

大水洞 대수동

薰頭 훈두

竹田防畓万戶城牒 죽전방답만호성첩

추파만호유방

吾郞合洞 오랑합동

淵洞岑 연동령

澤大 대택

金倉川 금금창천

竹田川 죽전천

非仇樂冬 다락구비

馬海留防 두지동

豆之洞 두지동

豆之川 두지천

檜洞 회동

2-6

26   죽전천 하구에 위치한 죽전진(竹田鎭)은 조선 후기 만호(萬戶)가 주둔하던 곳이다.

食鹽洞 _{식염동}

마마해유방

河山 _{하산}

莫從洞 _{막종동}

直洞 _{직동}

秦浦 _{봉포}

大澤○ _{대택}

압록강이 밋밋하게 그려져 있으나, 실제는 심하게 곡류를 이루는 구간이다.　27

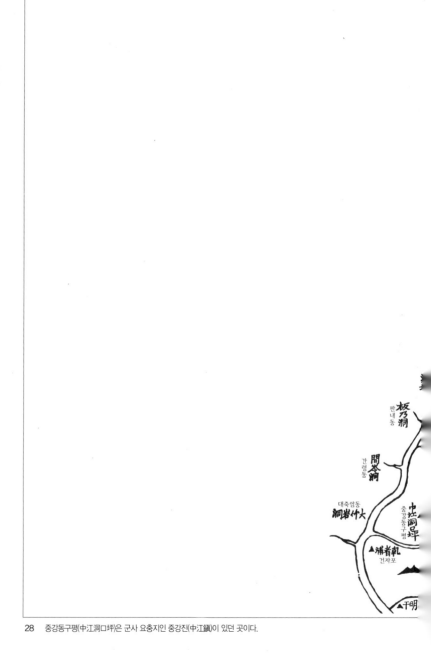

板乃洞
판내동

間令洞
간령동

大竹岩洞
대죽암동

中江洞坪
중강동구평

▲浦者乳
건자포

▲干明

　중강동구평(中江洞口坪)은 군사 요충지인 중강진(中江鎭)이 있던 곳이다.

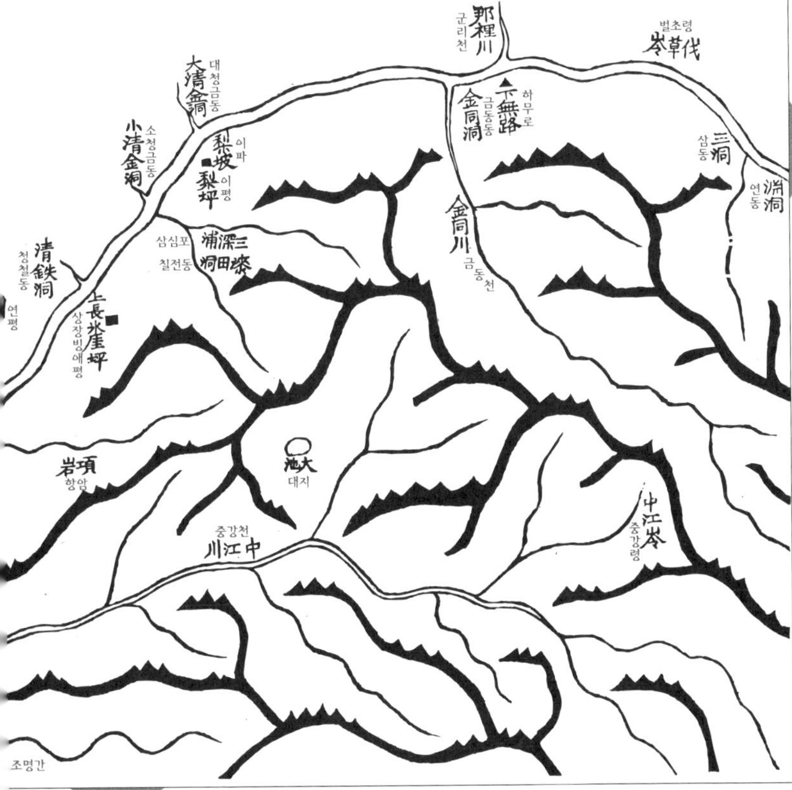

서북 방향으로 흐르던 압록강이 남서 방향으로 물줄기를 크게 바꾸는 구간이다. 　29

郡裡川
군리천
벌초령
岺草伐
大清金洞
대청금동
下無路
하무로
金同洞
금동동
小清金洞
소청금동
梨坡
이파
梨坪
이평
三洞
삼동
淵洞
연동
金同川
금동천
浦深三
삼심포
洞田漆
칠전동
清銕洞
청철동
연평
上長氷厓坪
상장빙애평
岩項
항암
池大
대지
중강천
川江中
中江岺
중강령
조명간
2-5
3-7

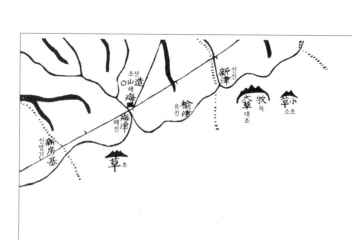

　해안 지역은 온성과 종성·회령의 남쪽 해안으로, 현재는 나선시와 청진시 지역이다.

대초도(大草島)는 조선시대 말을 기르던 목장 섬으로, '마섬'이라고도 부른다.

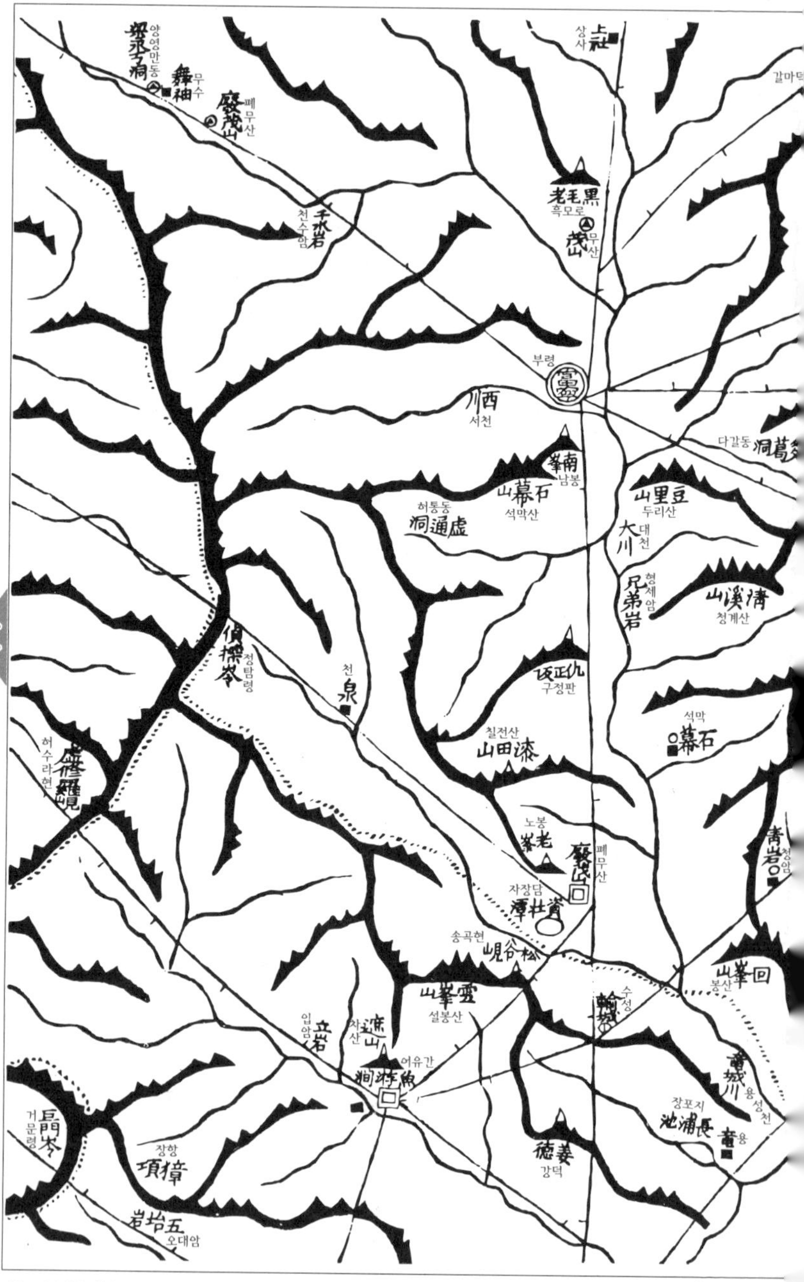

上社
상사

黑毛茂
흑모산

갈마덕

富寧
부령

川西
서천

洞葛多
다갈동

輔南峯
남봉

石幕山
석막산

虛通洞
허통동

豆里山
두리산

大川
대천

淸溪山
청계산

현세암

兄弟岩

翠茂洞

舞袖
무수

廢茂山
폐무산

千水岩
천수암

양영안만동

仇正坂
구정판

石幕
석막

幕石

九天泉
천泉

칠전산

漆田山
칠전산

倶搽岾
정탑령

老峯
노봉

廢茂山
폐무산

雀雉峴
허수라현

薄柱嶺
자장담

松谷峴
송곡현

回峯山
봉사현

수성

靈峯山
설봉산

朝嶺
수성

입암산

笠岩
처산

竜城川
성천

青峯

池浦長
룡

長浦지

鯉游涧

어유간

門岩
거문령

項障
장항

姜德
강덕

五岩岩
오대암

부령(富寧)은 세종 31년 부거현이 폐지된 이후 이전된 곳으로, 6진이 설치되었다.

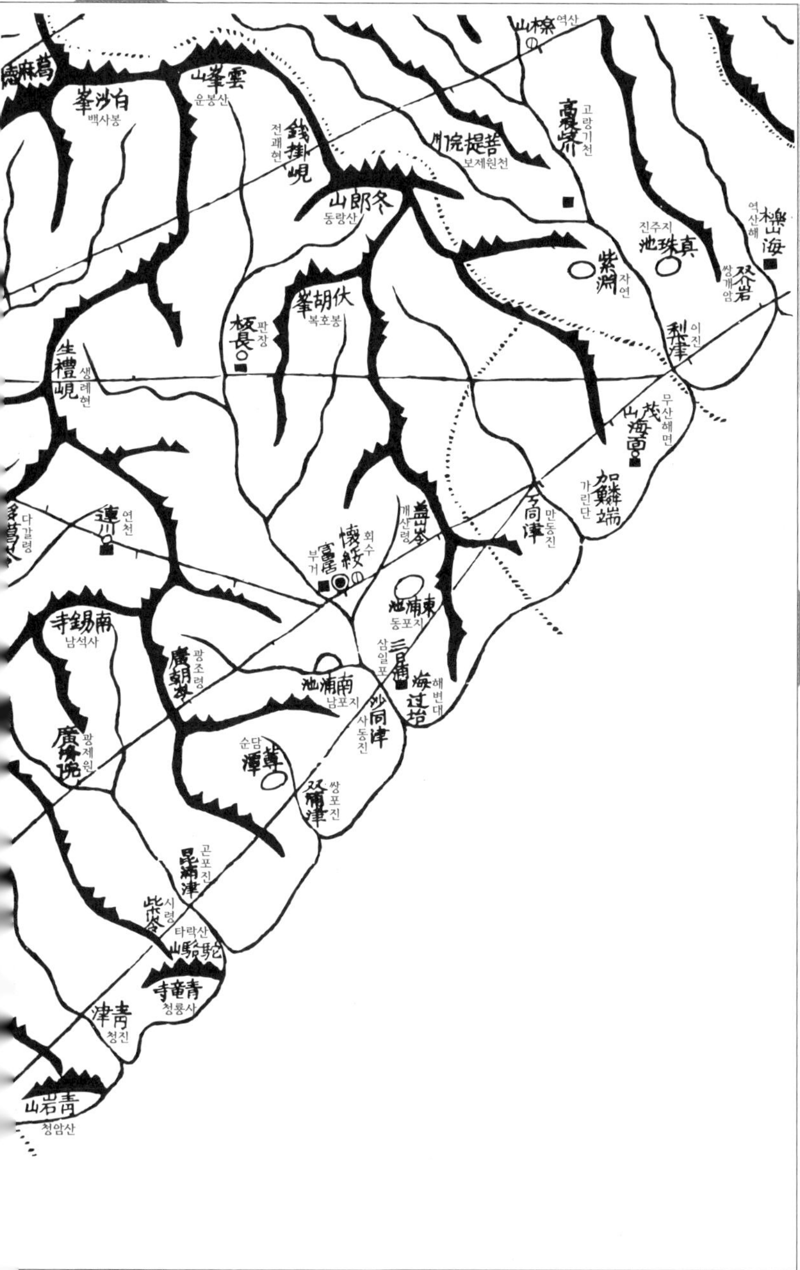

고현인 부거(富居)는 세종 14년에 설치된 여진을 방어하는 전초기지였다. 　33

역산
운봉산
백사봉
전괘현
보제원천
고랑기천
동랑산
진주지
역산해
쌍개암
자연
이진
복호봉
판장
생례현
무산해면
가린단
만동진
개산령
회수
연천
다갈령
동포지
삼일포
남석사
광조령
남포지
해변대
사동진
광제원
순담
쌍포진
곤포진
시령
타락산
청룡사
청진
청암산
3-1
4-1

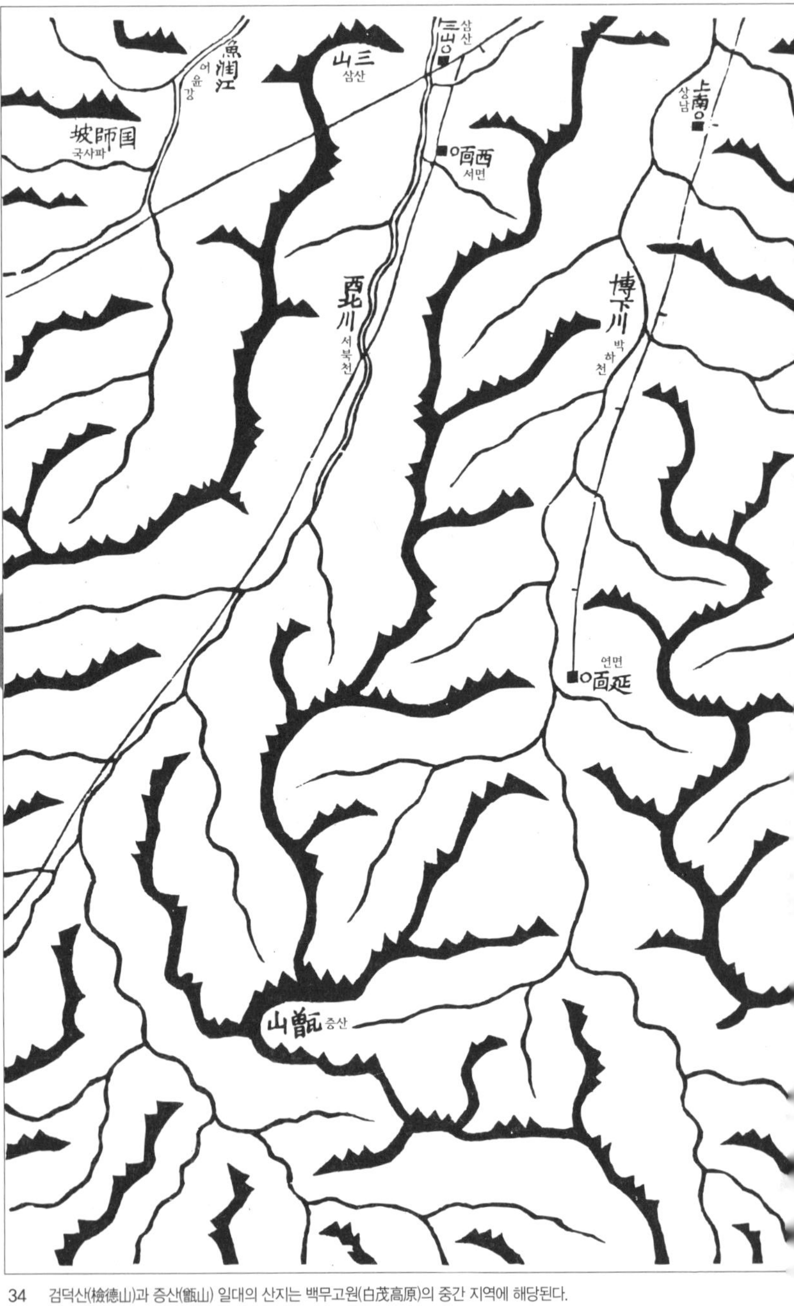

　검덕산(檢德山)과 증산(甑山) 일대의 산지는 백무고원(白茂高原)의 중간 지역에 해당된다.

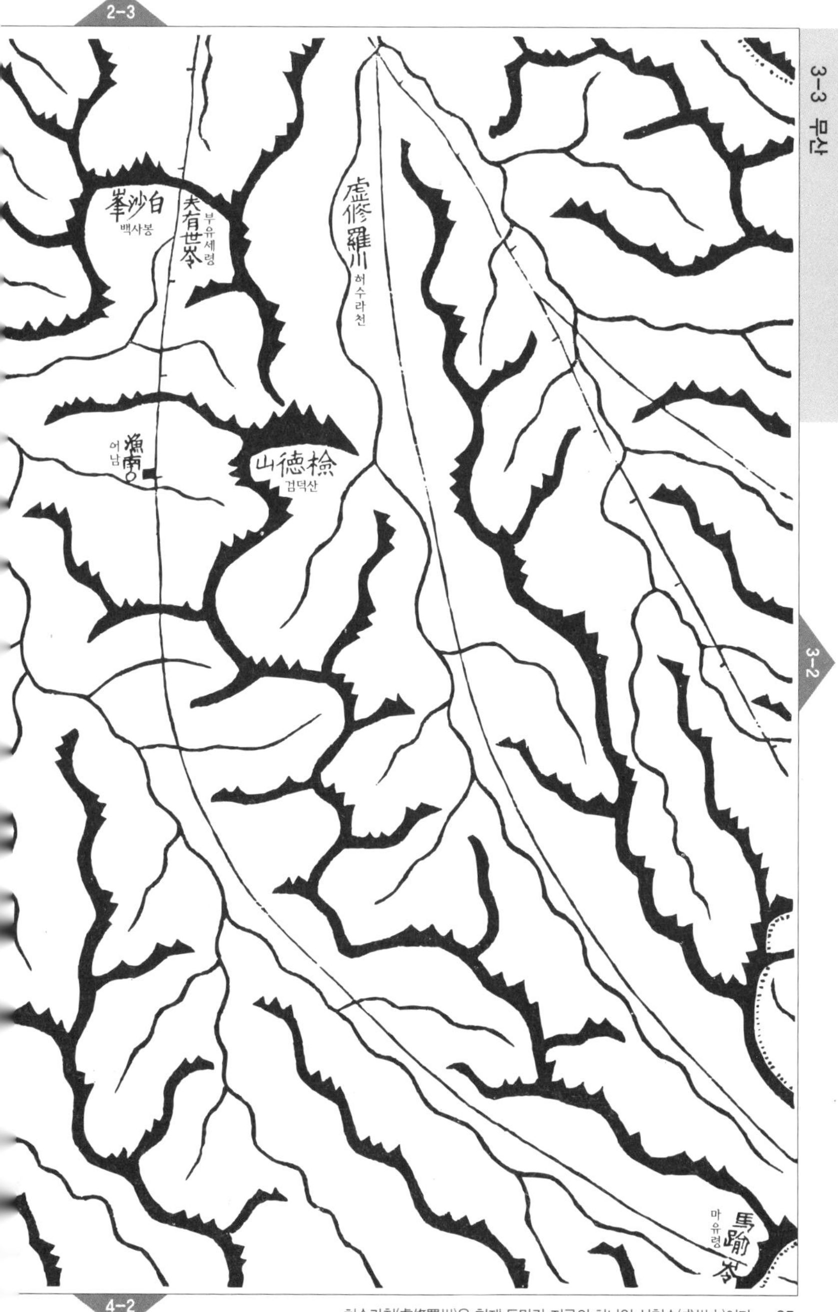

白沙峯
백사봉

夫有世嶺
부유세령

虛修羅川
허수라천

漁南
어남

檢德山
검덕산

馬踰嶺
마유령

허수라천(虛修羅川)은 현재 두만강 지류의 하나인 성천수(成川水)이다.　35

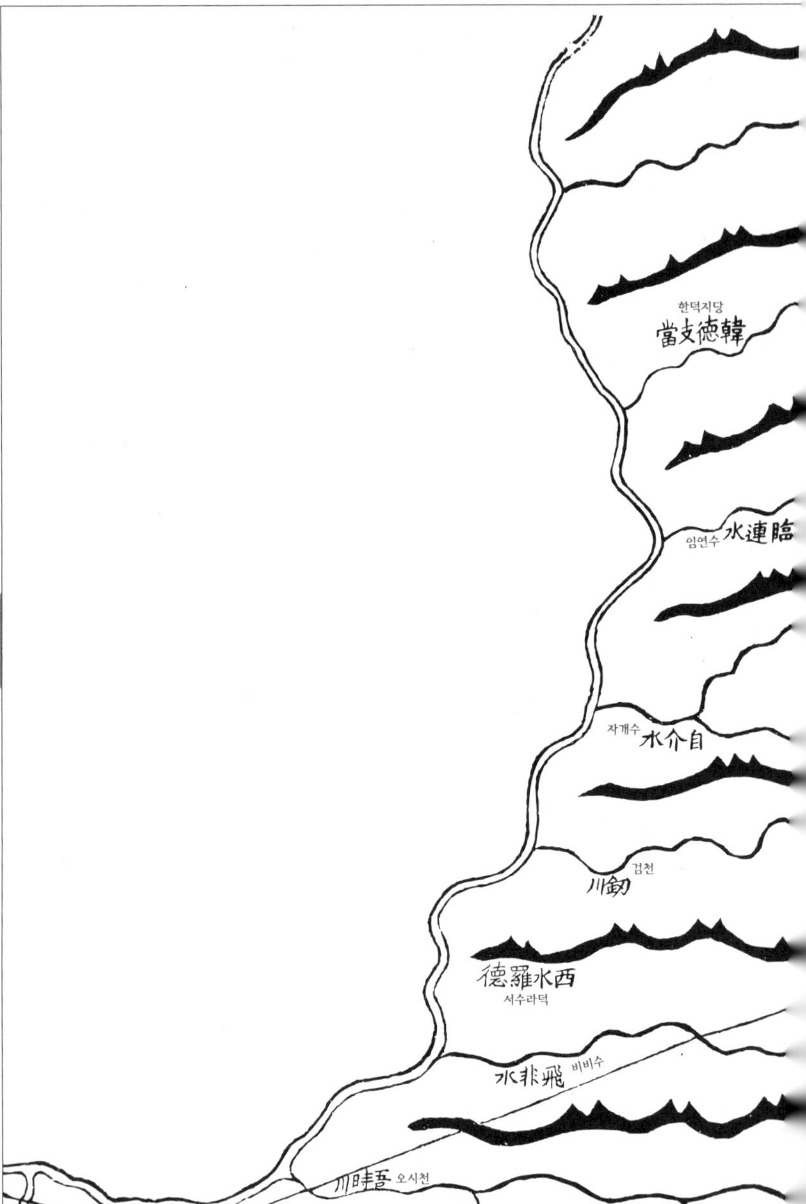

韓德支當
한덕지당

臨連水
임연수

自介水
자개수

釼川
검천

西水羅德
서수라덕

飛非水
비비수

吾時川
오시천

山惠
혜산

36　허항령(虛項嶺)이 지나는 산줄기는 백두대간으로, 현재 함경북도와 함경남도의 도계를 이룬다.

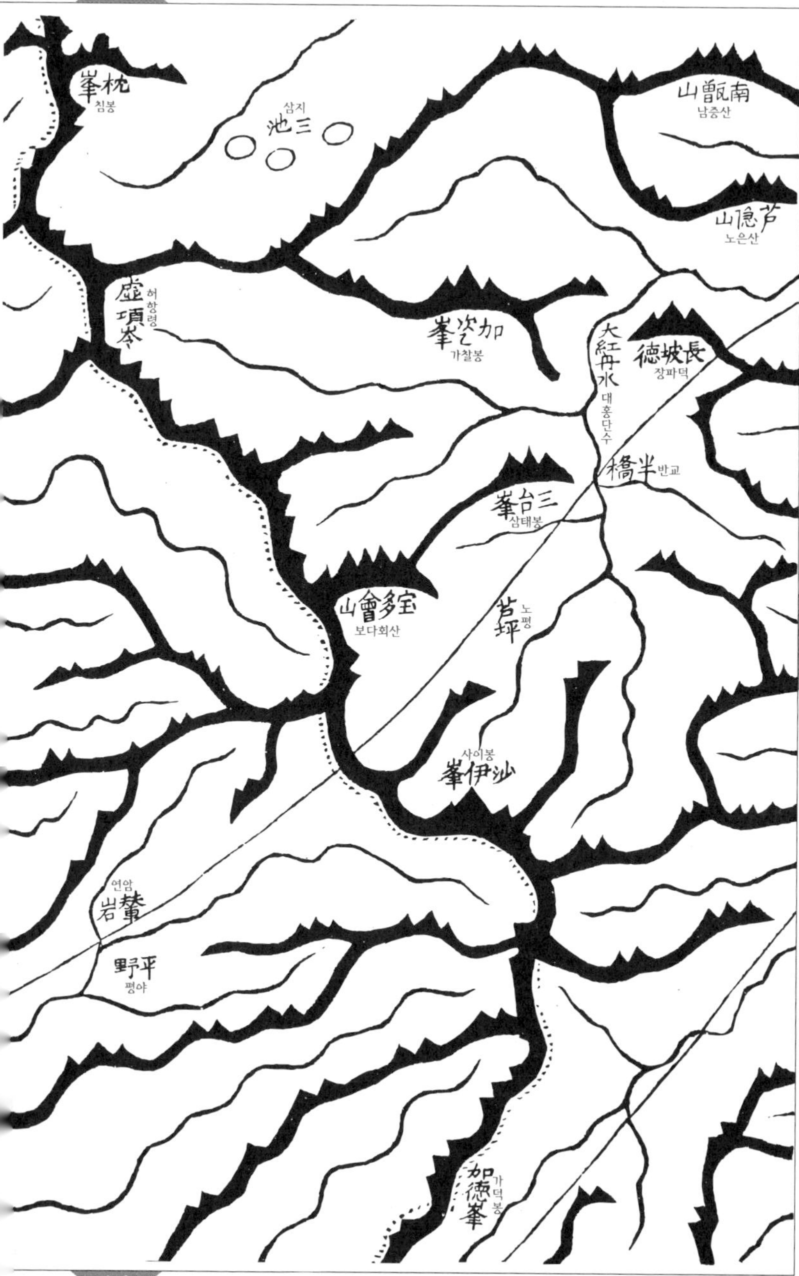

삼지(三池)는 지금의 삼지연(三池淵)으로, 유입되는 물줄기가 없이 빗물과 샘물로 채워진다. 37

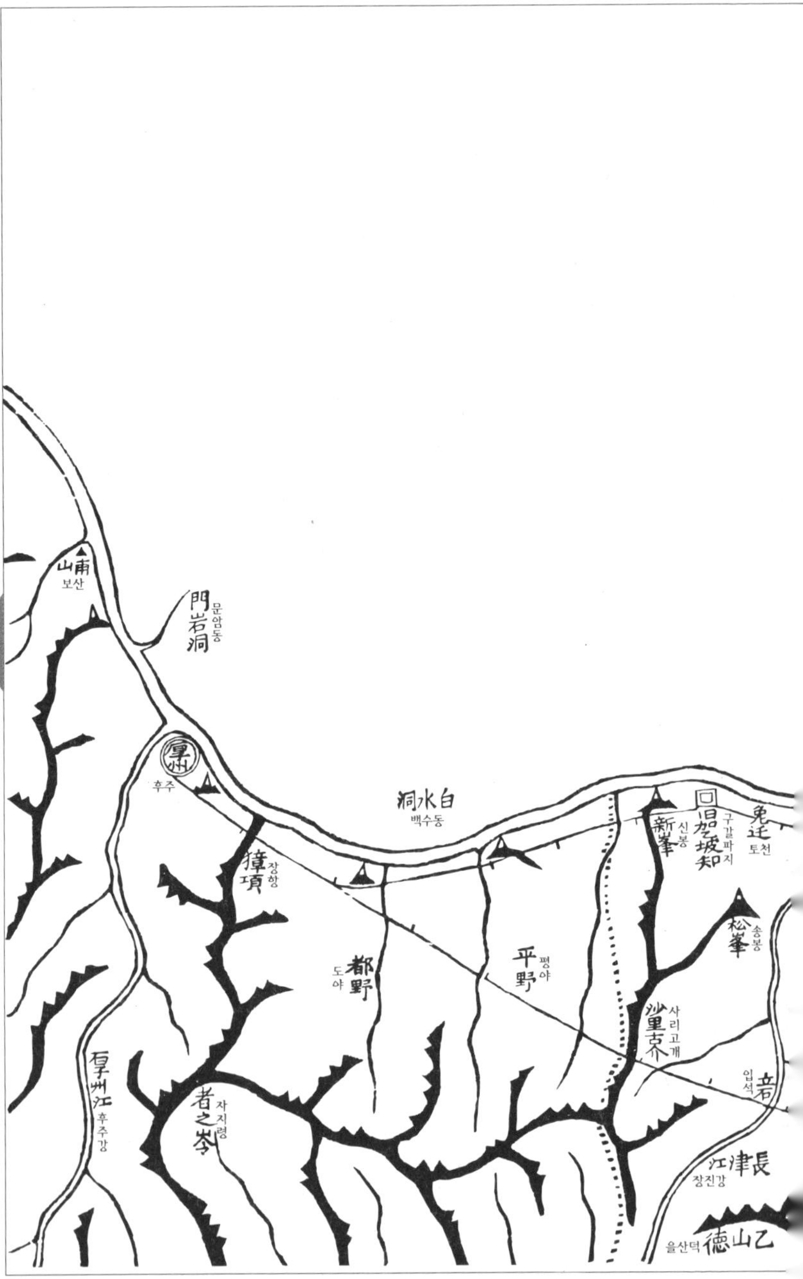

후주(厚州)는 1822년 설치되었으나, 1869년 평안도로 이속되어 존속 기간이 짧다.

甘坡遷
감파천

長坪
장평

加坡知
갑파지

洞瓮
옹동

東山
동산령

小農
소농

雲坡
운파령

峯西
서봉

羅暖
나난

長江
장강령

家南峯
가남봉

仁遮外
인차외

德甘島
오감덕

獻山
헌치

金城
영성령

李芳
이방령

坪農
농평

峯西
서봉

백두대간 황초령에서 발원하는 장진강은 길이 261km로 압록강 지류 중 가장 길다.   39

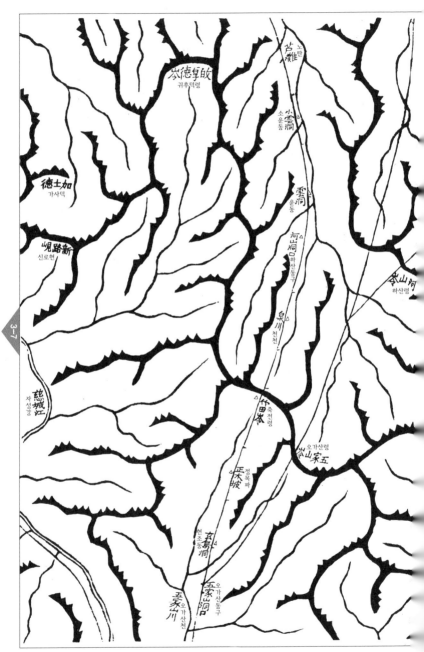

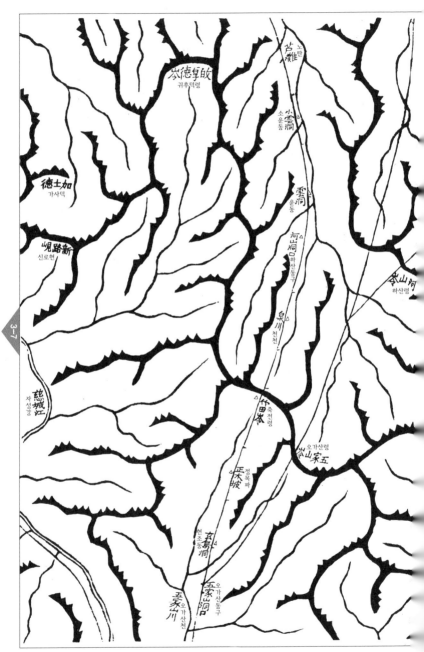

故德阜岾
귀후덕령

芦灘
노탄

小雲洞
소운동

德士加
가사덕

雲洞
운동

新路峴
신로현

河山洞口
하산동구

泉川
천천

慈城江
자성강

竹田嶺
죽전령

河山洞
하산동

烏家山嶺
오가산령

五家山
오가산

程坡
정목파

烏鳥洞
선조동

五家山洞口
오가산동구

五家洞
오가동

烏家山川
오가산천

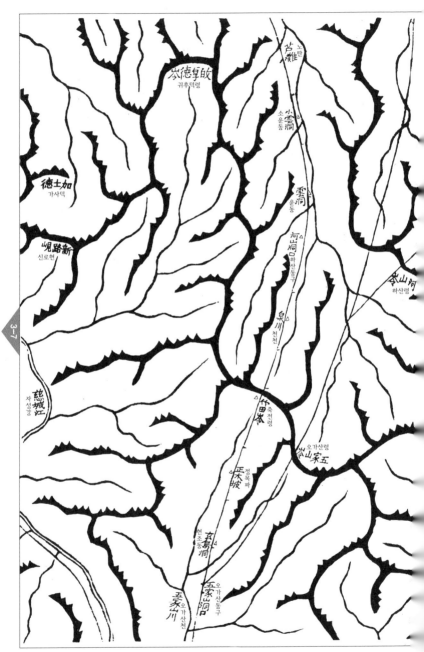

40   죽전령(竹田嶺) 도로에 표시된 작은 삼각형 기호는 임시 초소인 파수(把守)이다.

城洞 성동

家舍洞 가사동

川匐葡 포도천

茂昌 무창

食善德 식선덕

時介 시개

池大 대지

川信羅 나신천

北水洞 북수동

茶德回 회덕령

무창(茂昌)은 세종 때 여진족을 방어하기 위해 압록강 변에 설치한 사군(四郡)의 하나이다.　41

압록강 변의 상토진(上土鎭)은 옛 관방 유적이었으나, 현재는 운봉댐 공사로 수몰되었다.

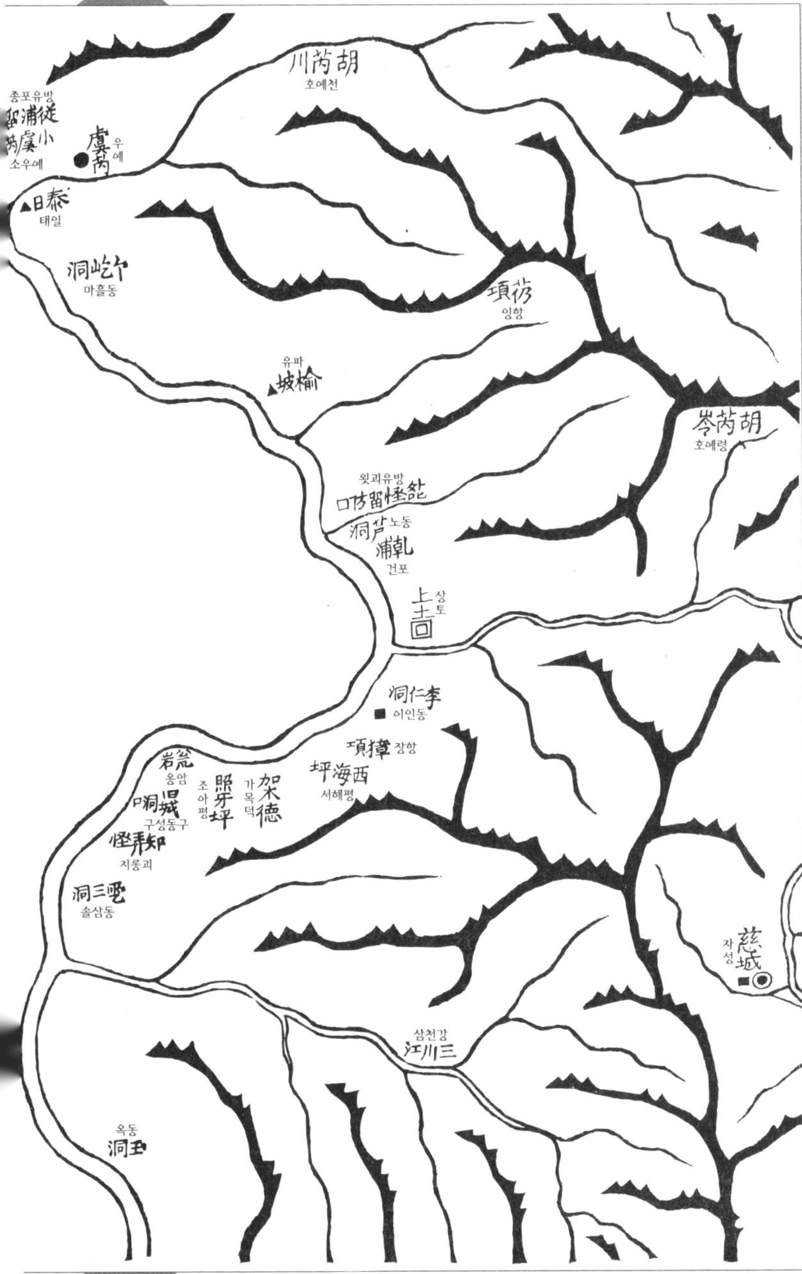

자성(慈城)은 여연(閭延)·우예(虞芮) 등과 함께 세종 때 설치한 사군(四郡) 가운데 하나이다.   43

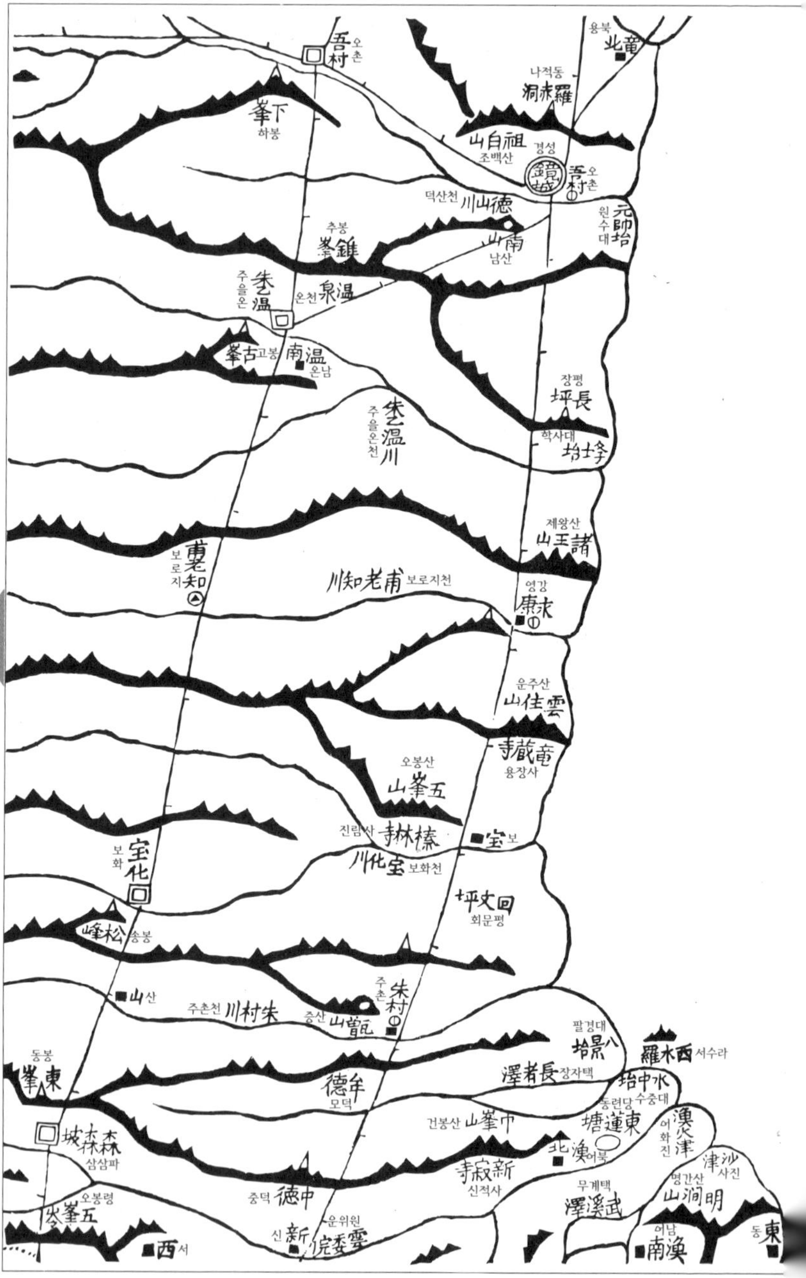

조선시대부터 유명한 주을온천(朱乙溫泉)은 현재 온포온천(溫堡溫泉)으로 바뀌었다.

장자택(長者澤)과 무계택(武溪澤)은 강의 흐름이 막혀 생긴 폐색호(閉塞湖)이다.   45

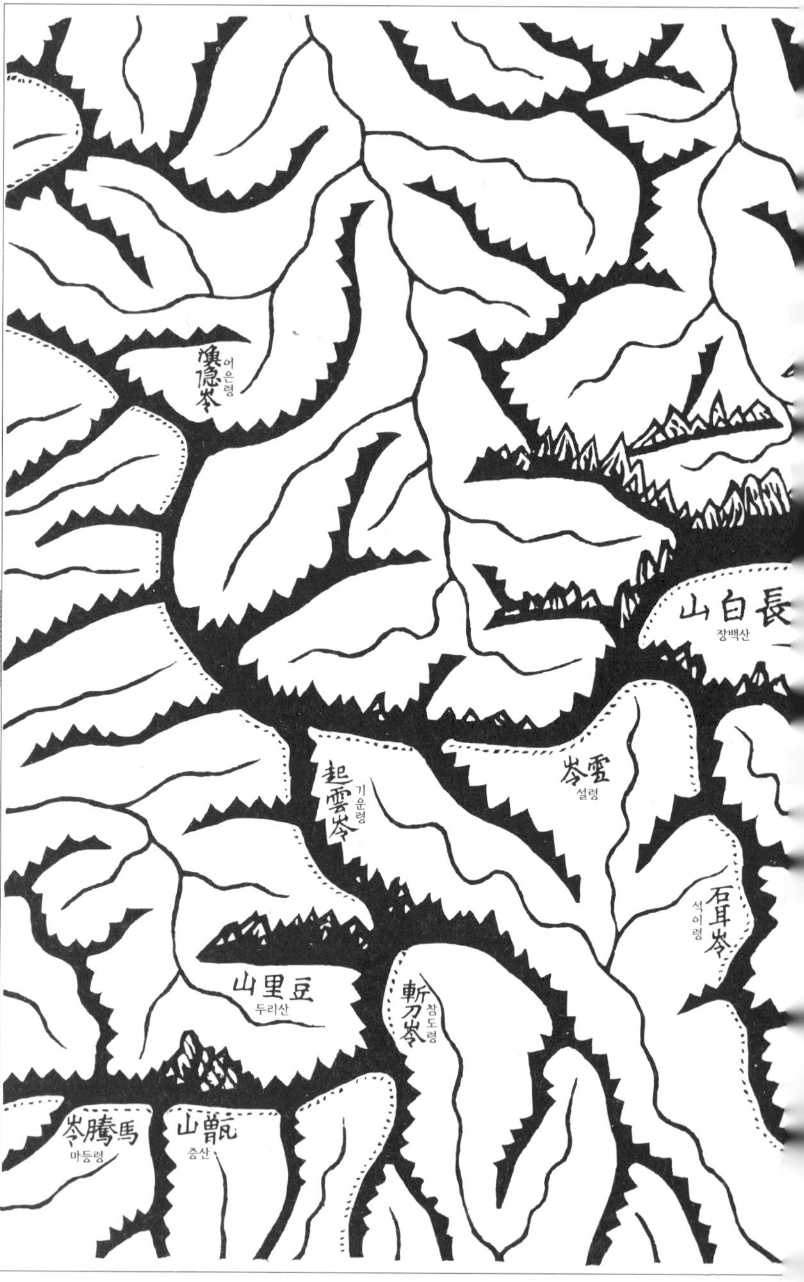

隱憶岺 어은령

長白山 장백산

起雲岺 기운령

岺雲 설령

石耳岺 석이령

豆里山 두리산

斬刀岺 참도령

馬騰岺 마등령

甑山 증산

산봉우리가 수많은 석탑처럼 보이는 장백산(長白山)은 현재의 만탑산(萬塔山)이다.

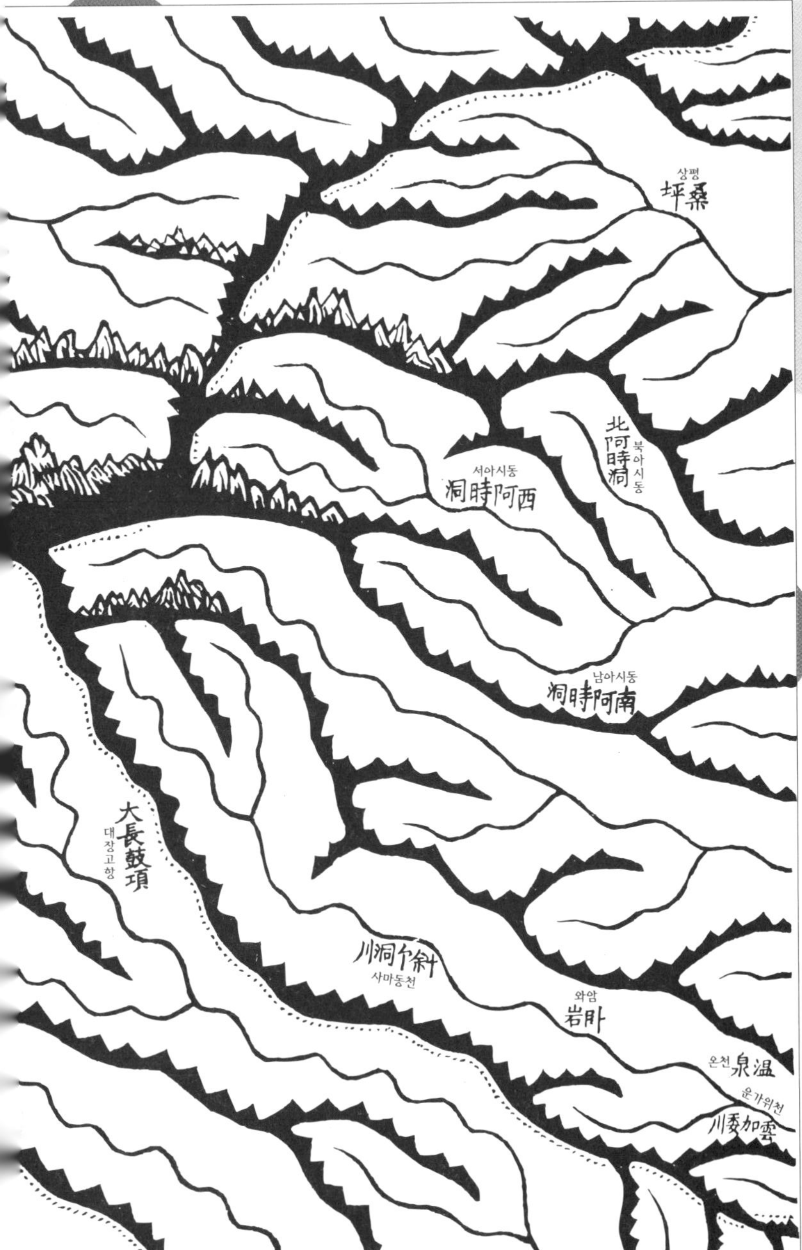

상평
坪上

북아시동
北時阿洞

서아시동
洞時阿西

남아시동
洞時阿南

대장고항
大長鼓項

사마동천
川洞个斜

와암
岩卧

온천
泉溫

운가위천
川委加雲

설령(雪嶺) 남쪽 계곡은 북한이 핵실험을 한 길주군 풍계리(豊溪里)에 해당된다.   47

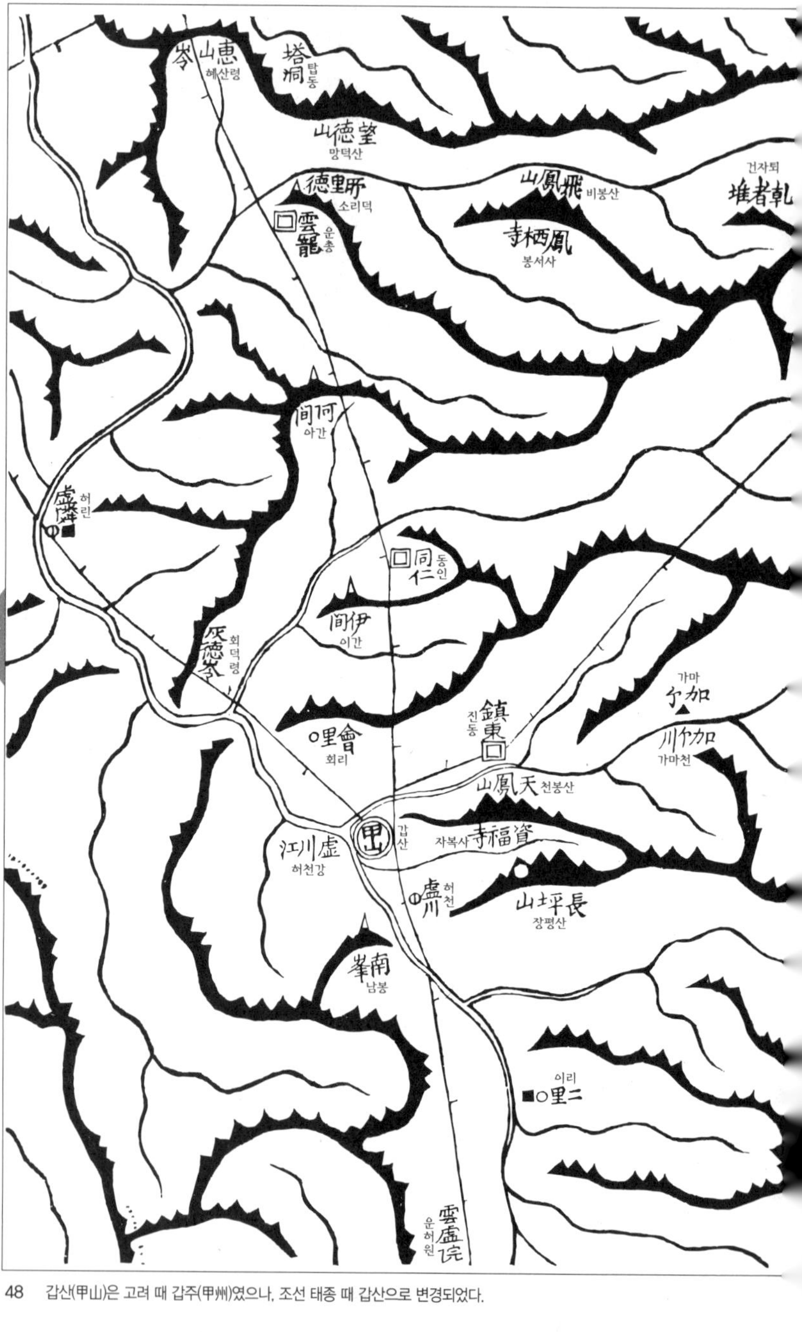

갑산(甲山)은 고려 때 갑주(甲州)였으나, 조선 태종 때 갑산으로 변경되었다.

혜산령
탑동
망덕산
소리덕
비봉산
건자퇴
운총
봉서사
아간
허린
동인
이간
회덕령
가마
진동
회리
가마천
천봉산
자복사
허천강
허천
장평산
남봉
이리
운허원
4-4

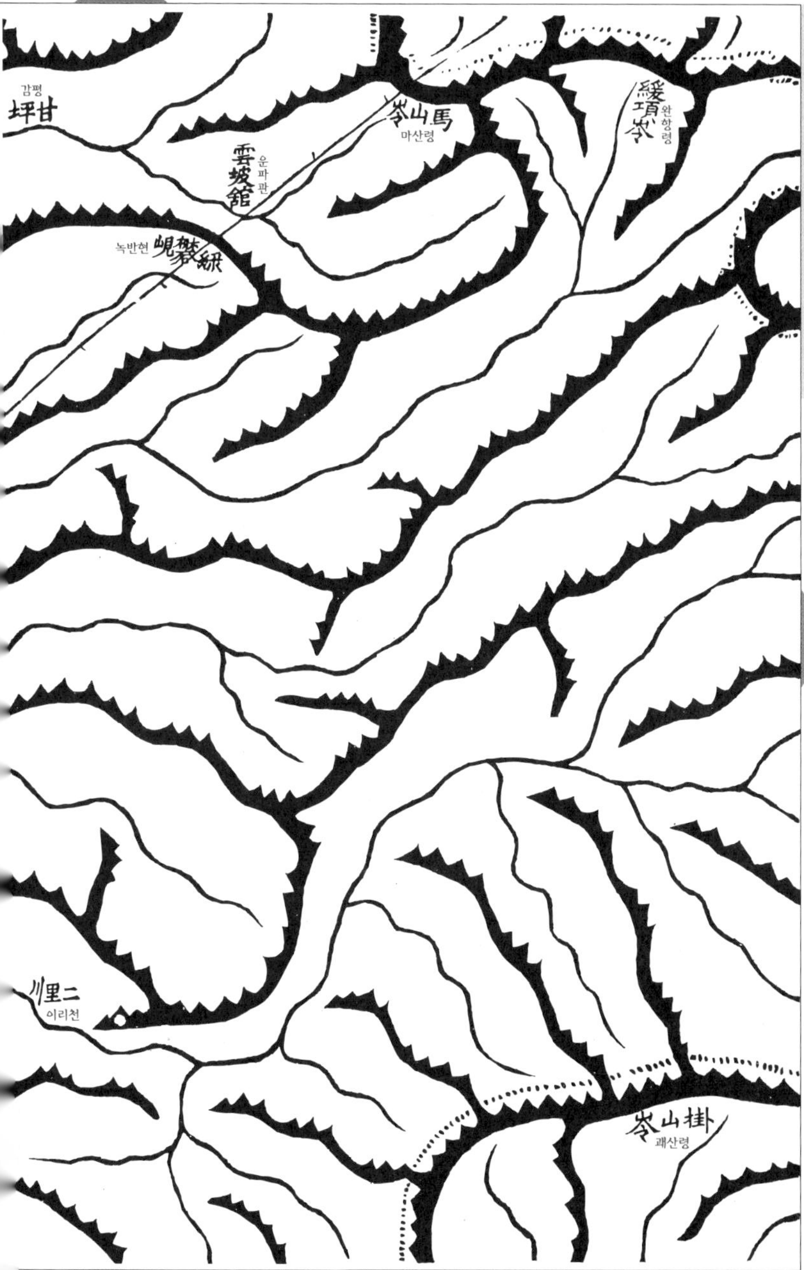

감평
坪甘

馬山岾
마산령

緩項岾
완항령

雲坡舘
운파관

녹반현 峴礬綠

4-2

二里川
이리천

掛山岾
괘산령

운총진(雲寵鎭)은 운총강 기슭에 축성된 석성으로, 여진족을 방어하는 요충지였다.　49

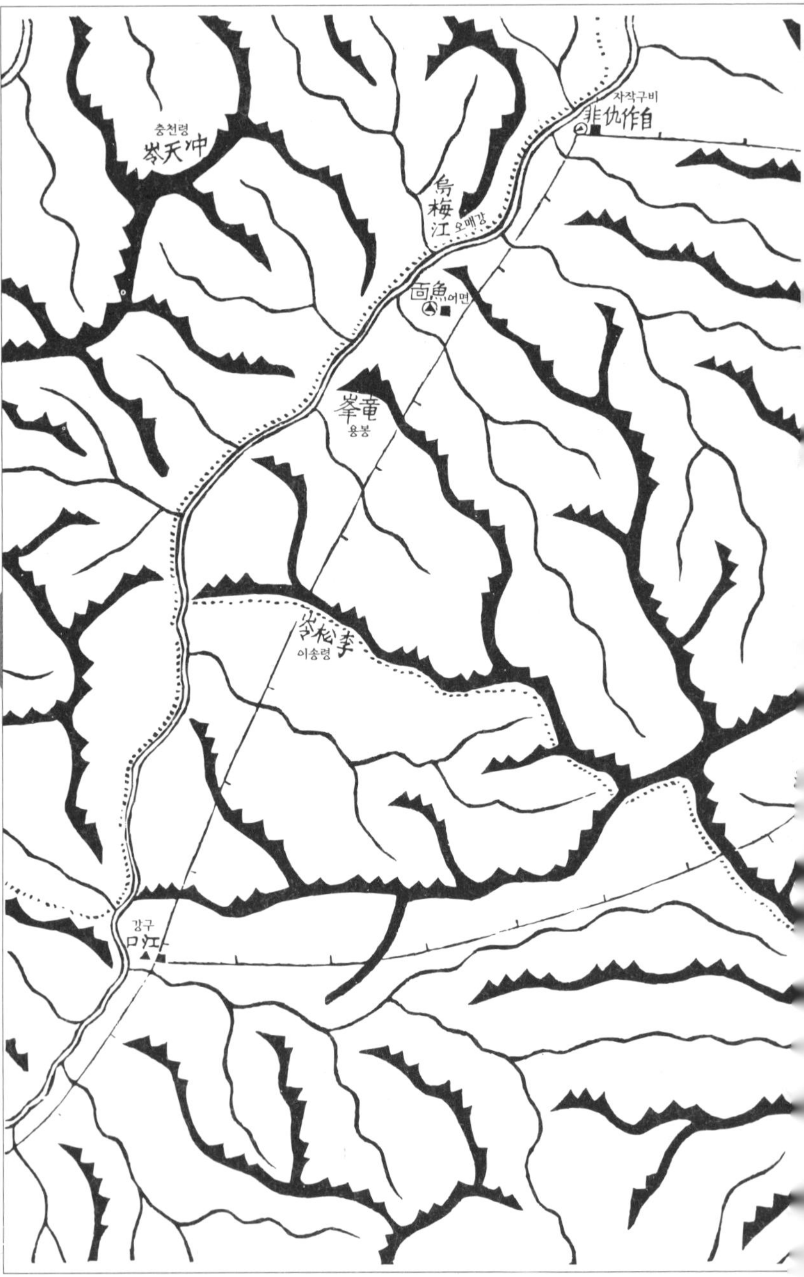

4-5

오매강(烏梅江)은 '큰 강'이라는 뜻으로 '긴나루'라 부르다가 장진강(長進江)이 되었다.

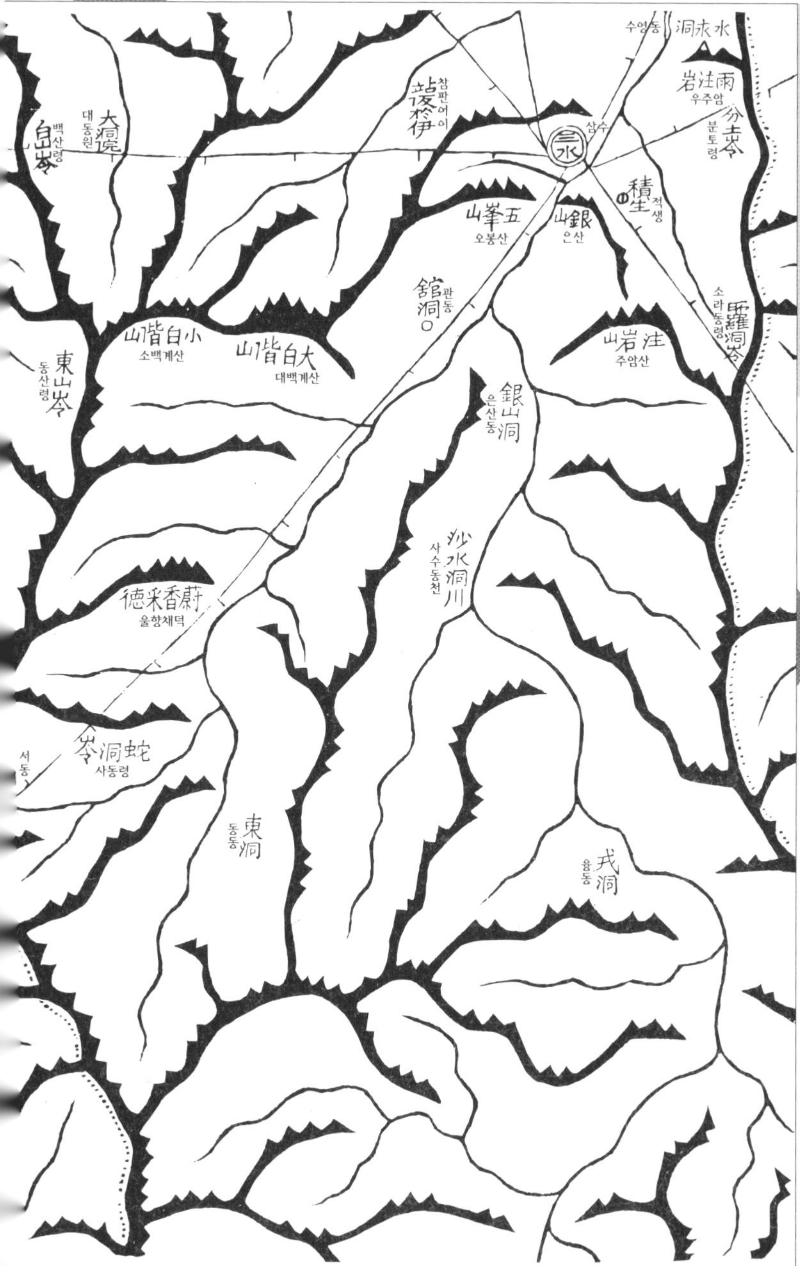

삼수(三水)와 갑산(甲山)은 가장 험한 산골로, 조선시대 귀양지로 이름난 곳이다.   51

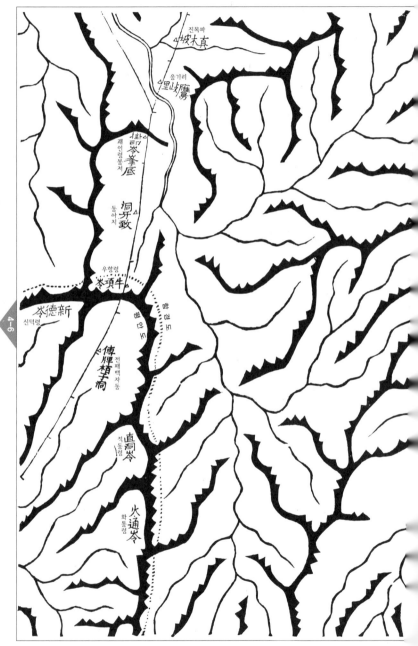

진목파
△真木坡

웅기리
△鷹岐里

괘인령봉서
掛印岑峯底

동아치
△洞牙致

우항령
牛項岑

신덕령
新德岑

합경도

예안도

전패백자동
傳牌稗子洞

직동령
直洞岑

화통령
火通岑

우항령(牛項嶺)은 조선시대 전략상 중요한 곳이었으나, 현재는 다니지 않는다.

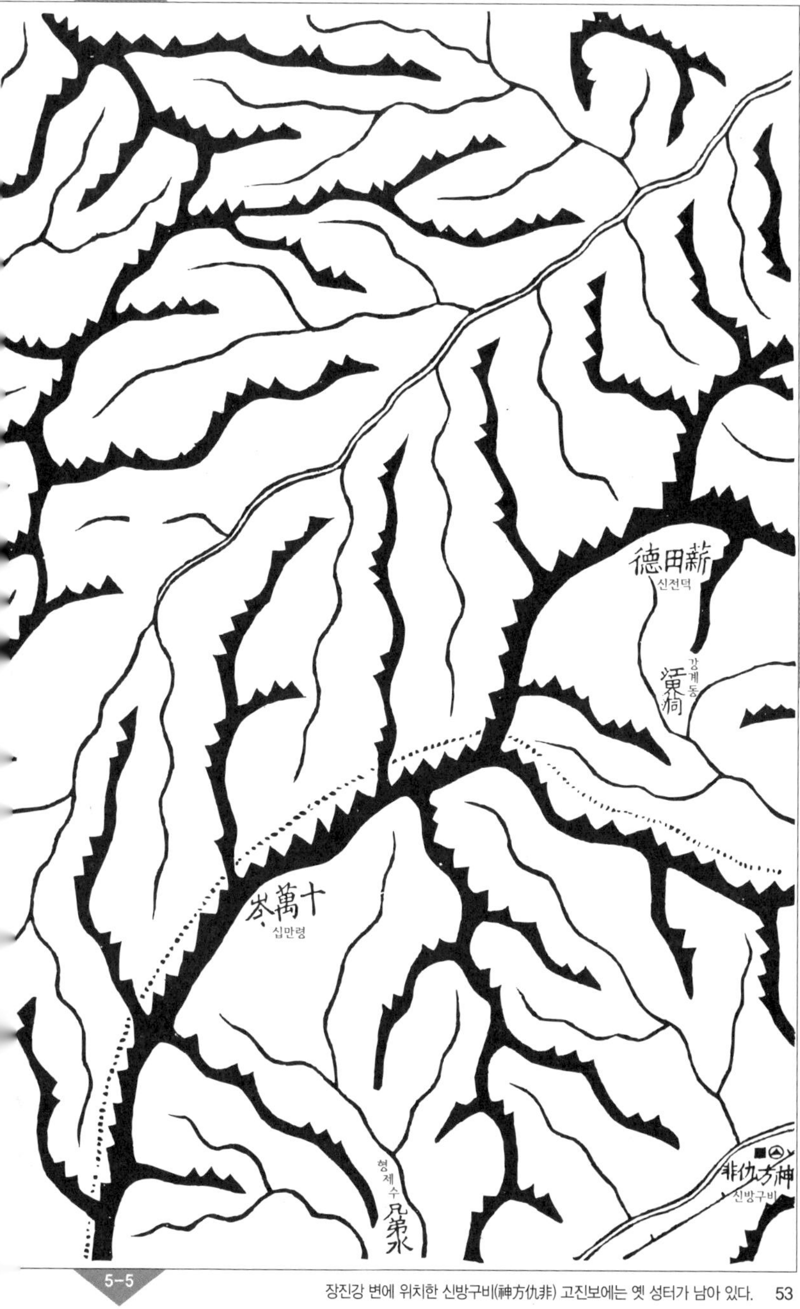

德田薪
신전덕

강계동

滨洞

十萬峇
십만령

神方仇非
신방구비

兄弟水
형제수

장진강 변에 위치한 신방구비(神方仇非) 고진보에는 옛 성터가 남아 있다.   53

거자항동 拒紫項洞

황성 皇城

개야지동 介也之洞

구랑합동 仇郎哈洞

고도수동 古道水洞

세동 細洞

분토 分土

고산리 高山里

허린 玲

산철 鐵山

마시리 馬時里

야토리 野土里

장동 長洞

봉천대 奉天臺

오노랑 吾老級

봉화대 烽火

오랑 吾老

임리산 林

추령 秋

여둔대 余屯

금암 金岩

차가대 坐哥車

만포 鎮浦

재신동 臣宰洞

삼기령 三岐

주토 主

벌동 登山

미타령 岑他末

만포 鎮浦

안천령 安賞

고산리 高山里

시시천 時時川

감당령 甘湯

송 松

어뢰령 灤雷

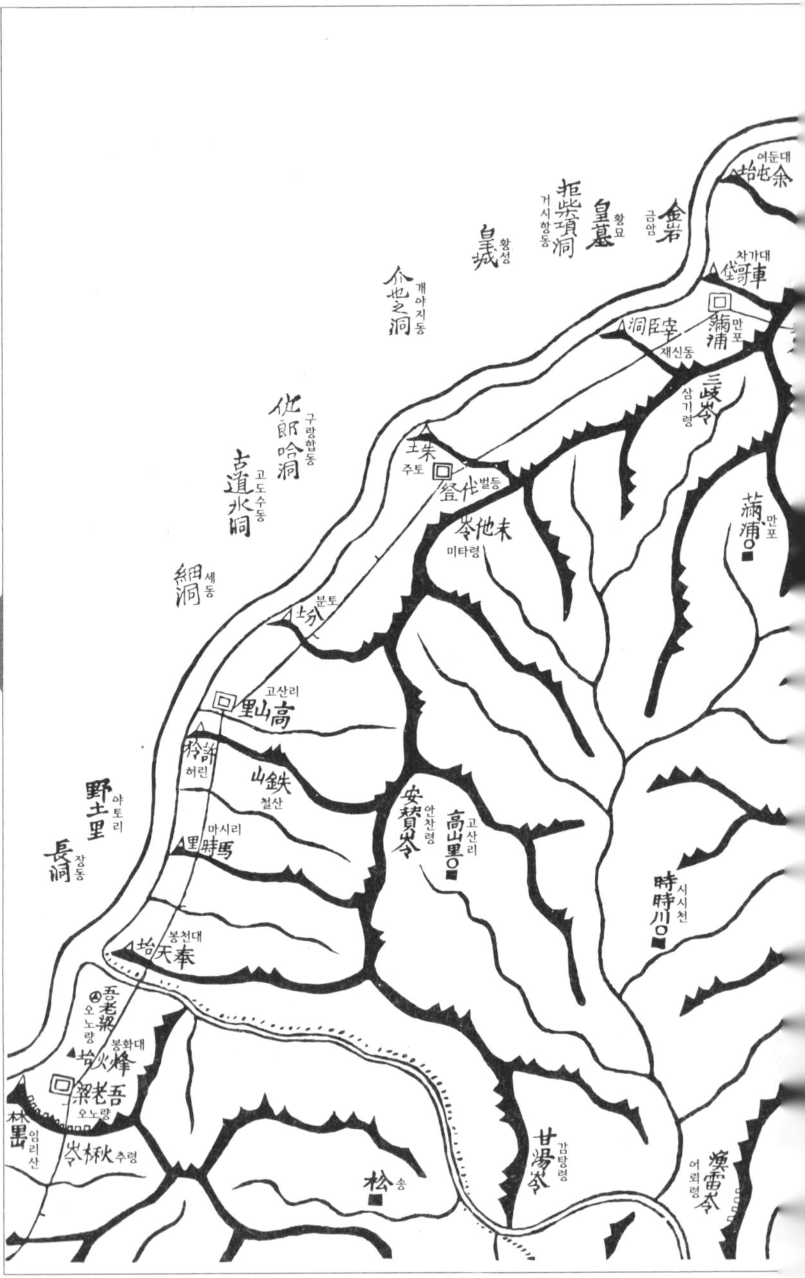

만포진(滿浦鎭) 등지에서 위급 상황이 발생하면 종포와 추파진을 거쳐 강계로 전달되었다.

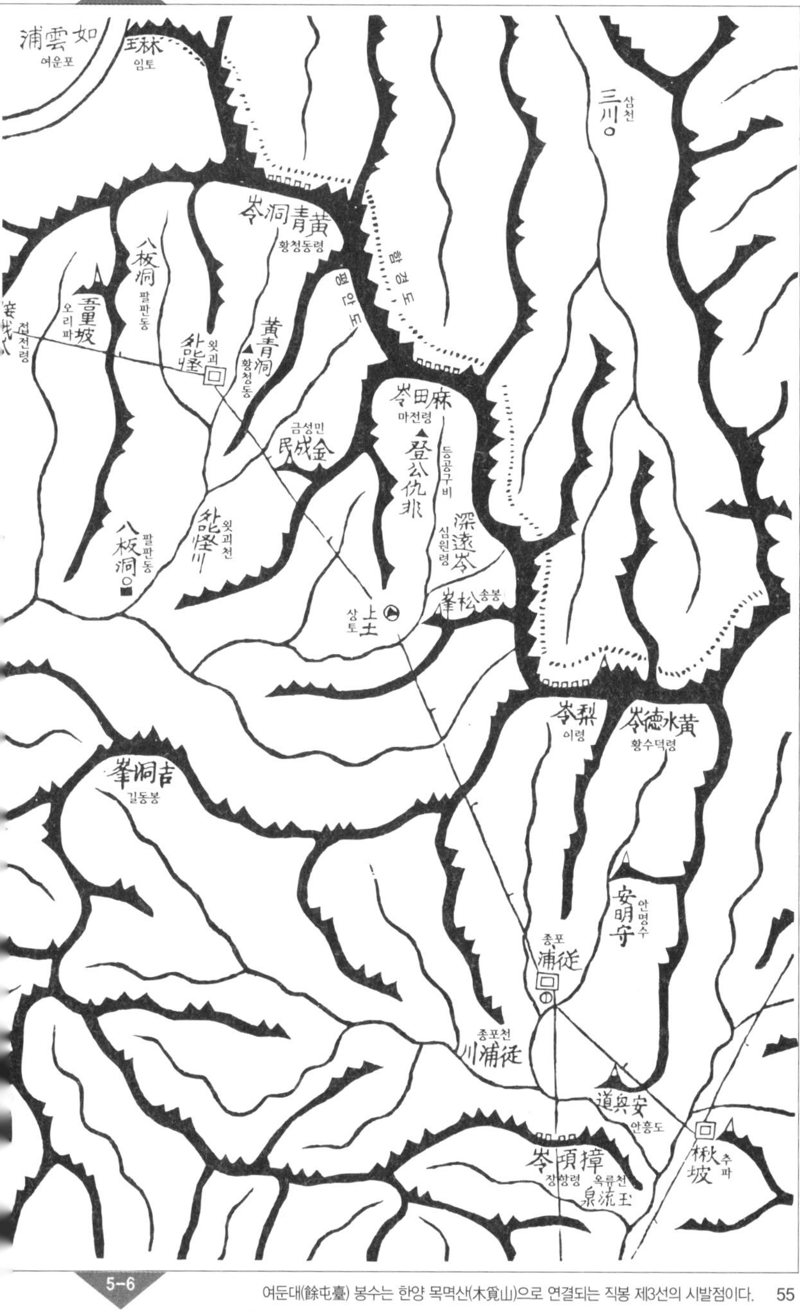

浦雲如
여운포

玉林
임토

三川
삼천

洞靑黃
황청동령

八板洞
팔판동

峯戌安
검천령

梧里坡
오리파

삼거

黃靑洞
황청동

합경도

安置
안치

嶺安
안일령

岑田麻
마전령

登公仇非
등공구비

民城金
금성민

八板洞
팔판동

윗괴천

윗괴천

深遠岑
심원령

深遠岑
심원령

峯松
송봉

上土
상토

峯洞吉
길동봉

岑梨
이령

岑德水黃
황수덕령

安明守
안명수

浦從
종포

종포천
川浦從

逢兵安
안흥도

岑頂撞
장항령

秋坡
수파

玉流泉
옥류천

전국을 일정한 크기로 분할하면 이렇게 작은 범위의 도엽도 생길 수 있다.

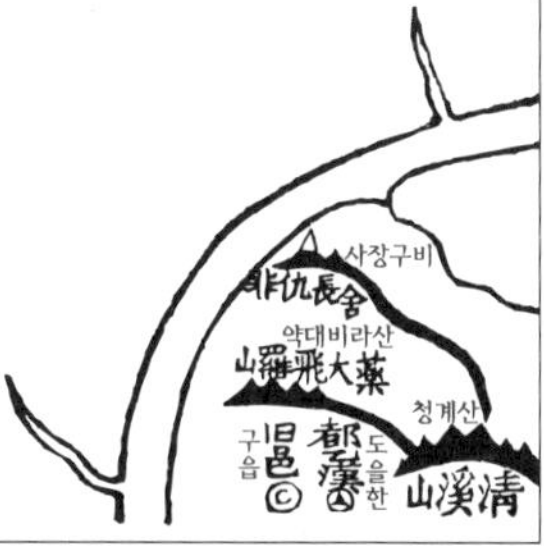

이 지역은 평안도 위원(渭原)의 북쪽으로, 압록강이 곡류하면서 만주 쪽으로 돌출된 곳이다.　57

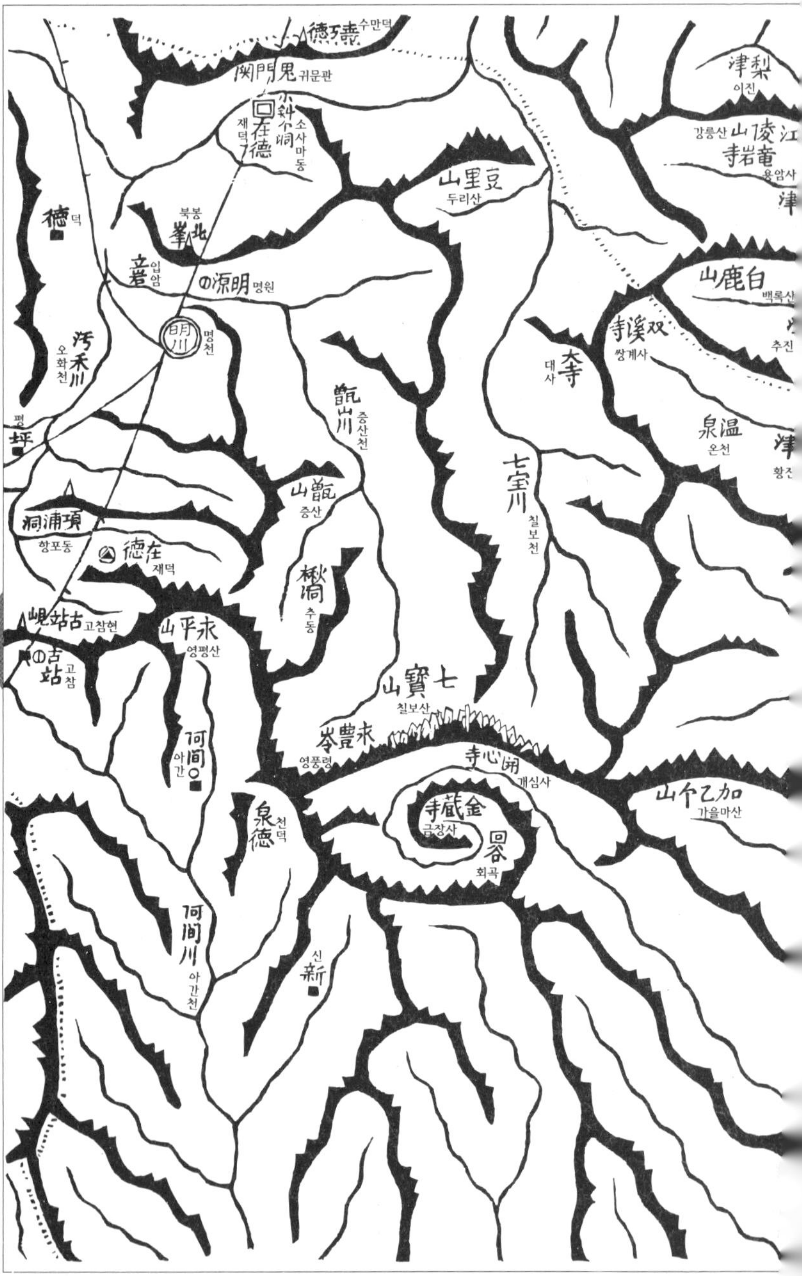

山德德 수만덕
閖門児 귀문판
小斜介洞 소사마동
口在德 재덕
德 덕
山里豆 두리산
津梨 이진
山陵 강룡산
寺岩竜 용암사
江津
北峯 북봉
峯岩 입암
德 덕
山鹿白 백록산
추진
津
の涼明 명원
汚禾川 오화천
月川 명천
대사
寺溪双 쌍계사
泉温 온천
津 황천
甑川 증산천
坪 평
洞浦項 항포동
山甑 증산
七寶川 칠보천
德生 재덕
楸洞 추동
峴站古 고참현
古站 고참
山平永 영평산
山寶七 칠보산
山今乙加 가을마산
何間 아간
岑豊永 영풍령
寺心開 개심사
泉德 천덕
寺蔵金 금장사
器 회곡
何間川 아간천
新 신

58 '함경도 금강산'으로 불리는 칠보산(七寶山)은 일곱 개의 산이 솟아 붙여진 이름이다.

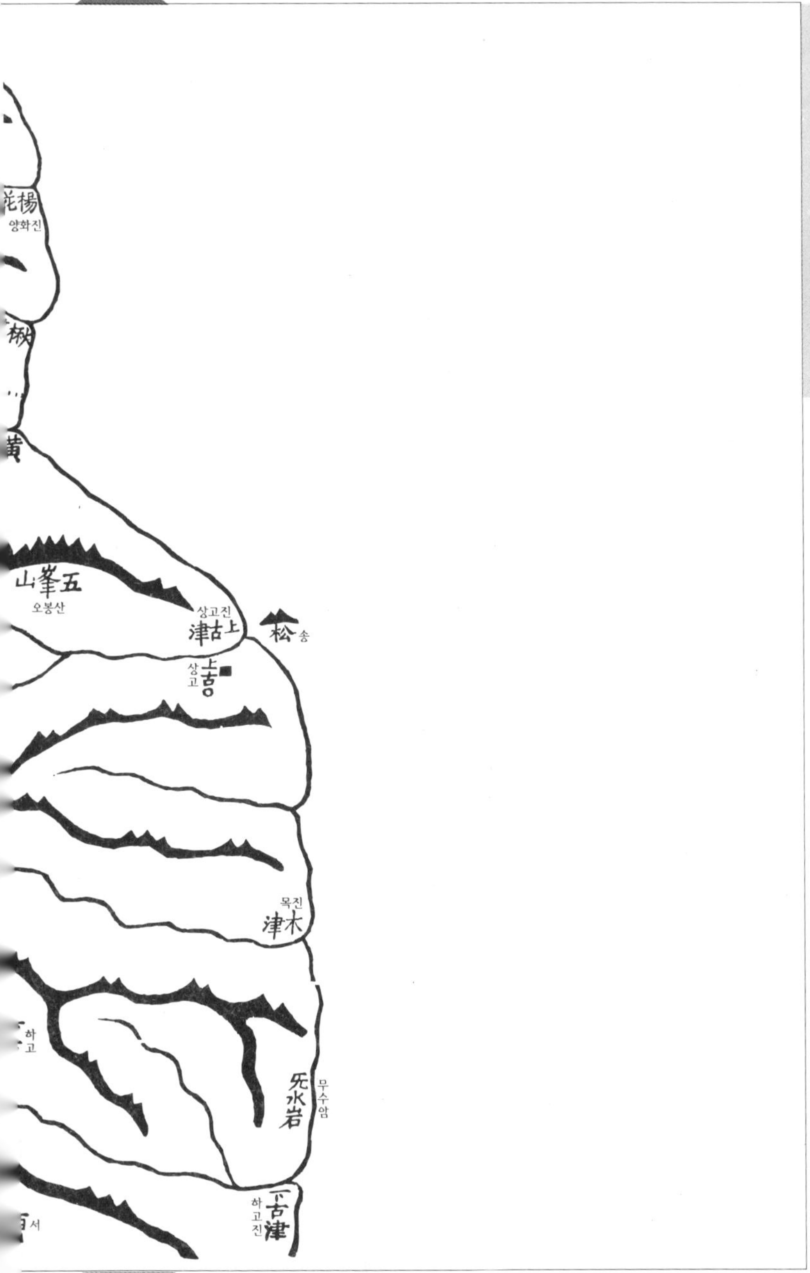

花楊
양화진

楸

黃

山峯五
오봉산

상고진
津古上　松 송

상고 上古■

목진
津木

무수암
旡水岩

하고
하고진
下古津

서

무수암(旡水岩)이 위치한 해안은 '해칠보(海七寶)'라 불리는 해안 절경이다.　59

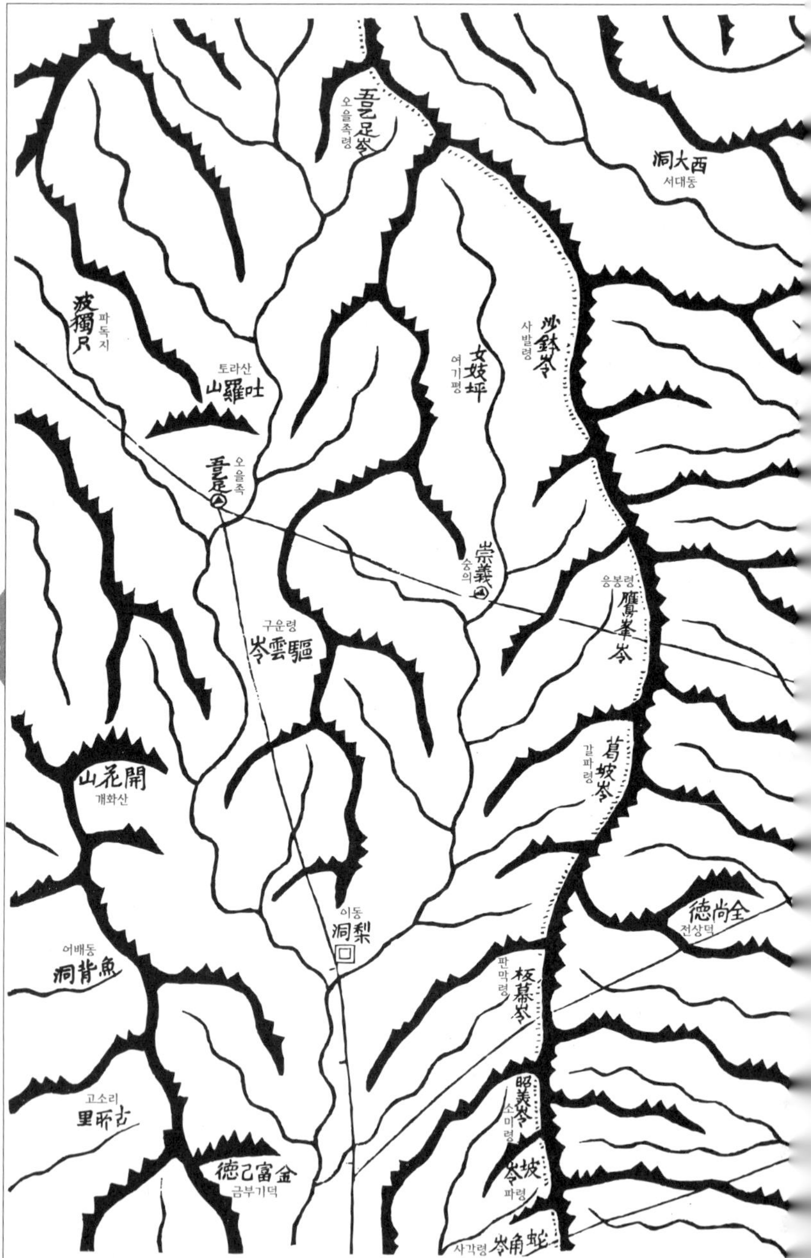

吾乙亇岺
오을족령

洞大西
서대동

波擖尺
파독지

山羅吐
토라산

沙鈸令
사발령

女妓坪
여기평

吾乙足
오을족

崇義
숭의

鷹峯岺
응봉령

岺雲駏
구운령

葛坡岺
갈파령

山花開
개화산

德尙全
전상덕

洞背魚
어배동

洞梨
이동

板幕岺
판막령

里所古
고소리

昭美令
소미령

德己富金
금부기덕

岺坡
파령

岺角蛇
사각령

60   이동진(梨洞鎭)은 단천도호부에 속한 만호진으로, 고종 때 폐지되었다.

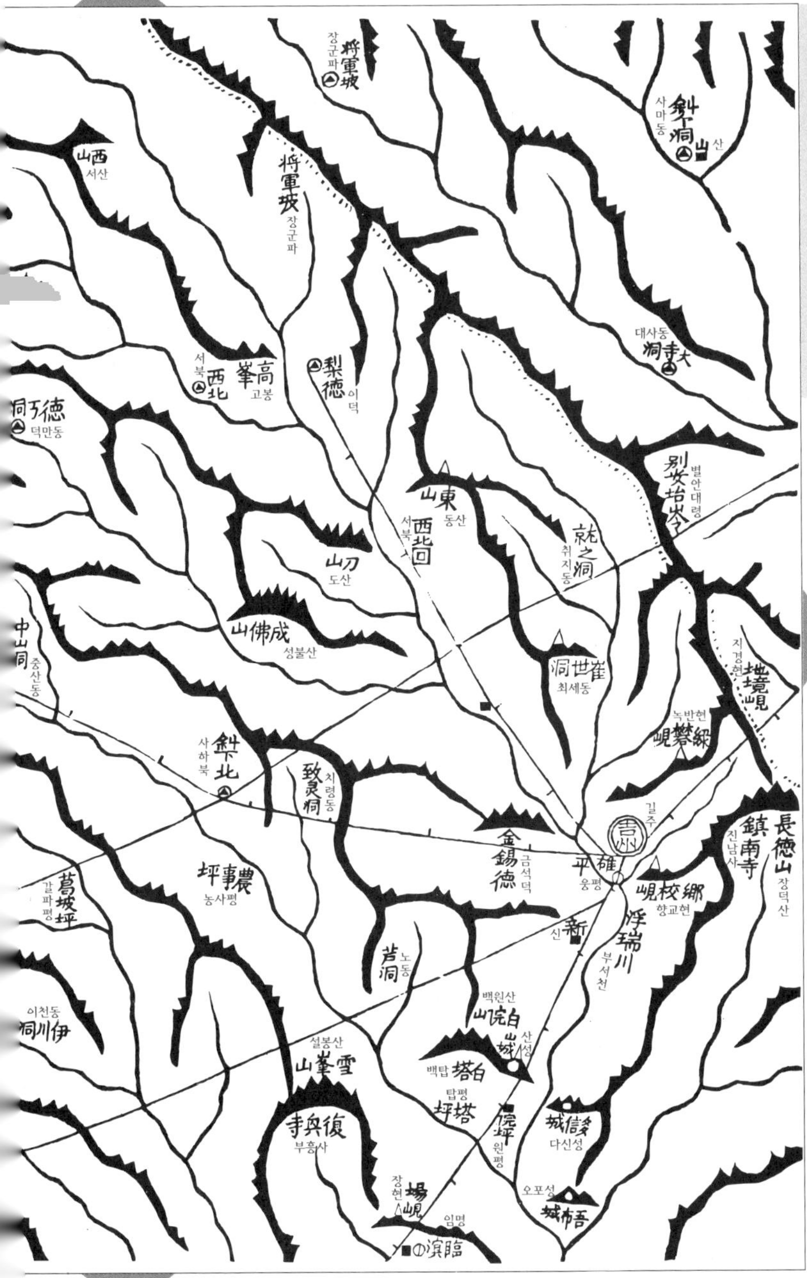

將軍坡 장군파 ▲

針洞山 사마동 침동산 ■

山西 서산 ▲

將軍坡 장군파

洞寺大 대사동 대사동

高峯 서북봉 고봉 ▲

梨德 이덕

德万洞 덕만동 ▲

別岾岾 범안대령 별음재

山東 동산 西北回 서북사

就之洞 취지동

山刀 도산

中山洞 중산동

山佛成 성불산

洞世崔 최세동

地境峴 지경현 地境山 지경산

峴攀綠 녹반현

針北 사하북 鎭南寺 진남사 長德山 장덕산

致靈洞 치령동

金錫德 금석덕 平雄 웅평

吉州 길주

峴校鄉 향교현

坪農 농사평

葛坡坪 갈파평

洞川伊 이천동

浮瑞川 부서천

新 신

芦洞 노동

山洗白 백인산 城西 산서성

雪峯山 설봉산 山峯雪

白塔 백탑 坪塔 탑평

原坪 원평

城信多 다신성

寺奧復 부흥사

山峴 장현 ▲ 임명

場 임명

城布吾 오포성

濱臨 臨濱

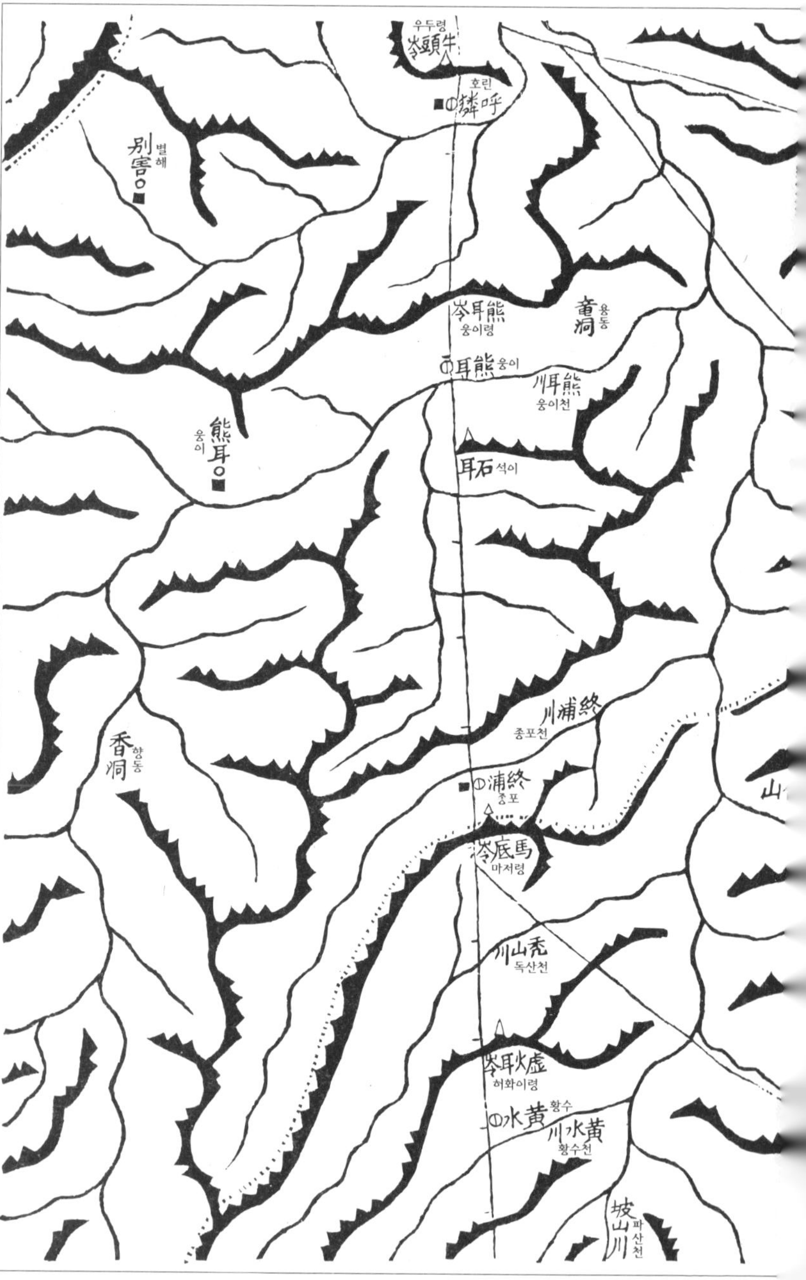

마저령(馬底嶺)을 지나는 직선 도로는 북청과 혜산을 잇는 도로이다.

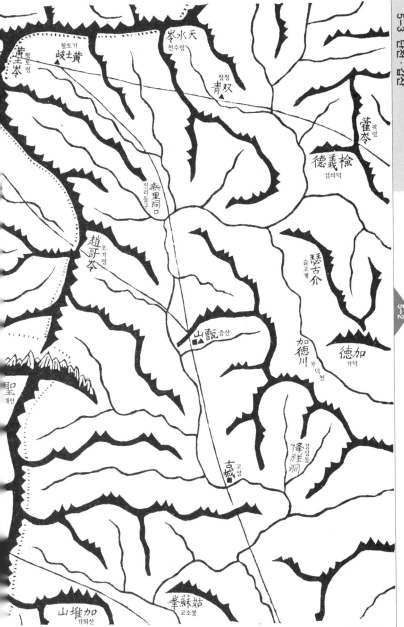

黃土岾
황토령

岐土黃
황토기

岾水天
천수령

青双
쌍청

藿岺
곽령

德義檢
검의덕

趙哥岾
조가령

崩里洞口
신리동구

琴古介
슬고개

山甑 증산

加德川
가덕천

德加
가덕

聖
개산

祥洞
강상동

古城
고성

山堆加
가퇴산

峯蘇姑
고소봉

백두대간 상의 성대산(聖代山)은 현대 지도의 희사봉(希砂峰, 1,759m)이다.　63

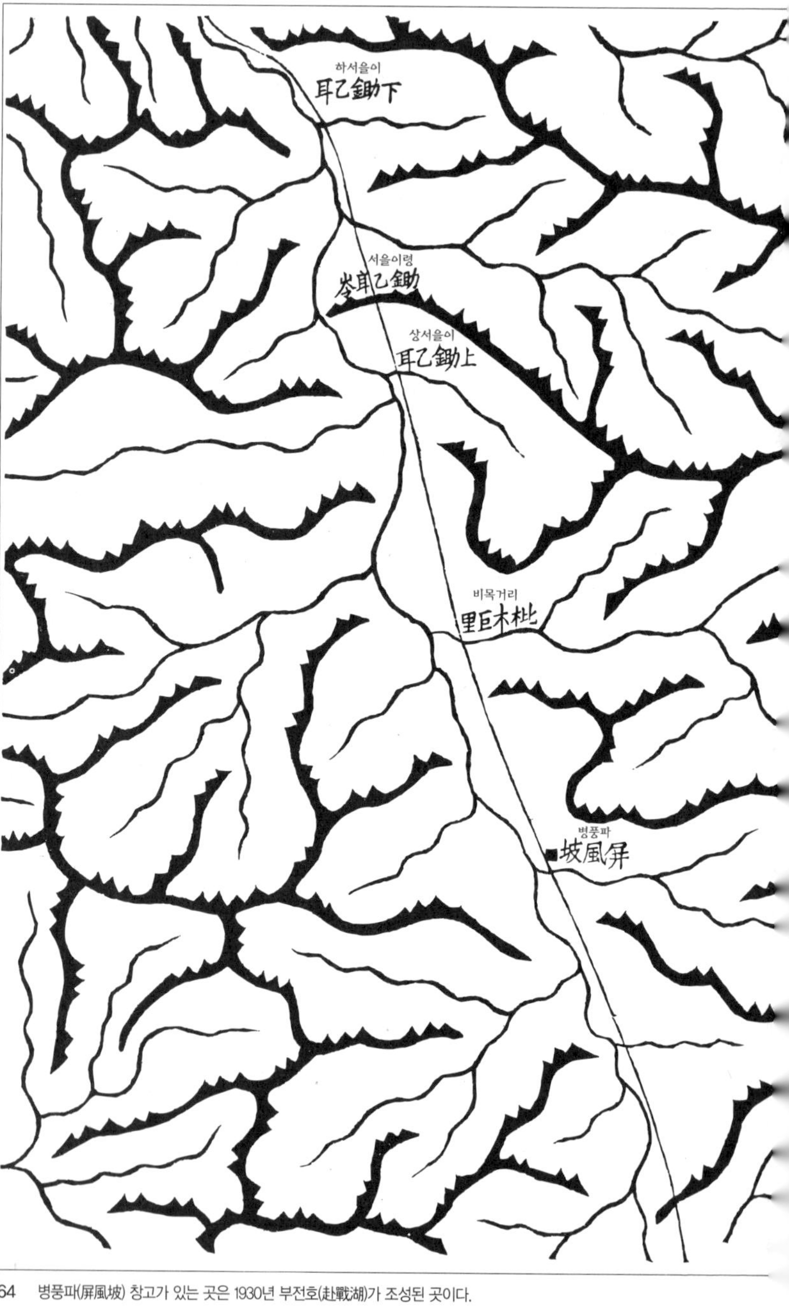

하서을이
耳乙鋤下

서을이령
岾耳乙鋤

상서을이
耳乙鋤上

비목거리
里巨木枇

병풍파
坡風屛

　병풍파(屛風坡) 창고가 있는 곳은 1930년 부전호(赴戰湖)가 조성된 곳이다.

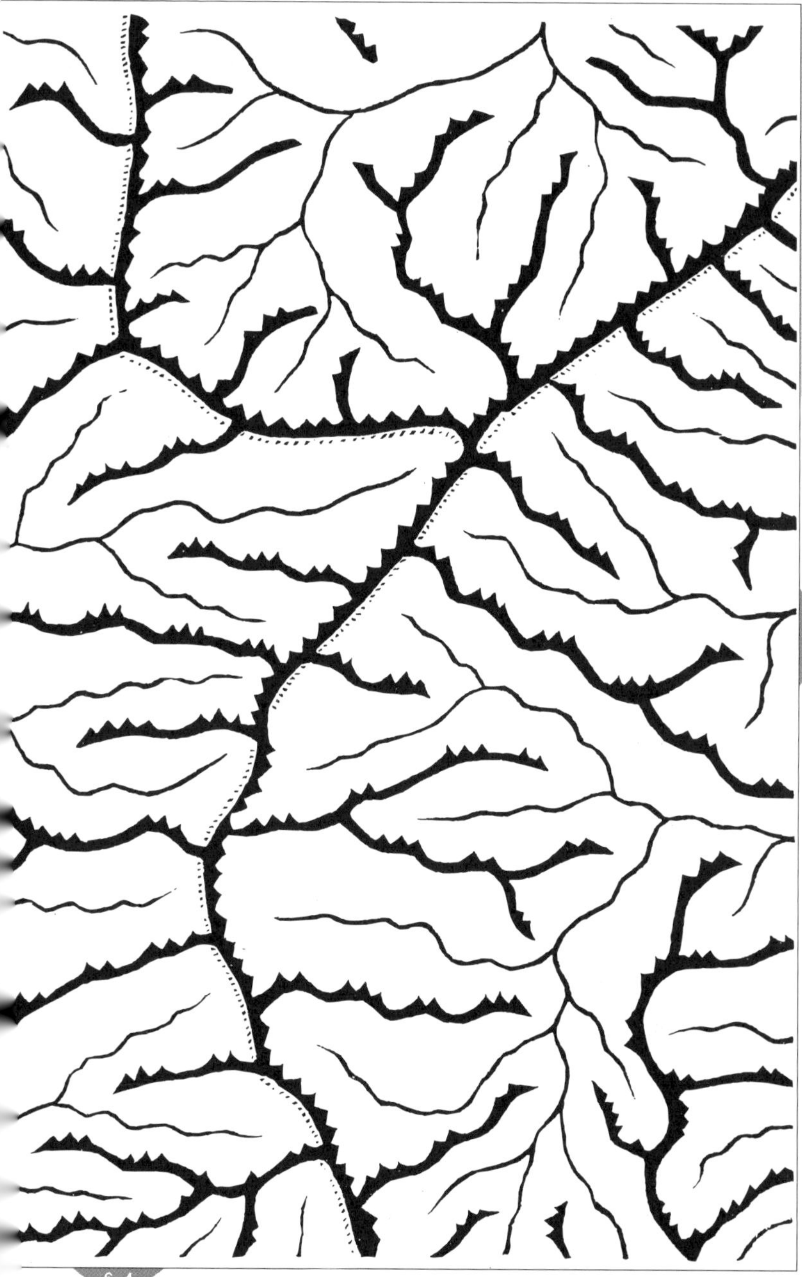

이 지역은 개마고원 중심부로 고도가 높은 반면 지형은 평탄하며 경사가 급하지 않다. 65

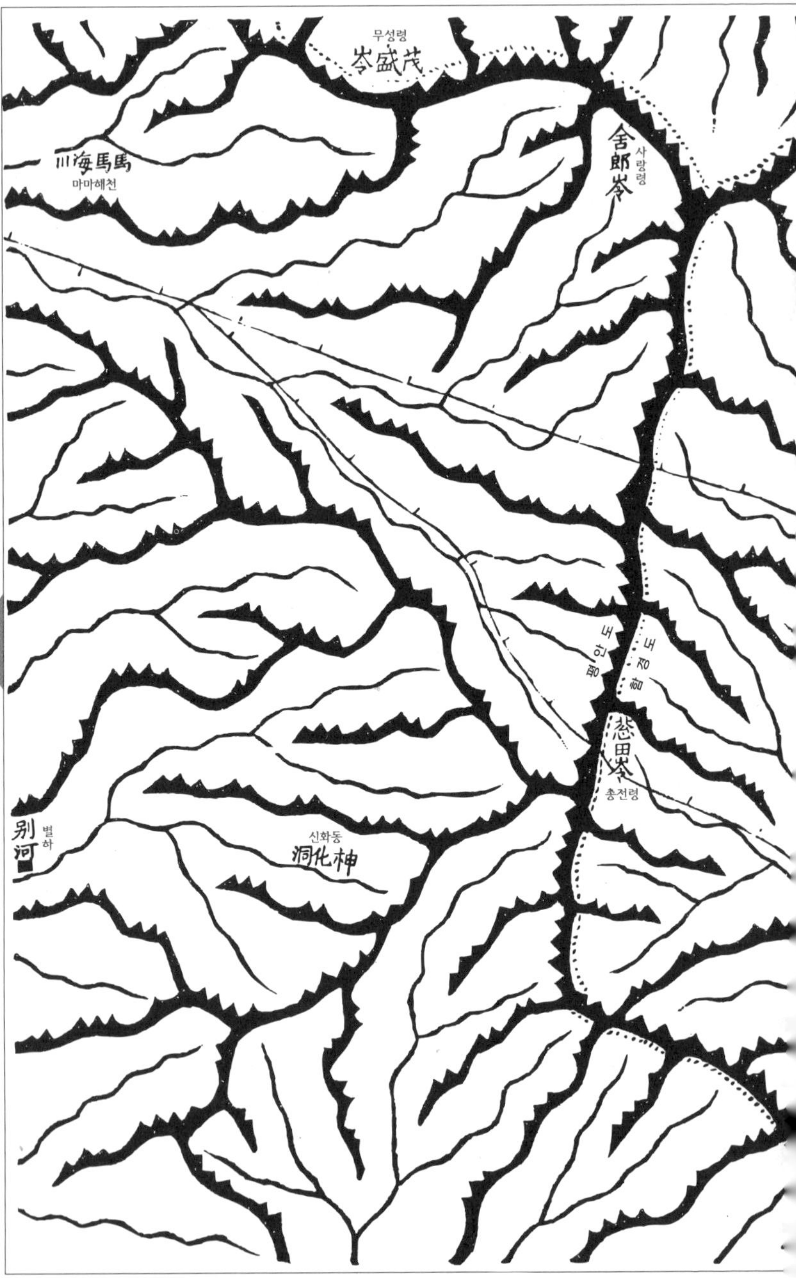

茂盛岑
무성령

舍郎岑
사랑령

馬馬海川
마마해천

벌하령

벌하령

恐田岑
총전령

別河
벌하

神化洞
신화동

　총전령(葱田嶺)을 지나는 큰 산줄기는 현재의 낭림산맥이다.

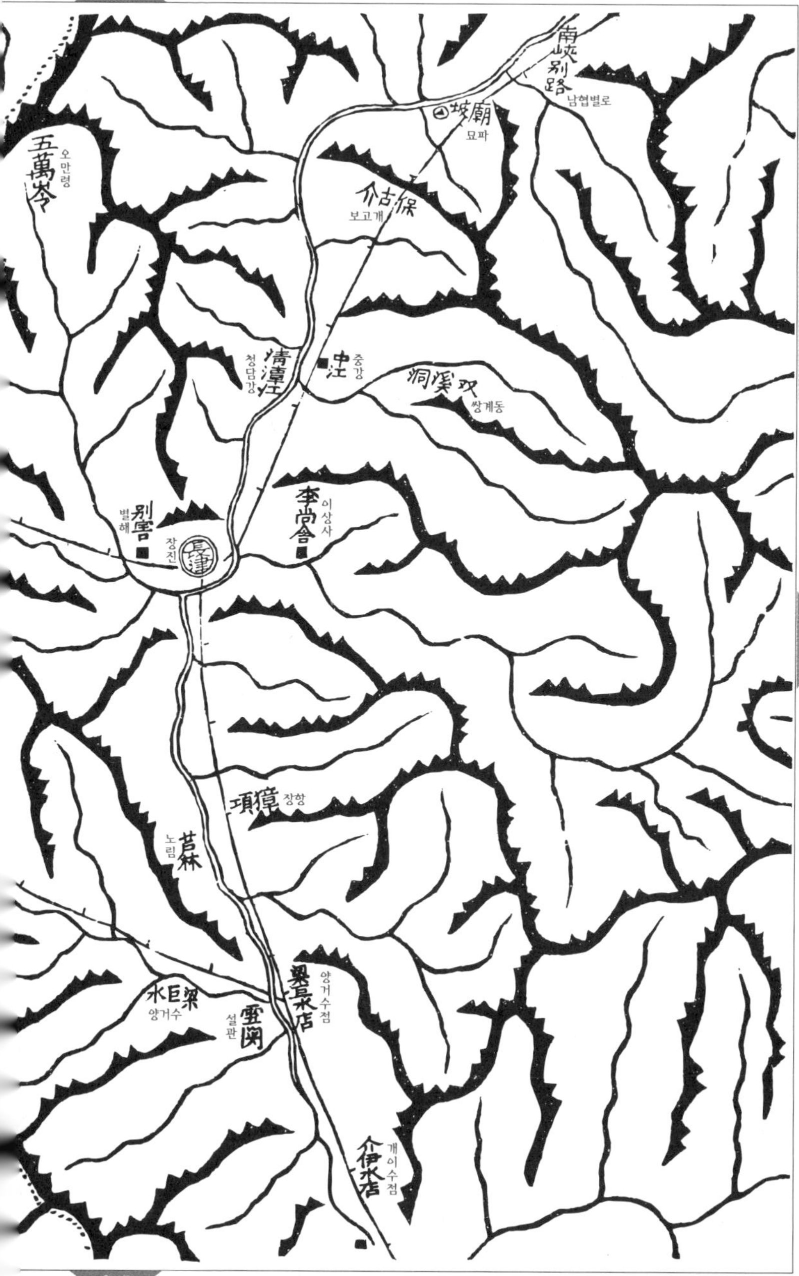

청담강(淸潭江)은 장진강의 상류로, 현재 장진호(長津湖)가 조성되어 있다. **67**

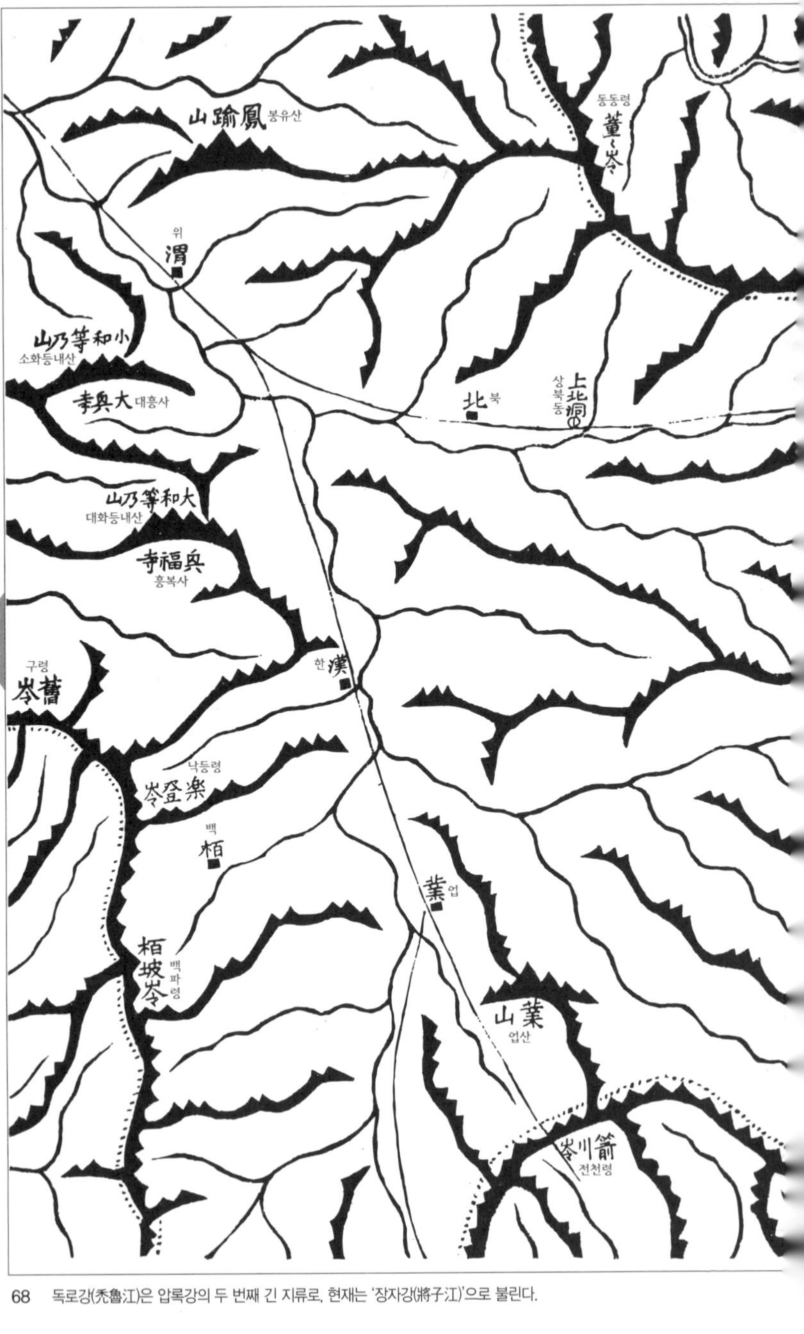

5-7

山踰鳳 봉유산

위
渭

山芛和小 소화등내산

大奐寺 대흥사

北 북
上北洞 상북동

山芛和大 대화등내산

寺福興 흥복사

구령
岺舊

漢 한

낙등령
岺登樂

栢 백

業 업

栢坡岺 백파령

山業 업산

谷川箭 전천령

독로강(禿魯江)은 압록강의 두 번째 긴 지류로, 현재는 '장자강(將子江)'으로 불린다.

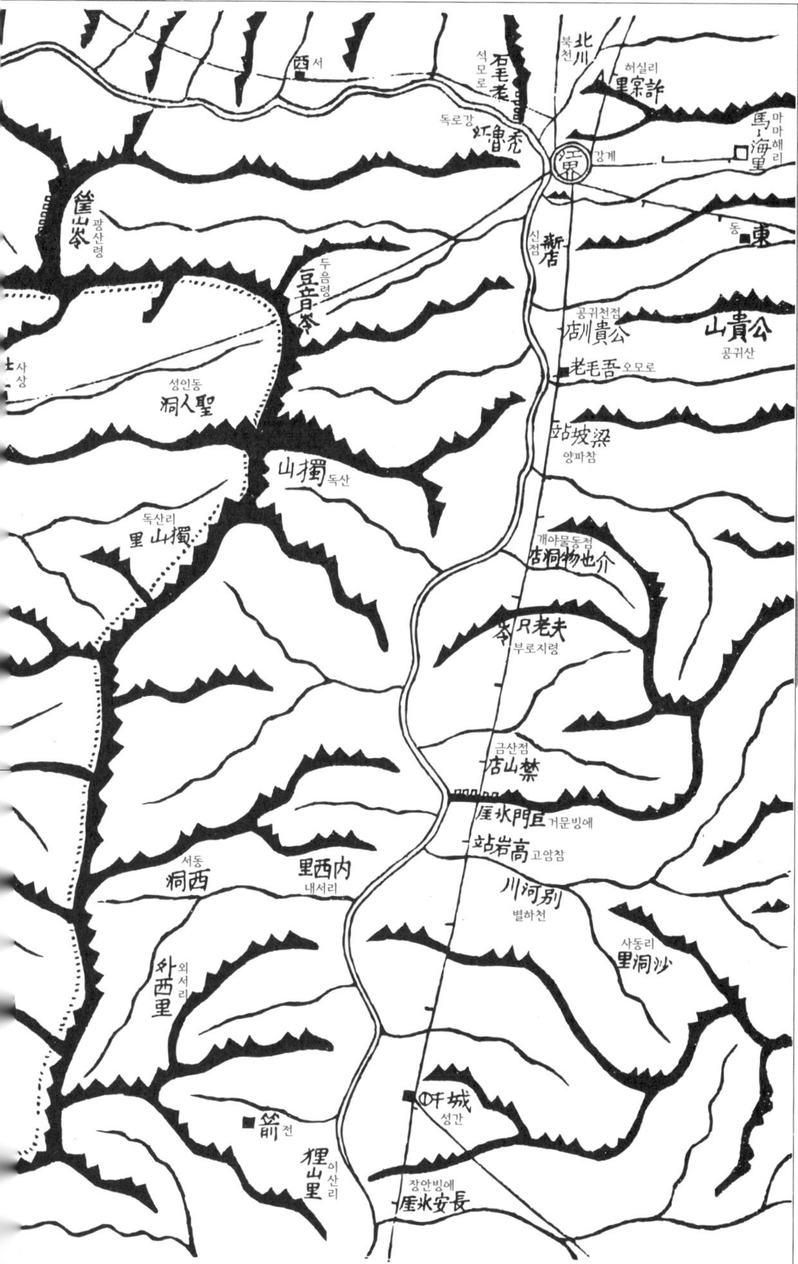

강계(江界)는 조선 태종 때 도호부로 승격되었고, 여진족의 침입을 막는 요충지였다. 69

4-6
서
북천
석모로
허실리
독로강
마마해리
광산령
동
신점
두음령
공귀천점
공귀산
오모로
사상
성인동
양파참
독산
독산리
개야물동점
부로지령
금산점
거문빙애
고암참
서동
내서리
별하천
사동리
외서리
성간
전
이산리
장안빙애
5-5
6-6

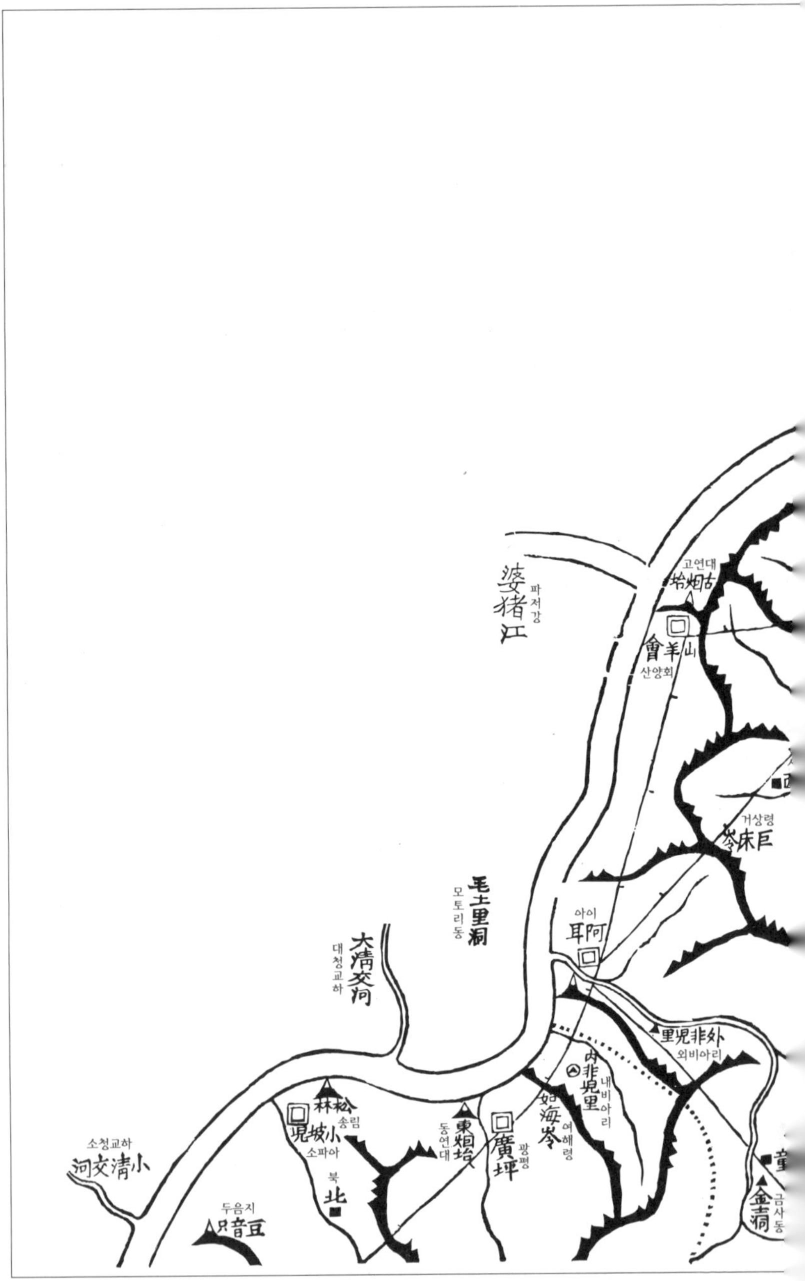

婆猪江 _{파저강}

高彦(?)대

舍烟古

會羊山 _{산양회}

岑床巨 _{거상령}

毛土里洞 _{모토리동}

大淸交洞 _{대청교하}

耳阿 _{아이}

外兒非里 _{외비아리}

內非兒里 _{내비아리}

松林 _{송림}

兒坡 _{소파아}

北 _북

東烟垌 _{동연대}

廣坪 _{광평}

如海岑 _{여해령}

小淸交河 _{소청교하}

豆音모 _{두음지}

金尙 _{금사동}

압록강 변의 진보와 봉수대는 수풍호로 수몰되었고 아이진과 산양회진의 성터만 남아 있다.

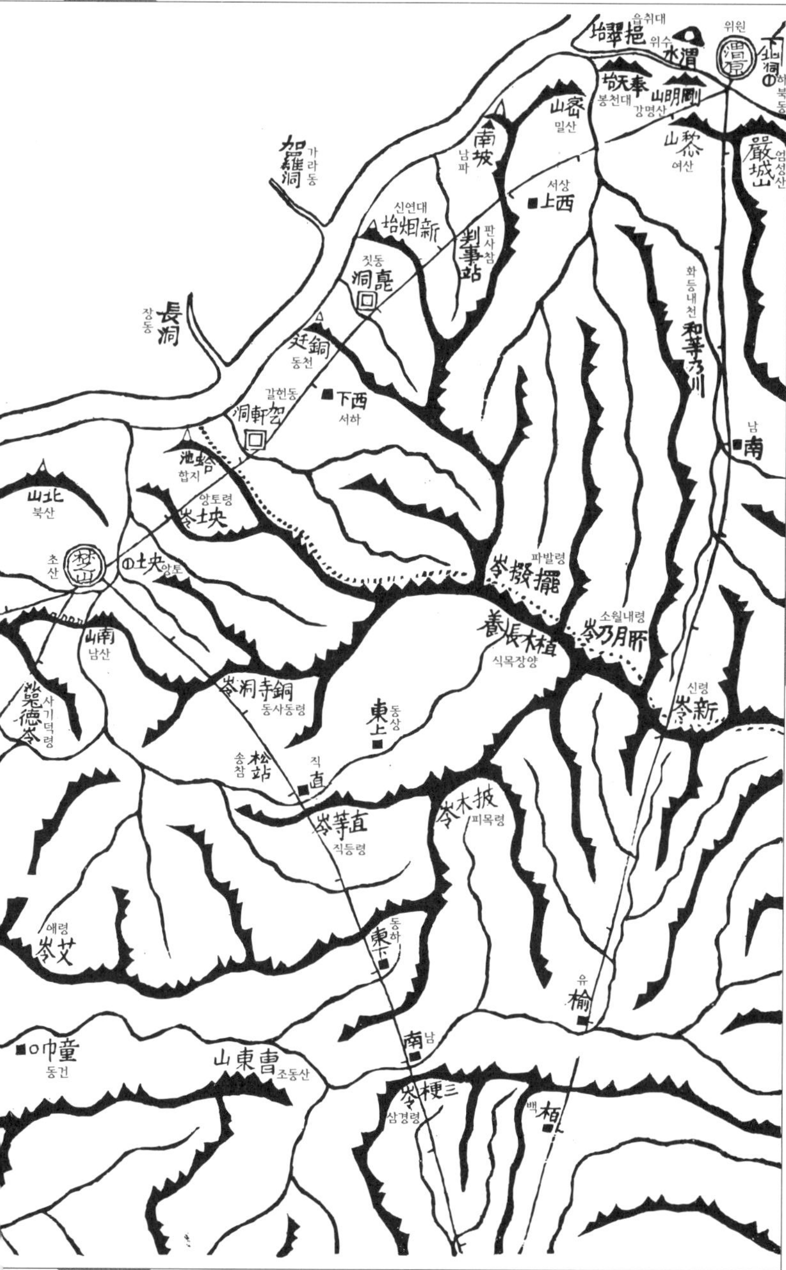

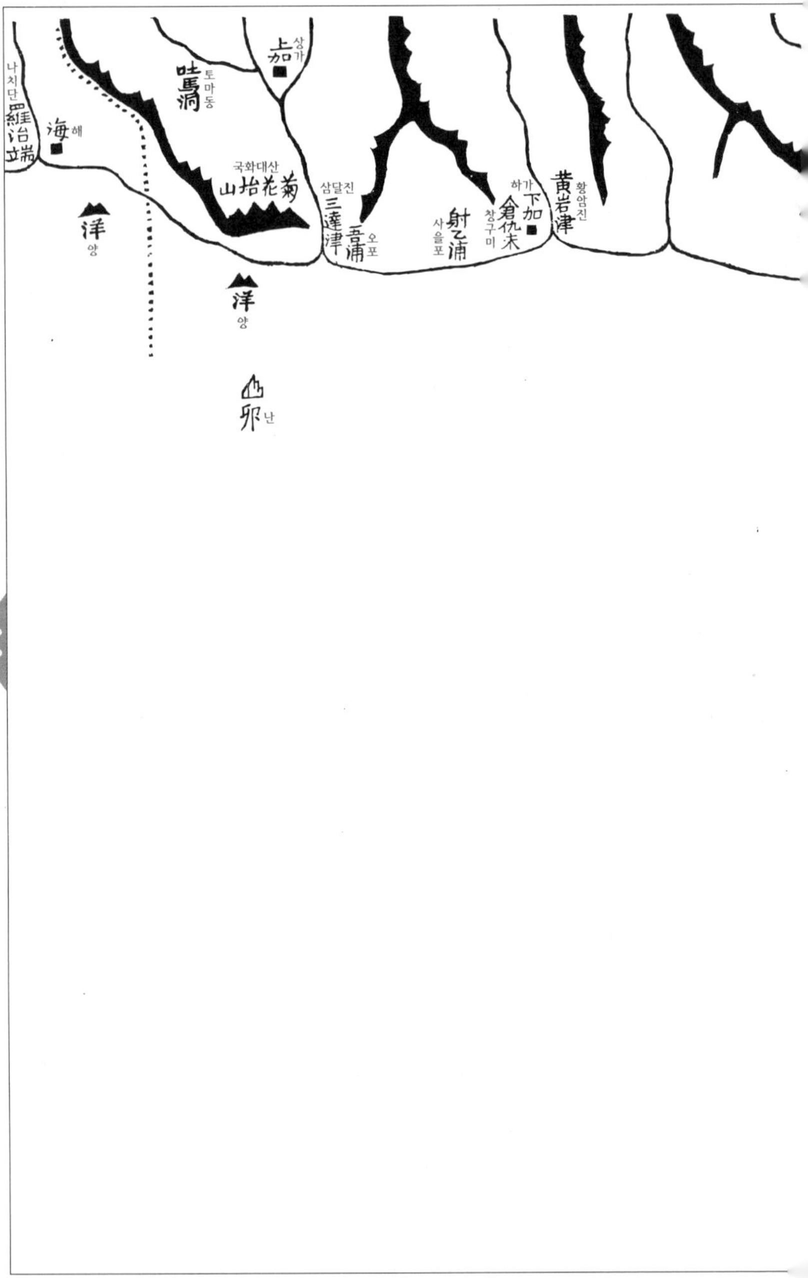

縣治立岩
나치단

海 해

馬洞 말
토마동

上加 상가

山坽花菊
국화대산

洋 양

洋 양

邪 난

三蓬津
삼달진
吾浦
오포

射仇未浦
사을포
찰구미

下加 하가
倉仇末
황암진

黃岩津

양도(洋島)와 난도(卵島) 등 3개의 작은 섬들은 사람이 살지 않는 바위섬이다.

마유산
山乳馬

楸津
추진

노적구미
露積仇未

東 동

이 지역은 칠보산 남쪽 해안 지역으로, 일대는 해안 절벽을 이뤄 경관이 빼어나다. 73

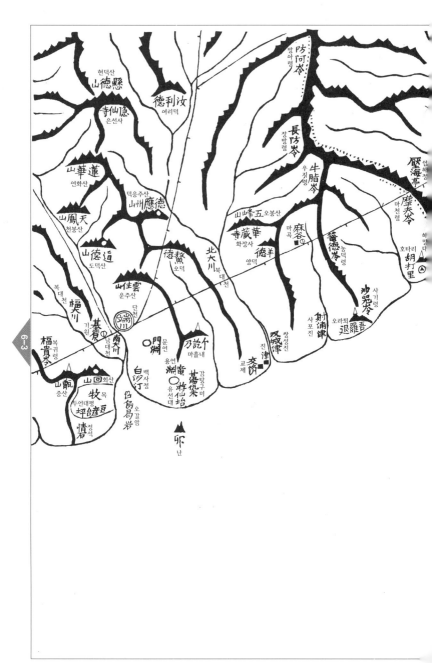

防阿峴
방아령

德縣山
현덕산

寺仙隱
은선사

德利汝
여리덕

長防峴
장방령

壓海亭
압해정

山華蓮
연화산

德應州山
덕응주산

山鳳天
천봉산

五峰山
오봉산

牛脂峴
우지령

摩天峴
마천령

麻谷
마곡

華蔵寺
화장사

羊德
양덕

海印寺
히인다

胡打里
호타리

山德道
도덕산

德鰲
오덕

北大川
북대천

福大川
복대천

山住雲
운주산

蕃德峴
농덕령

沙器峴
사기령

幅川
폭천

端川
단천

기원
基原

남대천
南大川

門淵
문연
용연

乃訖竹
마흘내

雙城津
쌍성진

射浦津
사포진

退羅吾
오라퇴

6-3

山回
회산

牧
목

白沙汀
백사정

龍揀仙坮
유선대

交濟
교제

福貴峴
복귀령

山甑
증산

坪台豆
두언대평

烏島身岩
오갈암

情石
정석

邜
난

74   오갈암(烏碣岩)은 그 형상이 돛대와 같고 바닷새들이 모여들어 붙여진 이름이다.

東 동

三仟 이
삼근이

多信浦
다신포

城信泰
태신성

臨海亭
임해정

雙浦岑
쌍포령

雲尙端
몽상단

西 서

雙浦津
쌍포진

榆津臨溟
유진 임명
임명

城津
성진

穿 천

洞里歧
기리동

樟項
장항

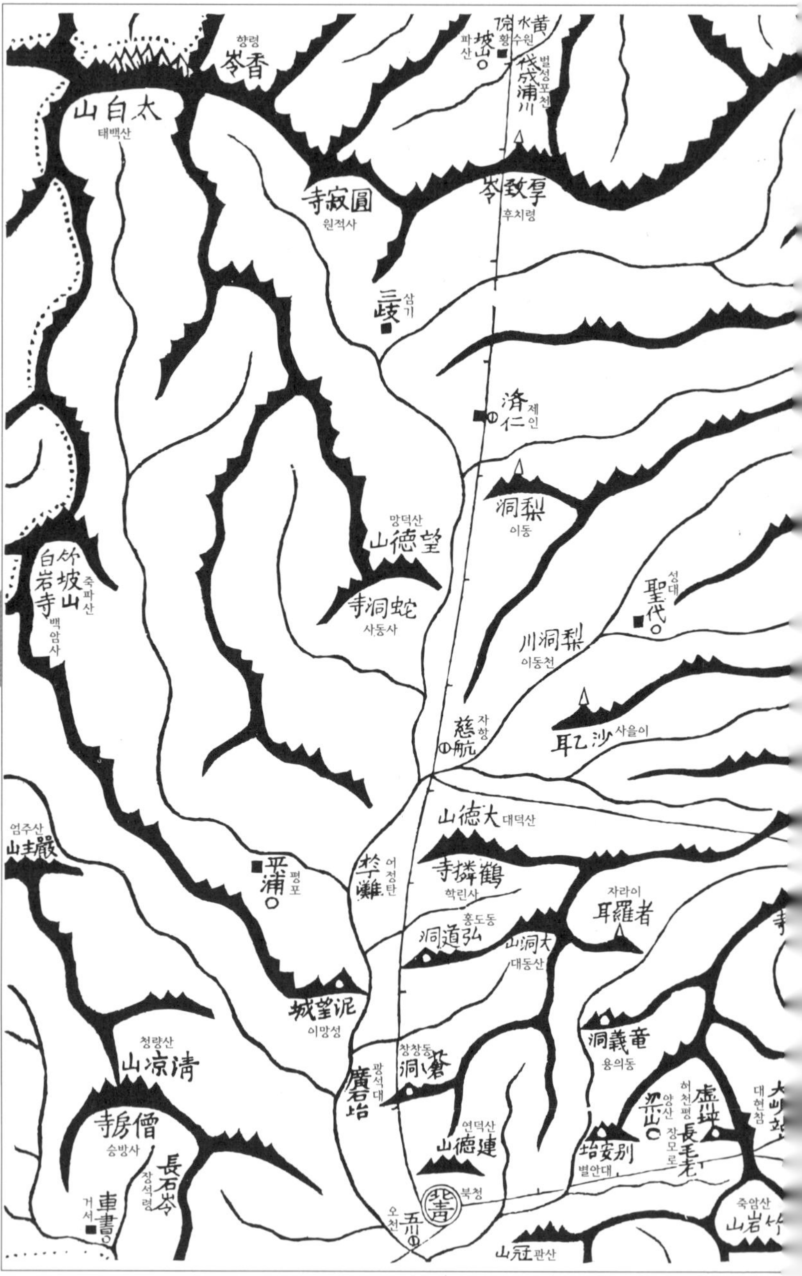

黃水院 황수원
別星浦遷 별성포천
坡山 파산
戌成浦川 술성포천
岑香 향령
山白太 태백산
寺寂圓 원적사
岑致厚 후치령
岐三 삼기
洛仁 제인
洞梨 이동
山德望 망덕산
竹坡山 죽파산
白岩寺 백암사
寺洞蛇 사동사
聖代 성대
川洞梨 이동천
耳乙沙 사을이
慈航 자항
山德大 대덕산
山主嚴 엄주산
寺獜鶴 학린사
者羅耳 자라이
平浦 평포
水灘 어정탄
洞道弘 홍도동
山洞大 대동산
城望泥 이망성
洞蒼 창창동
廣石 평석대
洞義竜 용의동
山涼淸 청량산
山德連 연덕산
寺房僧 승방사
虛川 대현참
長毛老 양앙산 장모로
別安培 별안대
岑石長 장성령
書車 거서
大山
長毛老
山岩竹 죽암산
山冠 판산
玉川 오천
北靑

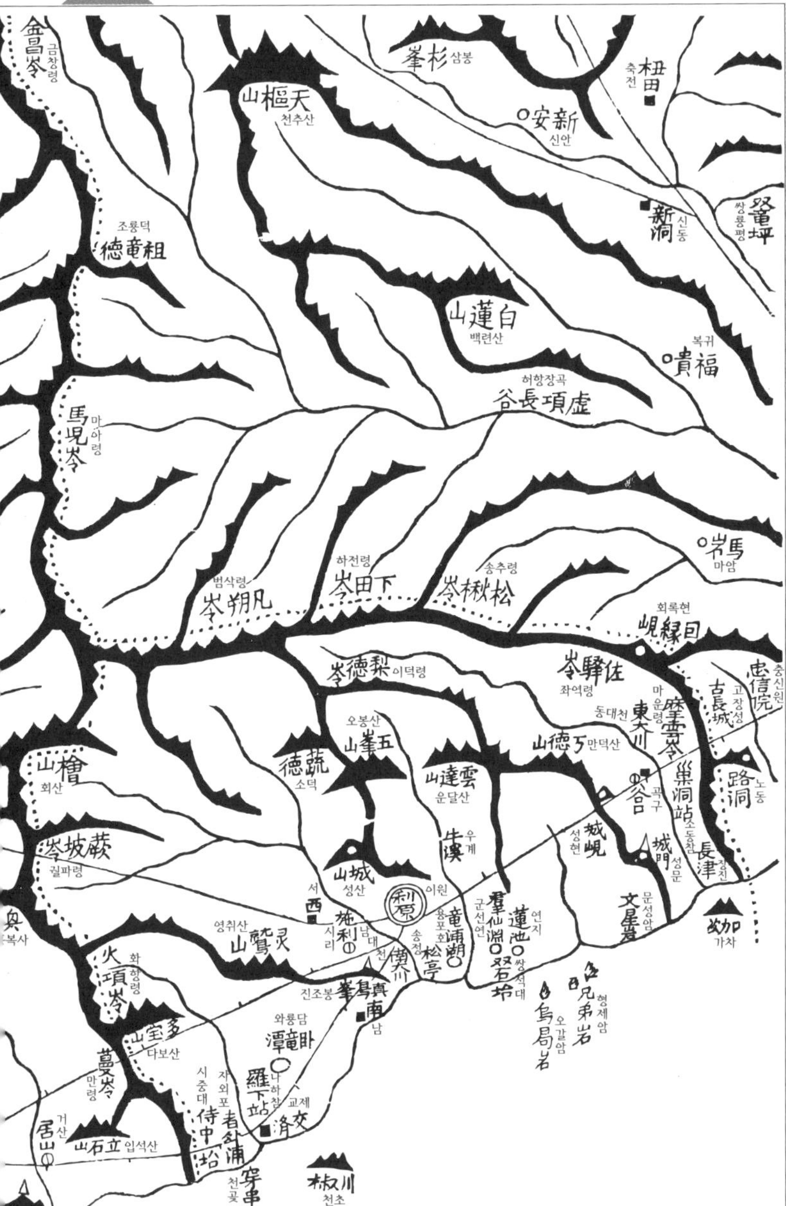

金昌峯 금창령

杉峯 삼봉

柚田 축전

天樞山 천추산

新安 신안

雙龍坪 쌍룡평

조룡덕
德龍祖

新洞 신동

白蓮山 백련산

馬兒峯 마아령

청복귀
晴福

허항장곡
虛項長谷

馬岩 마암

凡朔峯 범삭령

下田峯 하전령

송추령
松秋峯

회록현
묘신원
曰綠峴

佐驊峯 좌역령

忠信院 고장성문
古長城

梨德峯 이덕령

마운령
麻雲嶺

檜山 회산

오봉산
五峯山

蔬德 소덕

동대천
東大川

萬德山 만덕산

巢洞站 동농
노동
路洞

蕨坡峯 칠파령

雲達山 운달산

우개
牛澳

合 곡구

성고개
城峴

城門 성문

長津 장진

火項峯 화항령

城山 성산
서
西
施利 시리

利原 이원

군선천
群仙川
蓮池 연지
龍踊朔 용용삭
쌍대
蓮仙淵 ○岩

文星�
文星岩

加次 가차

多宝山 다보산

衡川 형천

송정천
龍松亭

兄弟岩 형제암

蔓嶺 만령

거산
居山

立石山 입석산

翥南峯
남

와룡담
潭龍臥

자와포
○子巍下浦

시중대

오갈암
烏乫岩

耳石 석이

羅下站 교제
교제

侍中臺 나하참

椒川 천초

穿串 천곳

마운령(磨雲嶺)에는 신라 진흥왕이 개척한 영토를 기념해 세운 순수비가 있었다.   77

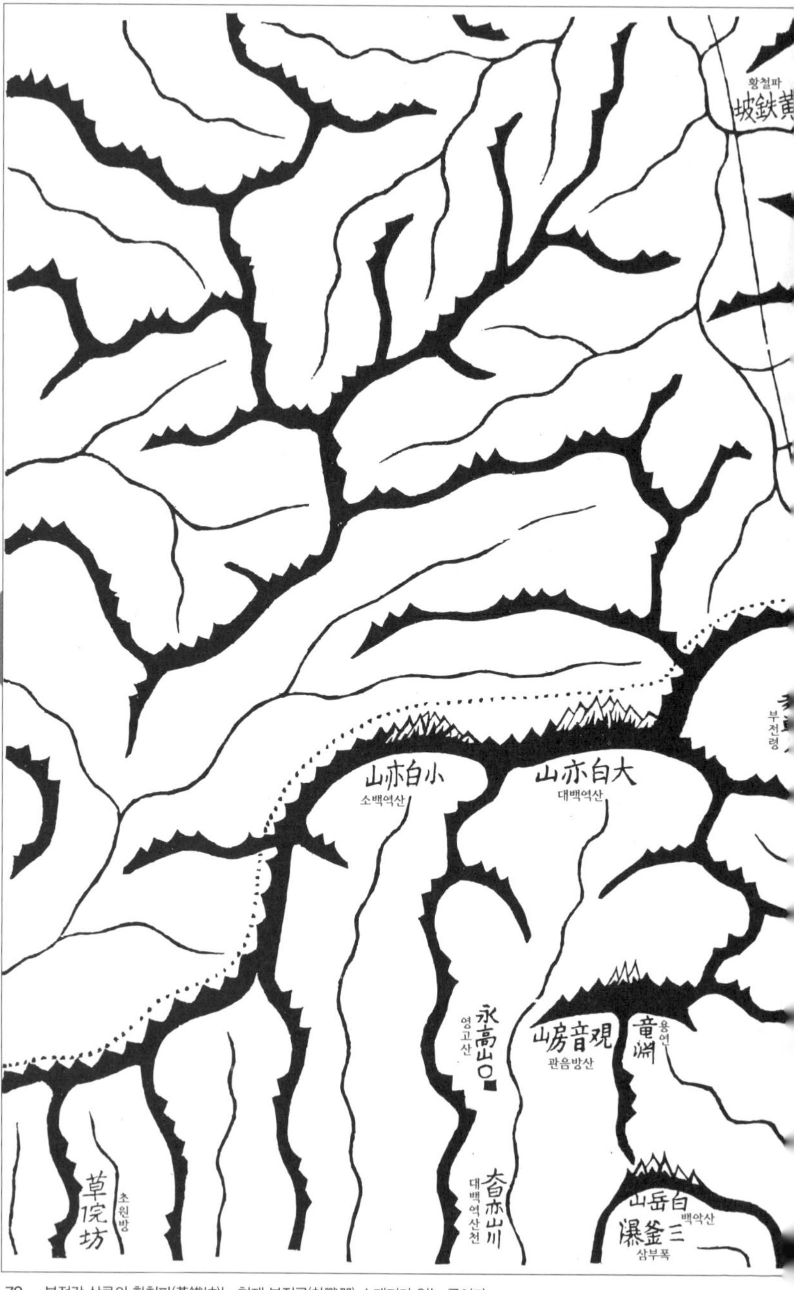

坡鉄黃
황철파

부전령

山亦白小
소백역산

山亦白大
대백역산

竜淵
용연

山房音覌
판음방산

永高山○
영고산

草1完坊
초원방

杳亦山川
대백역산천

山岳白
백악산

瀑釜三
삼부폭

부전강 상류의 황철파(黃鐵坡)는 현재 부전군(赴戰郡) 소재지가 있는 곳이다.

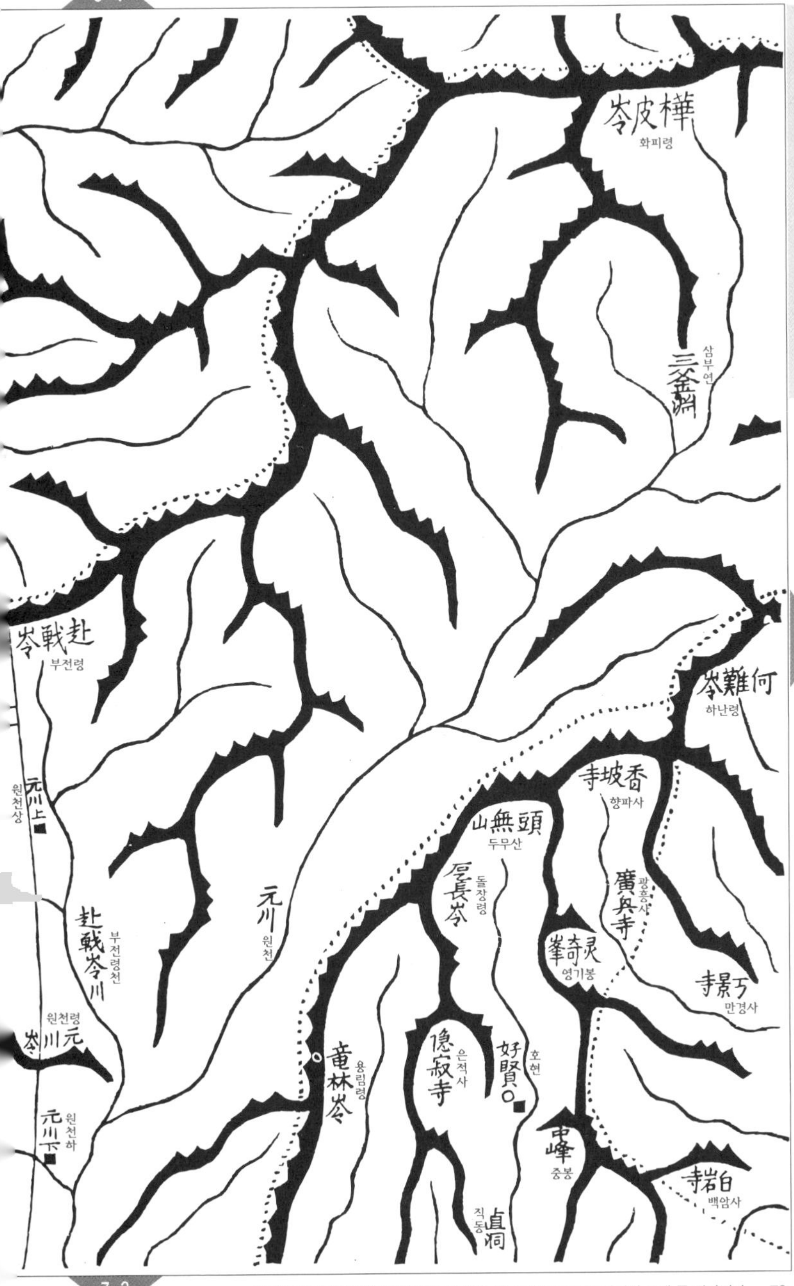

樺皮岑
화피령

三釜淵
삼부연

赴戰岑
부전령

何難岑
하난령

香坡寺
향파사

頭無山
두무산

廣興寺
광흥산

靈奇峯
영기봉

景寺寺
만경사

厚長岑
돌장령

元川上
원천상

元川
원천

赴戰岑川
부전령천

隱寂寺
은적사

好賢
호현

竜林岑
용림령

中峰
중봉

白岩寺
백암사

元川令
원천령

元川下
원천하

直洞
직동

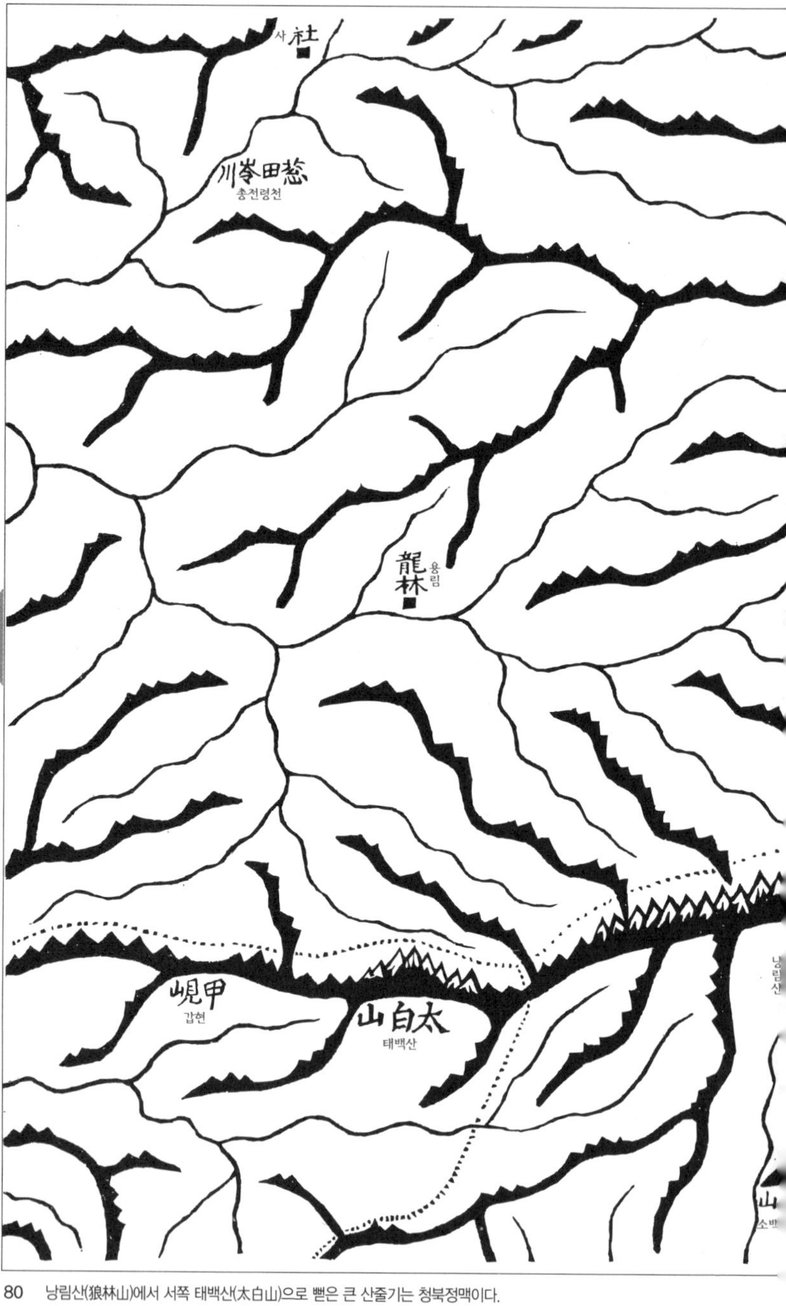

社 사

川峯田葱
총전령천

龍林
용림

峴甲
갑현

山白太
태백산

낭림산

소백산

낭림산(狼林山)에서 서쪽 태백산(太白山)으로 뻗은 큰 산줄기는 청북정맥이다.

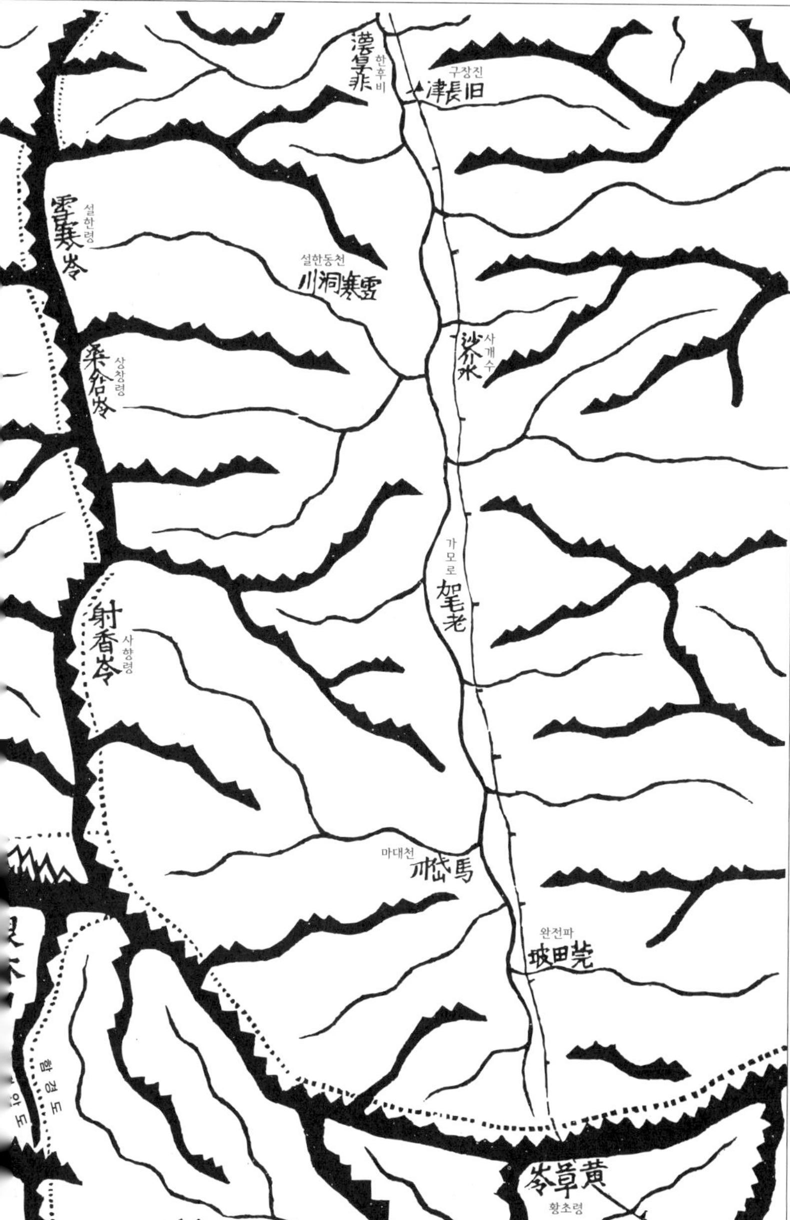

滿字非

한흥비
구장진
津長旧

雲蒙岑
설한령

설한동천
川洞寒雪

상창령
柔岺岺

沙芥水
사개수

射香岑
사향령

駕老
가로

마대천
峐馬

완전파
坡田羌

岑草黃
황초령

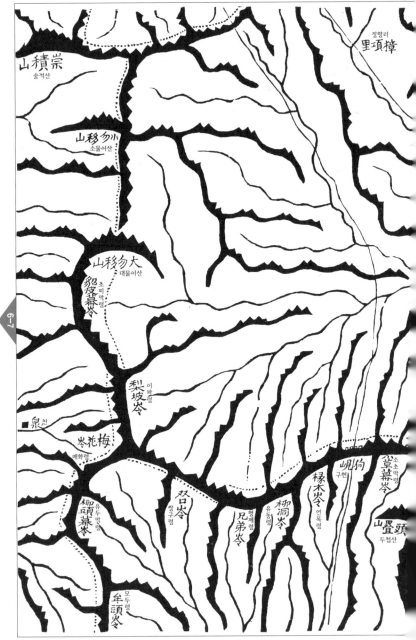

崇積山
숭적산

里項獐
장항리

小移勿山
소물이산

大移勿山
대물이산

貂皮幕嶺
초피막령

梨坡嶺
이파령

泉천

梅花岑
매화령

岾仇
구현

草幕嶺
소초막령

柳木岑
연목령

疊頭山
두첩산

柳頭幕嶺
유두막령

叕口岑
쌍구령

兄弟岑
형제령

柳洞岑
유동령

牟頭岑
모두령

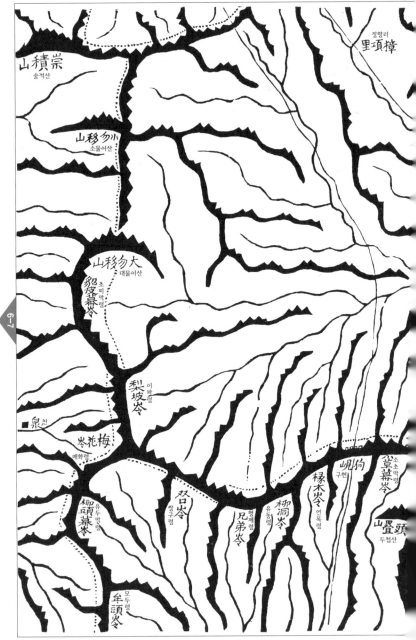

도장령(道場嶺)에서 서쪽 모두령(牟頭嶺)으로 이어지는 긴 산줄기는 청북정맥이다.

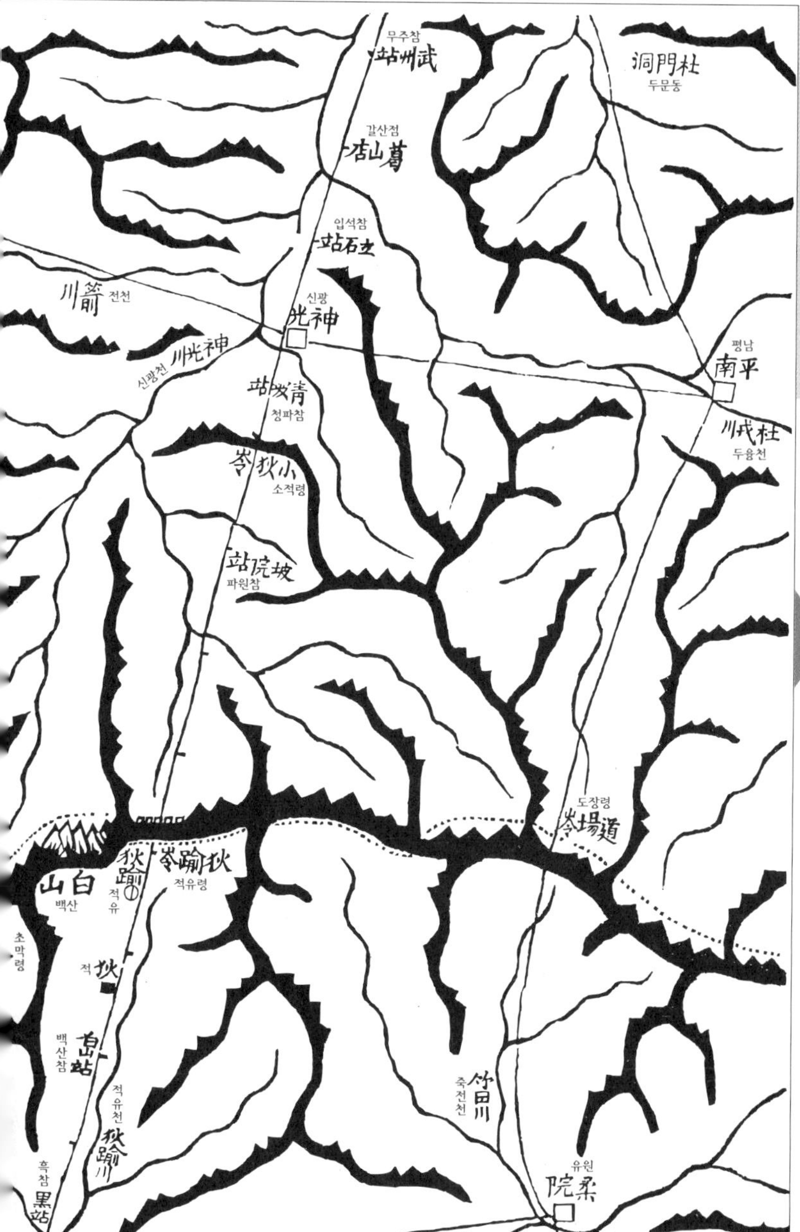

武州站 무주참
杜門洞 두문동
葛山店 갈산점
立石站 입석참
箭川 전천
神光 신광
神光川 신광천
南平 평남
清波站 청파참
杜戎川 두융천
小狄岺 소적령
坡院站 파원참
道場岺 도장령
白山 백산
狄踰岺 적유령 적유
狄 적
白山站 백산참 적유천
竹田川 축전천
狄踰川 적유천
黑站 흑참
柔院 유원
초막령

적유령(狄踰嶺)은 '오랑캐가 넘어오는 곳'이라는 뜻으로, 방어상 중요한 곳이었다.   83

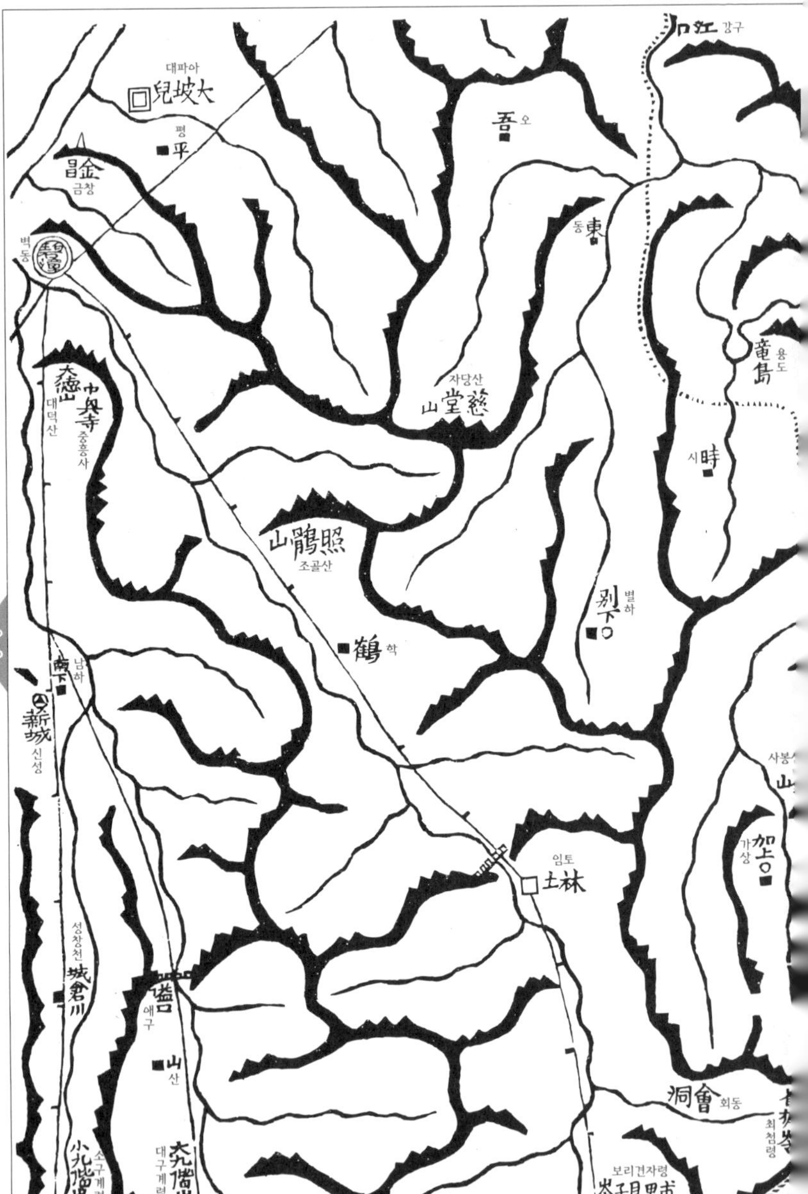

조선 태종 때 군으로 개편된 벽동(碧潼) 일대는 현재 수풍호에 수몰되었다.

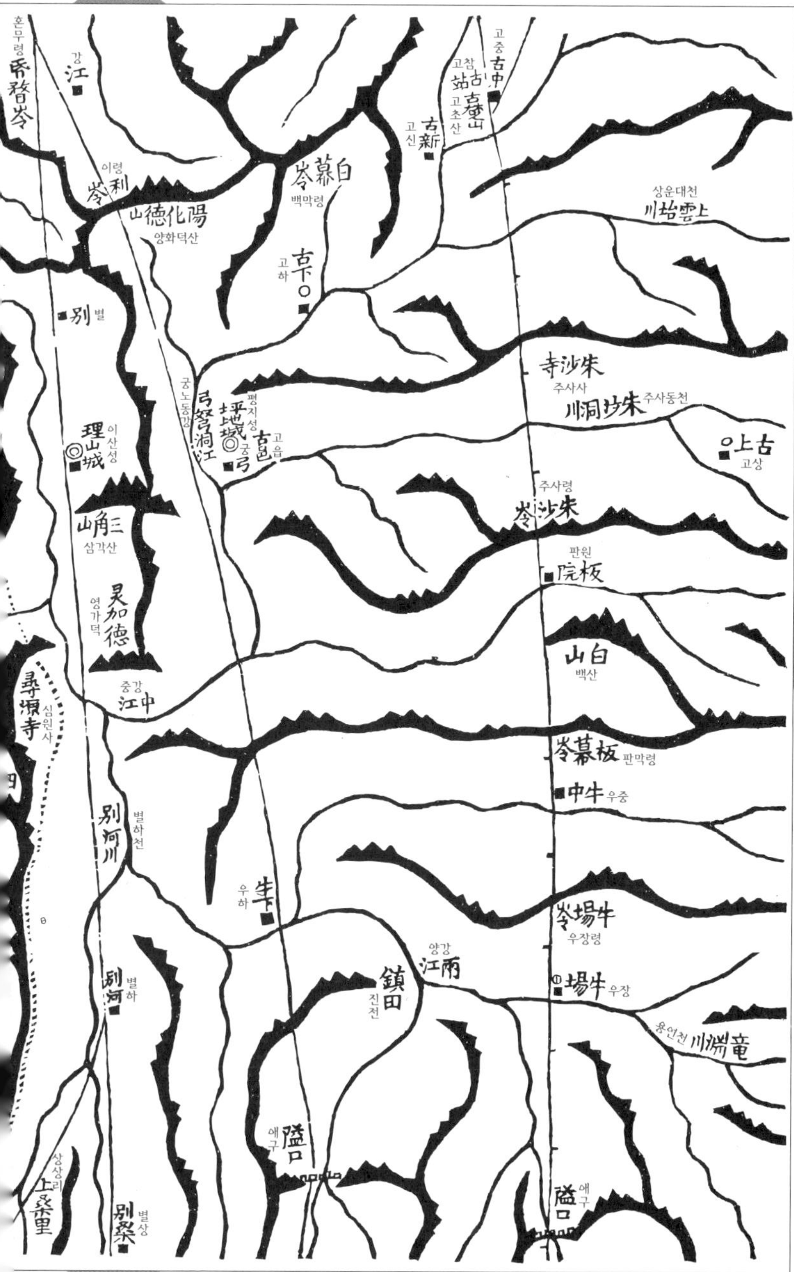

별하천(別河川)은 지금의 충만강(忠滿江)으로, 예전 뗏목을 내려보냈던 뗏길이었다.   85

창성(昌城)은 국경 방어 지역으로, 성(城)이 많아 붙여진 이름이라고 한다.

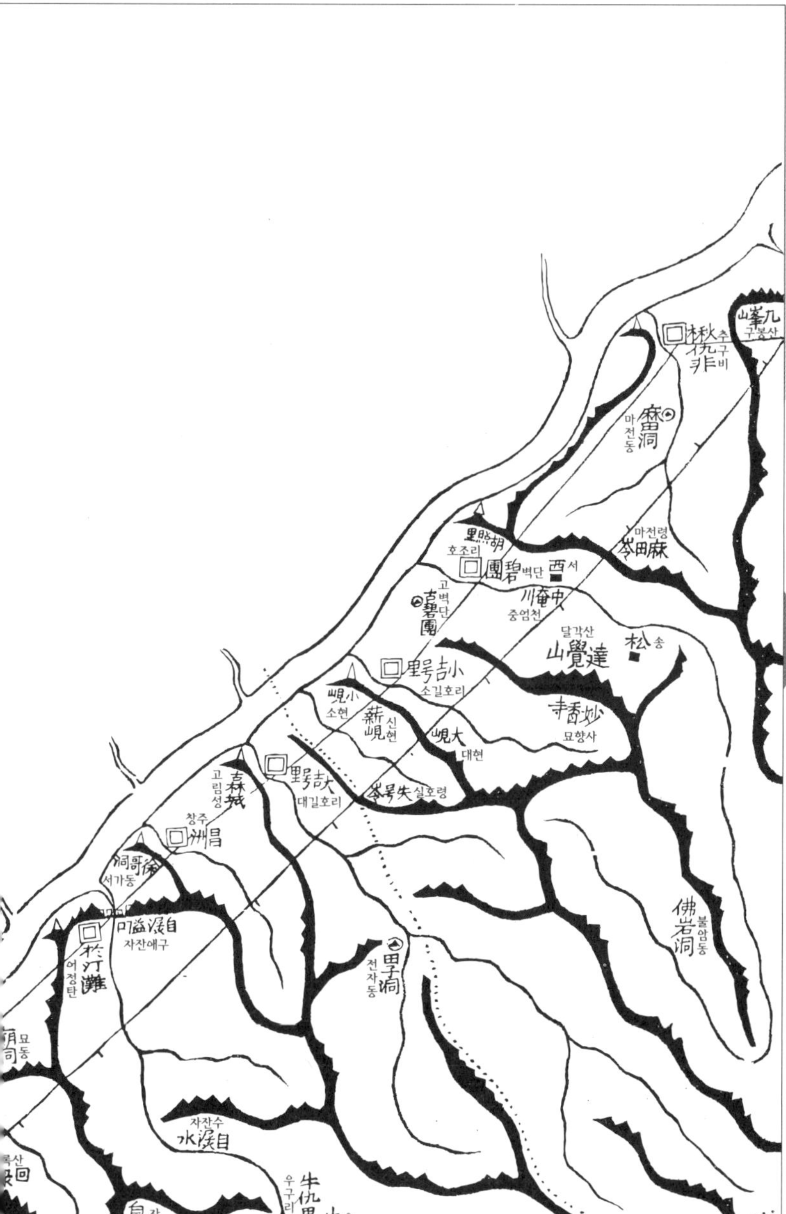

압록강 변에 진보와 봉수가 밀집되어 있었으나, 현재는 수풍호(水豊湖)에 수몰되었다.　87

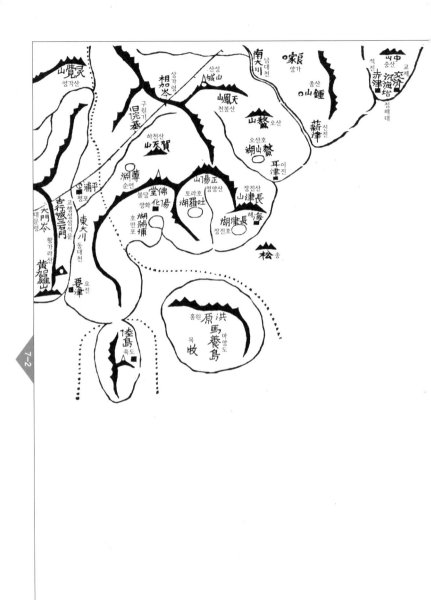

대문령(大門嶺)을 지나는 도로는 조선시대 10대로 중 제2대로이다.

千佛山
천불산

小皂�川
소백역산천

黑林川
흑림천

朝陽
조양

岐川
기천

乭串村
오로촌

獨山
독산

岐川
기천

徳

岐谷
기곡

五峯山
오봉산

毒串
기천

性串
성천강

毒岐串

中城
중성

성곡

弄屋壇

晉廷
서고천

平
가평

舍音洞
사음동

性雲山
운주산

馳馬培
치마대

半龍山
반룡산

中川
중천

咸興
함흥

함흥
평원

性潮川
운주천

檜原
회원

中峯山
중봉산

平川
평천

갈한천
乫한川

花陰
화음

咸興坪
함흥평

만세교

東峯
동봉

英蔡里
영성거리

古長城
고장성

朱地
주지

朱倍城
주이성

沙山
사산

제성단

牧
목

麥濟
교제

용암
龍岩

萬年峯
만년봉

三見臺培
삼견대배

광기

弄屋壇

廣洞

微渶浦
미진포

龍岩

7-3

---

90   함흥(咸興)은 태조 이성계(李成桂)가 성장한 곳으로, 조선 왕조의 발상지이기도 하다.

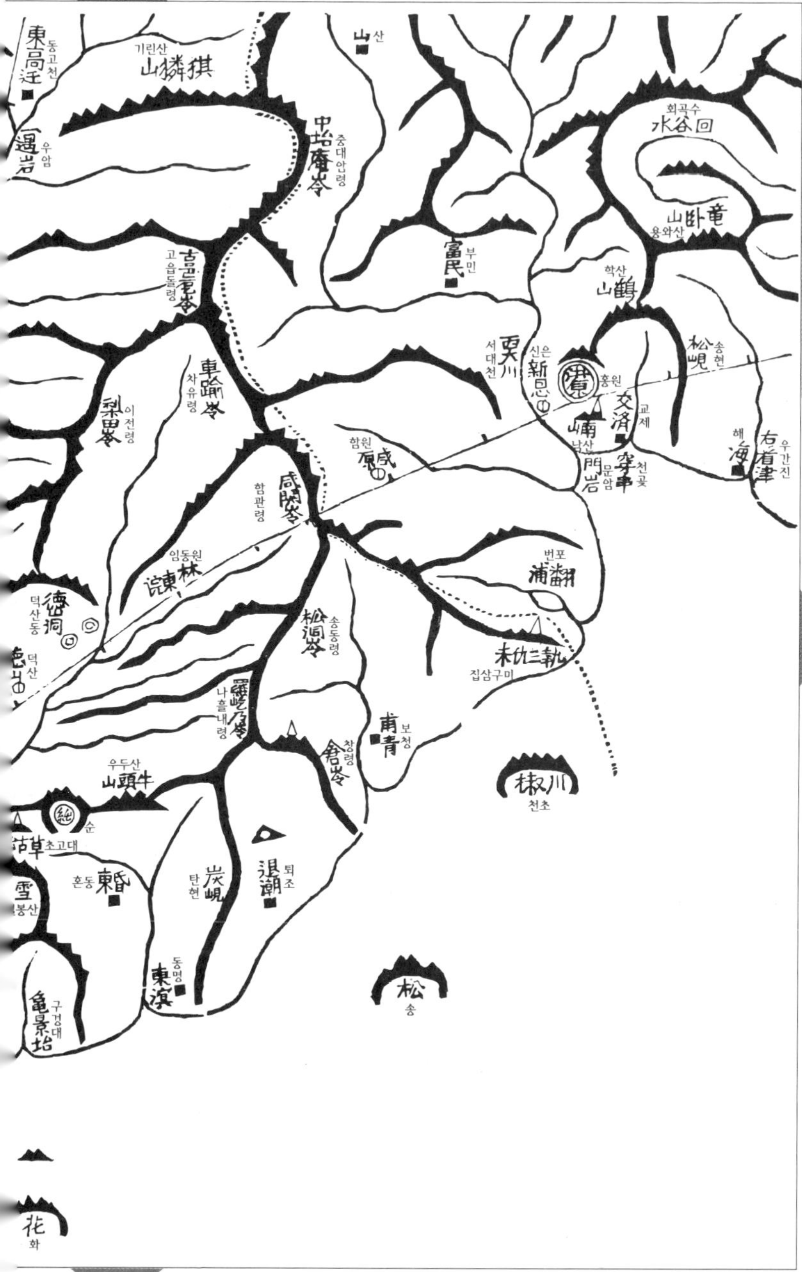

東局逕
동고고천
運岩

기린산
山猉猉

山 산

회곡수
水谷回

中坮庵令
중대암령

山卧竜
용와산

고읍동령
古邑洞令

富民
부민

우암

梨界
이천령

車蹄令
차유령

松峴
송현

학산
山鶴

신은
新邑
홍원

女湾
濟
교제

해
海
우간진

右着津

更川
서대천

咸感
함흥
함관령

含陵令

남산
山南
문암
門岩
천곶

李岌

德洞
덕산동

덕산
悉岾

凍林
임동원

松洞令
송동령

浦灏
번포

未仇三執
집삼구미

羅峻令
나흘내령

甫靑
보청

椒川
천초

우두산
山頭牛

순
絁

倉令
창령

退潮
퇴조
퇴조

花草
초고대

東楷

炭峴
탄현

松
송

雪
봉산

龜景培
구경대

東演
동명

花
화

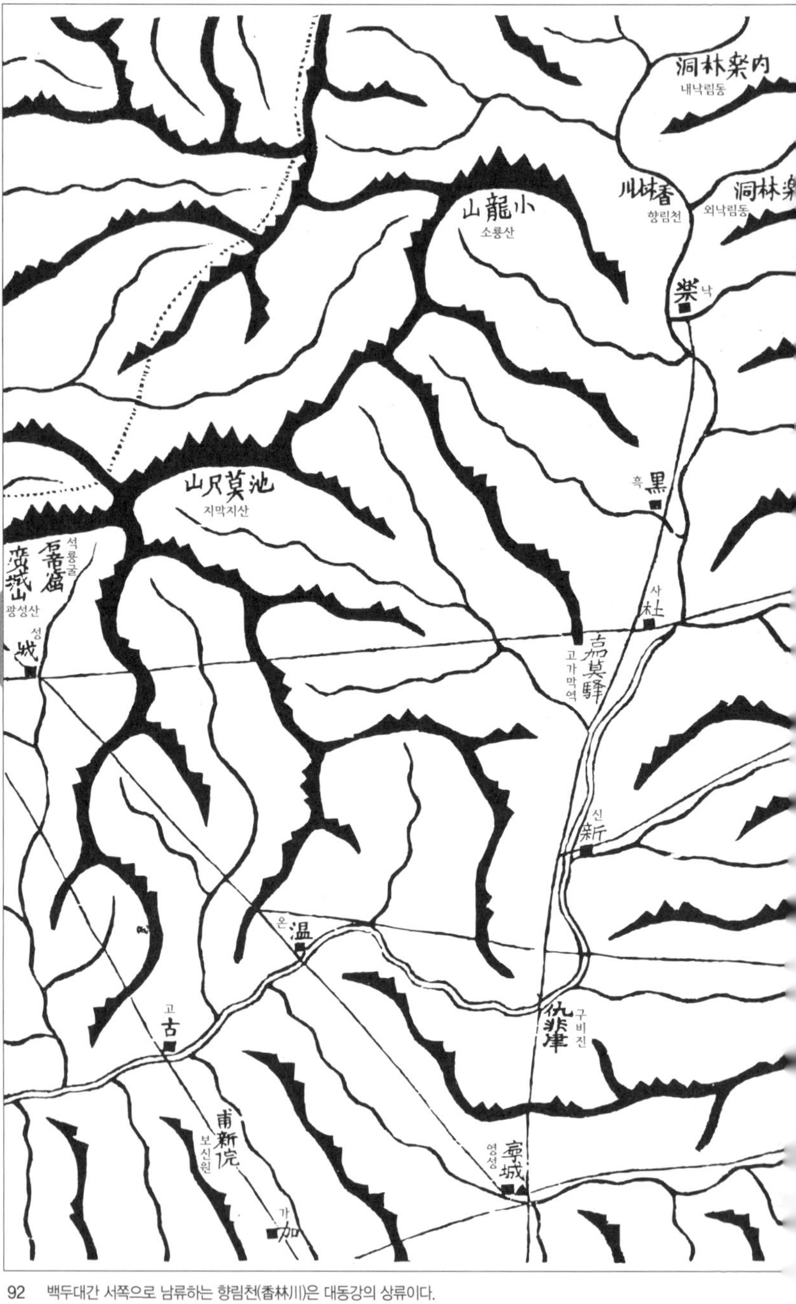

洞林案內
내낙림동

山龍小
소룡산

川林香
향림천

洞林外
외낙림동

낙

黑
흑

山尺莫池
지막지산

사上

高莫驛
고가막역

城甍石
석룡굴

光城山
광성산

城
성

新
신

溫
온

仇非津
구비진

고古

南新院
보신원

韋城
영성

가加

92 백두대간 서쪽으로 남류하는 향림천(香林川)은 대동강의 상류이다.

中嶺 중산령

箕隱洞 기은동

金水窟 금수굴

釰 검

上釰山 상검산

中川 중천

白雲山 백운산

天宜山 천의산

如莫洞 가막동

成佛菴 성불사
汎水菴 범수암

峯日遮 차일봉

中釰山 중검산
馬踰峯 마유령

上 상

枋項 영영

中 중

香炉峯 향로봉

下釰山 하검산

三藏山 삼장산

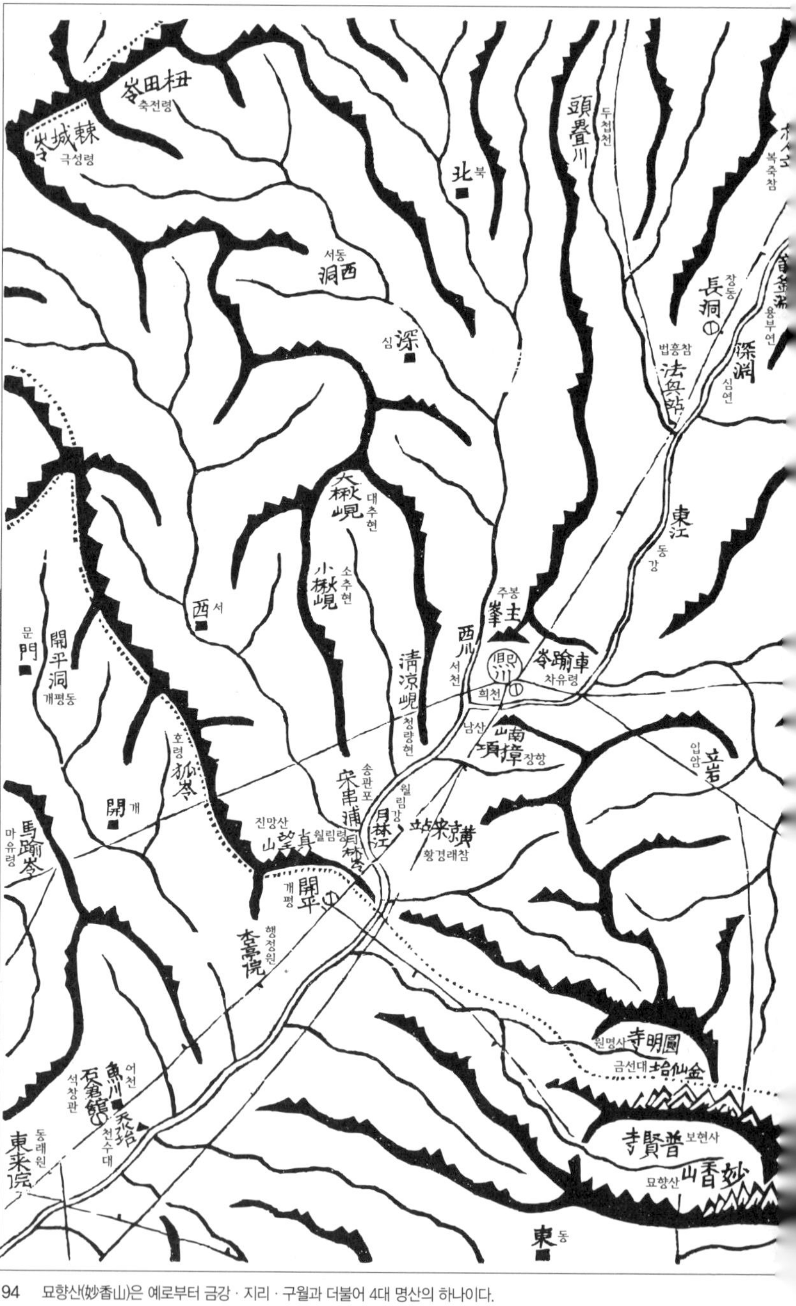

묘향산(妙香山)은 예로부터 금강·지리·구월과 더불어 4대 명산의 하나이다.

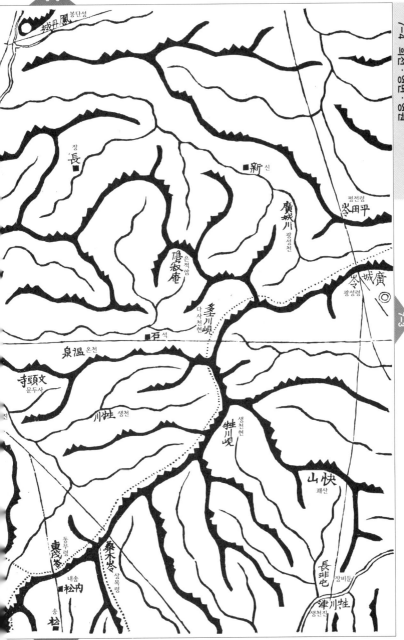

鳳丹城 봉단성

長

新 신

廣城川 광성천

평전령

平田坌

隱寂庵 은적암

廣城岺 광성령

�Ⅲ岾
다사천현

石 석

溫泉 온천

文頭寺 문두사

牲川 생천

牲川岾 생천현

快山 쾌산

東茂 동무령

桑木岺 상목령

內松 내송

松內

長非屯 장비둔

牲川津 생천진

松

광성령(廣城嶺)에서 묘향산(妙香山)으로 이어지는 큰 산줄기는 청남정맥이다. 95

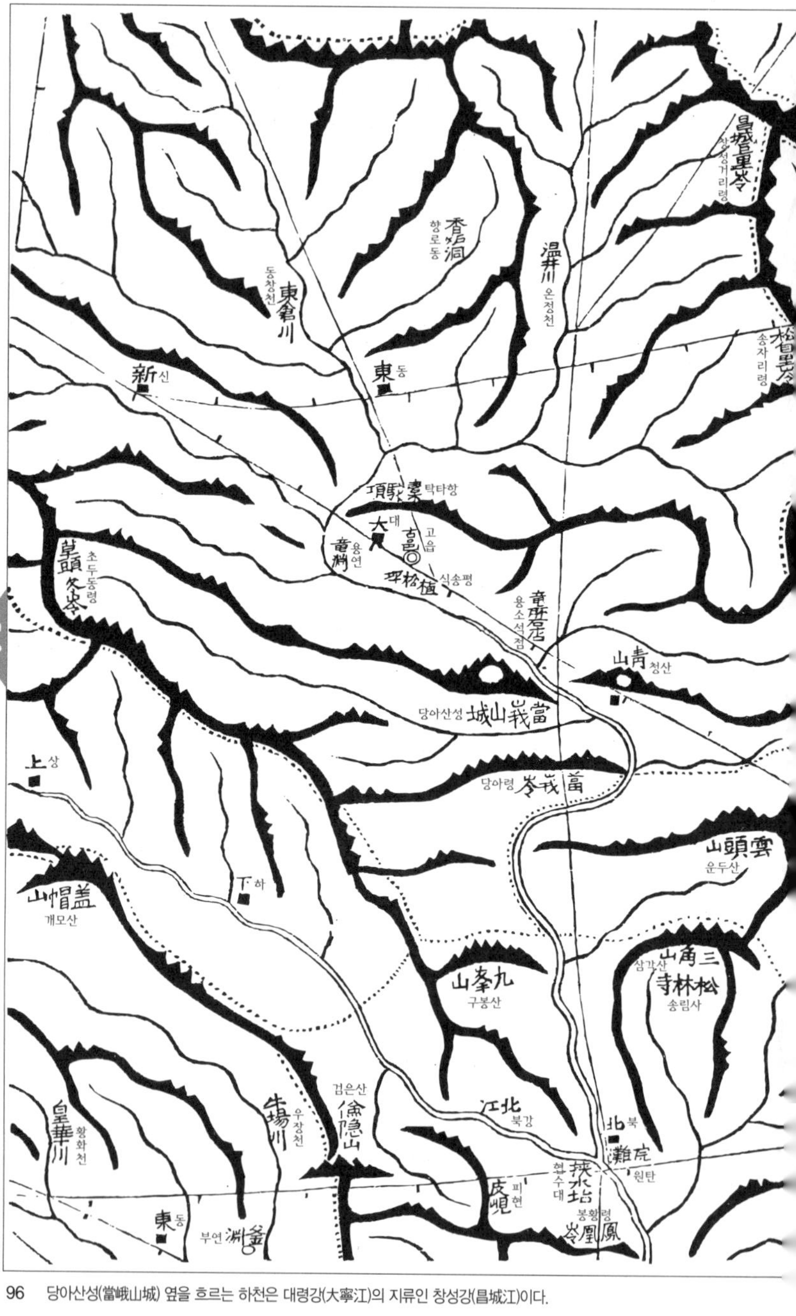

96　당아산성(當峨山城) 옆을 흐르는 하천은 대령강(大寧江)의 지류인 창성강(昌城江)이다.

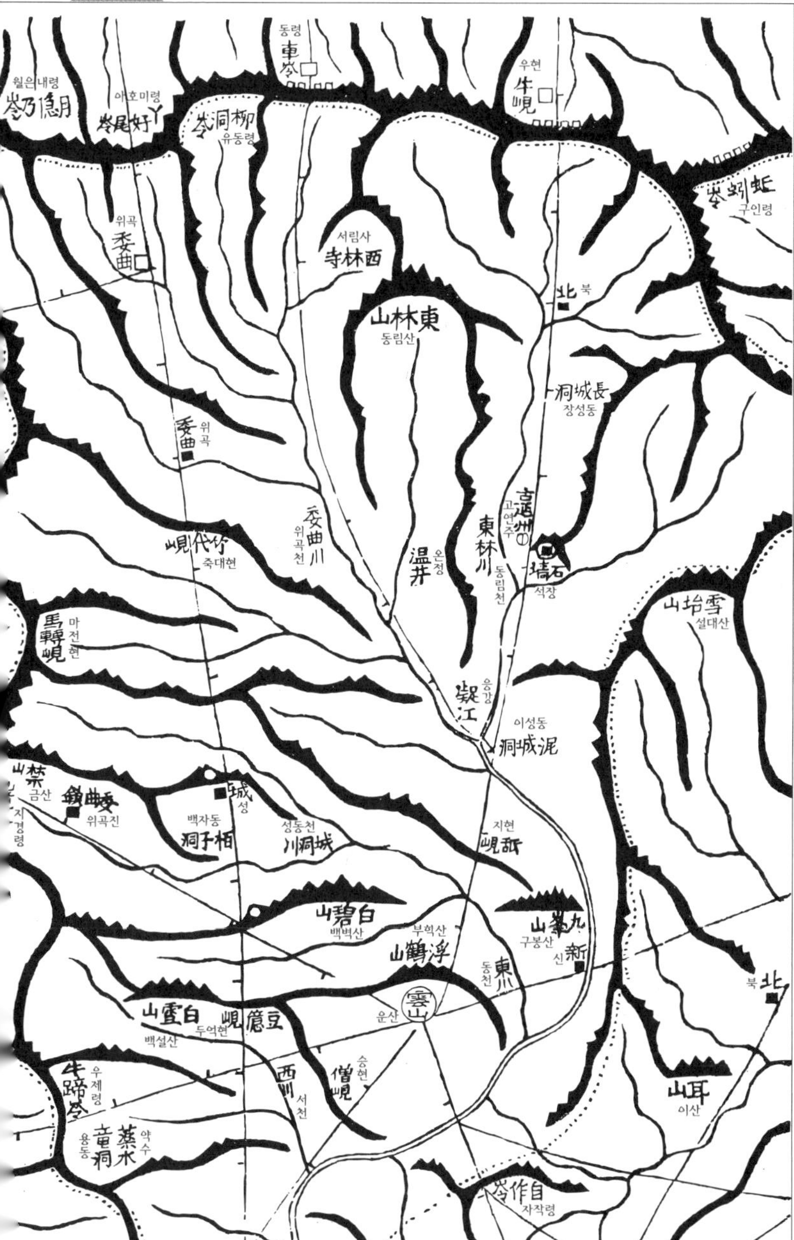

월은내령
岑乃隱
岑尾好

柳洞杏
유동령

車峴
동령

牛峴
우현

蚖
蛇
구인령

委曲
위곡

西林寺
서림사

東林山
동림산

北
북

長城洞
장성동

委曲
위곡

竹代峴
축대현

委曲川
위곡천

溫井

東林川
동림천

高延州
고연주

靖石
석장

雪岾山
설대산

馬轉峴
마전현

禁山
지경령

鎭曲委
위곡진

城
성

백자동

柏子洞

城洞川
성동천

峴江
응강

泥城洞
이성동

峴奸
지현

白碧山
백벽산

浮鶴山
부학산

부벽산

九峯山
구봉산

新
신

東
동

白雪山
백설산

豆億峴
두억현

雲山
운산

僧峴
승현
서천

西川

동천

耳山
이산

北
북

牛蹄峯
우제령

童木洞
약수
용동

목작령

目作谷
자작령

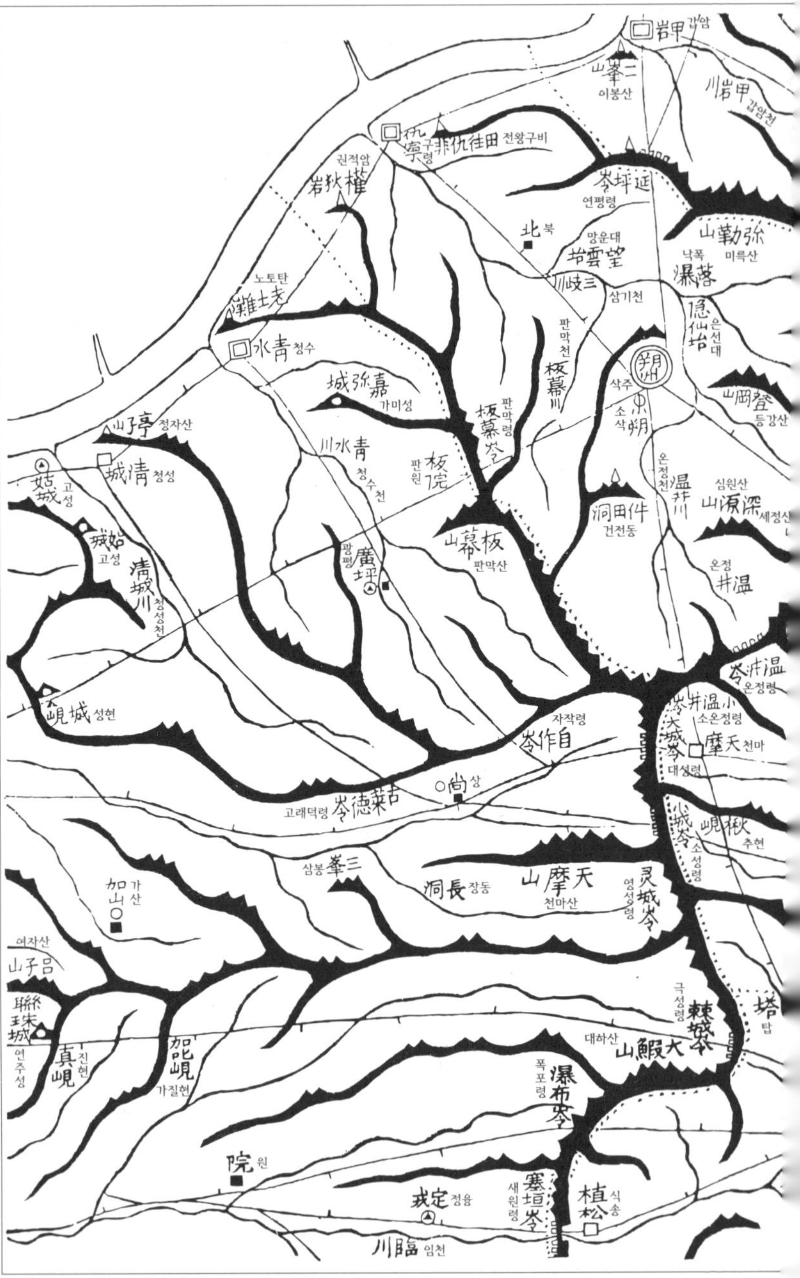

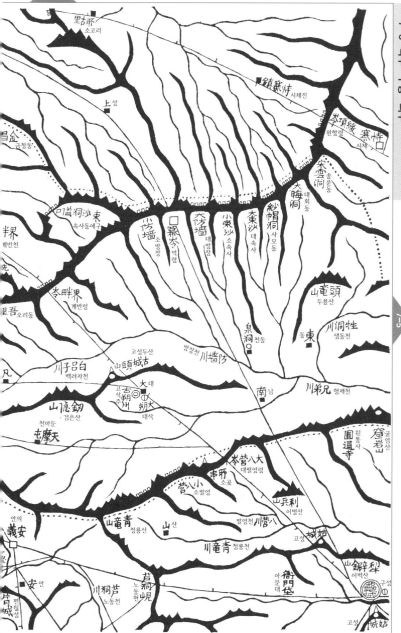

點所
소고리

上상

金昌
금창동

口益洞沙東
속사동애구

半界
계반천

先

□呂吾
오리동

镇寨特
시채진

寨項緩
완항령

寨特口
시채

宋雲洞
송운동

大晦洞
대회동

紗帽洞
사모동

防墙
소방장

幕令
막령

六方墙
대방장

小束沙
소속사

東沙
대속사

苍畔界
계반령

山竜頭
두룡산

川洞牲
생동천

東
동

川子呂白
백려자천

山頭城古
고성두산

泉洞
천동

南
남

川弟兄
형제천

山隐釼
검은산

고삭
주
朔州
고삭주

大
대

大朔
대삭

川弟兄
형제천

天摩屯
천마둔

竜靑
山
청룡산

山
산

營八大
대팔영령

串所
소꽃

圓通寺
원통사

窟岩
굴암

營小
소팔영

山兵利
이병산

義安
안의

安
안

川竜靑
청룡천

川八營
팔영천

城姑
고성

山鉒犁
이벽산

門橋塞
아문대 구성

洞芦峴
노동천

城姑
고성

城姑

위화도(威化島)는 요동 정벌을 위해 출정했던 이성계가 회군한 곳으로 유명하다.

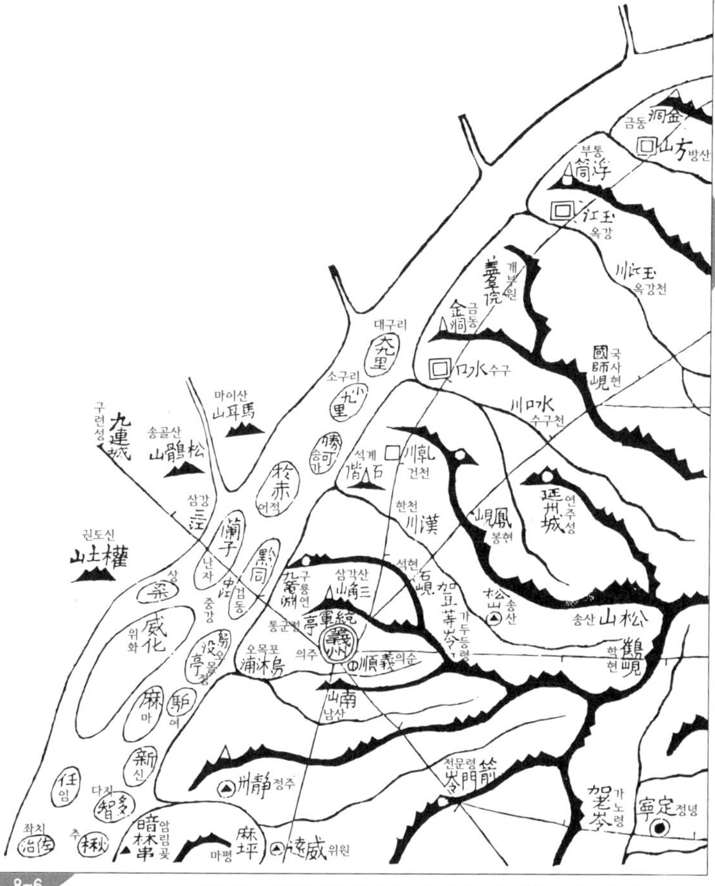

의주(義州)는 옛날부터 대륙으로 향하는 길목으로, 변경 수비와 교역의 중심지였다. 101

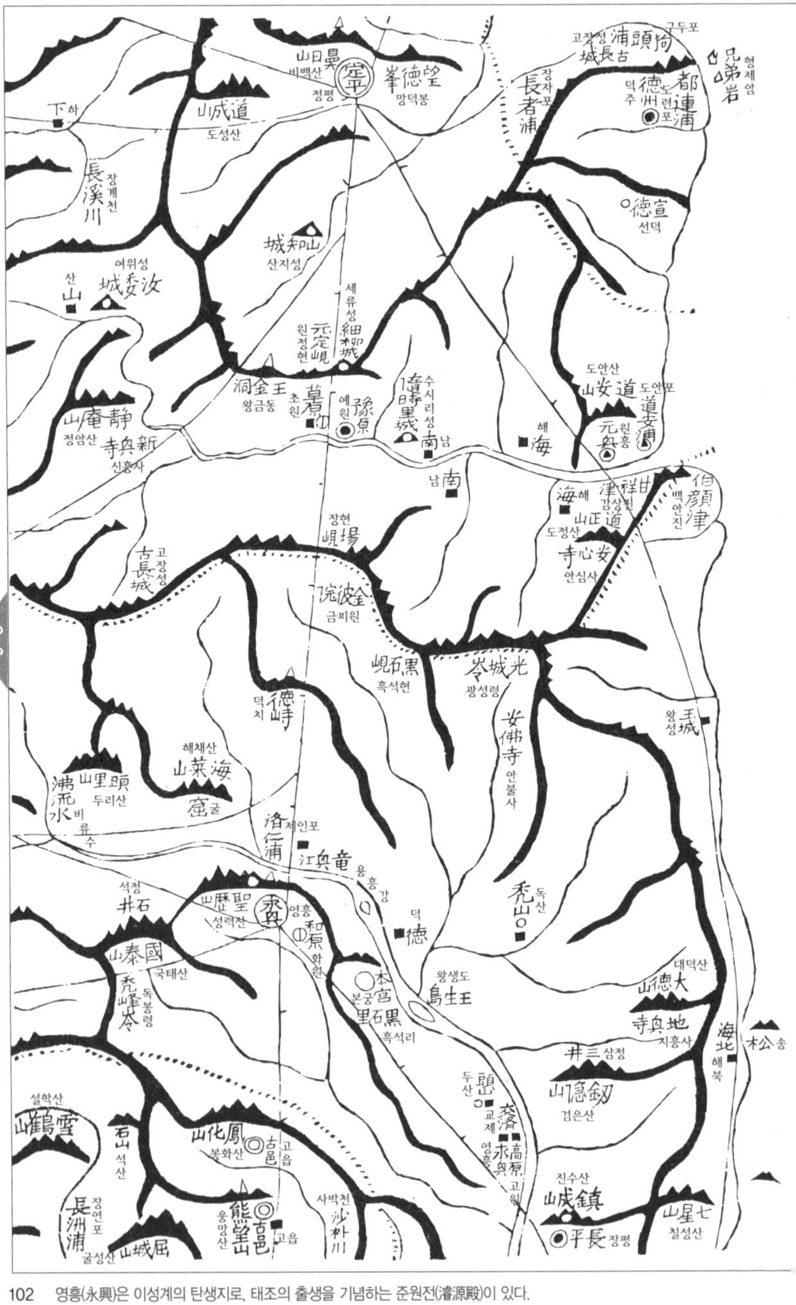

영흥(永興)은 이성계의 탄생지로, 태조의 출생을 기념하는 준원전(濬源殿)이 있다.

도련포(都連浦)는 고려시대 때 축성된 천리장성의 동쪽 끝에 있다. 103

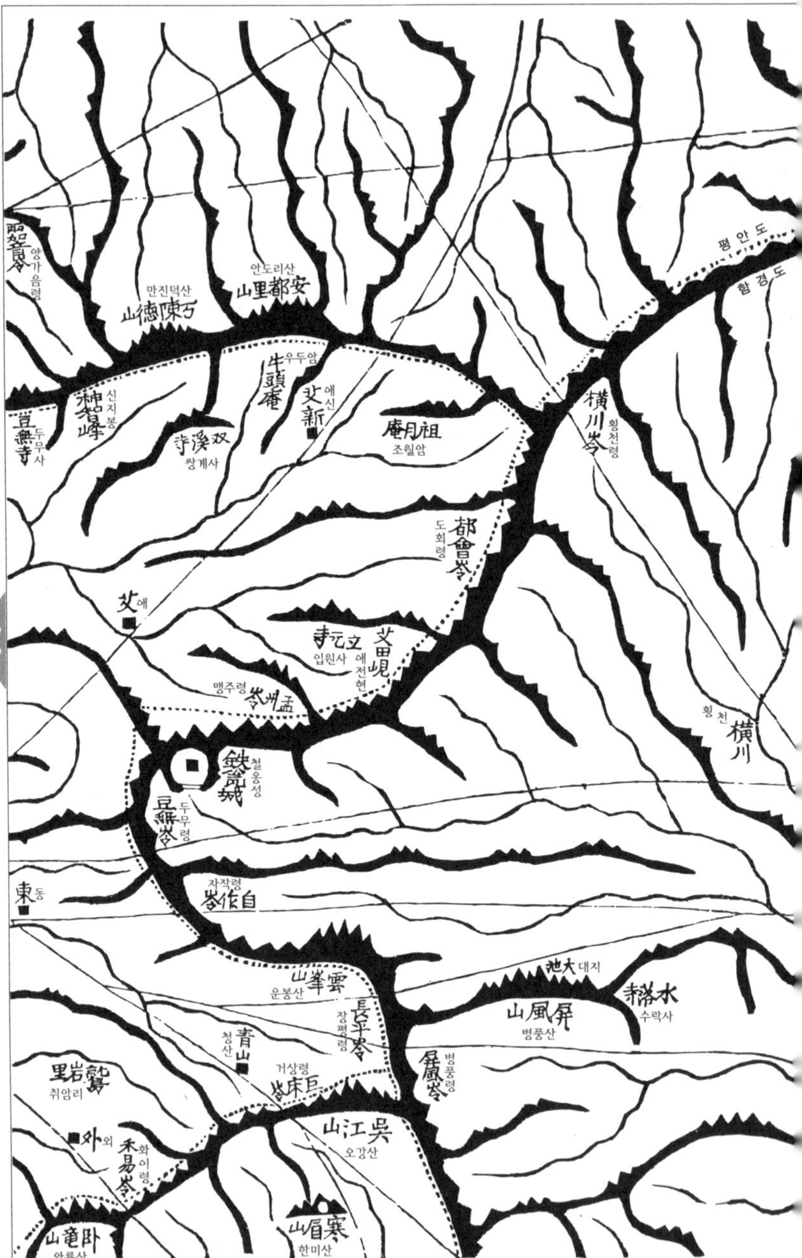

평안도
함경도

聲巖嶺 앵가음령

陳德山 만진덕산

安都里山 안도리산

橫川嶺 횡천령

牛頭庵 우두암

神智峰 신지봉

双溪寺 쌍계사

新艾 에신

祖月庵 조월암

豆無寺 두무사

都會嶺 도회령

橫川 횡천

艾 에

立元寺 입원사

艾田峴 애전현

玉峴岑 맹주령

鐵甕城 천옹성

豆無嶺 두무령

東 동

自作岑 자작령

雲峰山 운봉산

長水岑 장평령

大池 대지

水落寺 수락사

靑山 청산

屏風山 병풍산

巨床岾 거상령

聚巖里 취암리

屏風嶺 병풍령

外 외

禾易岾 화이령

吳江山 오강산

卧龍山 와룡산

寒眉山 한미산

철옹성(鐵甕城)은 큰 독과 같은 지형으로, 난공불락의 천연 요새지를 이룬 곳이다.

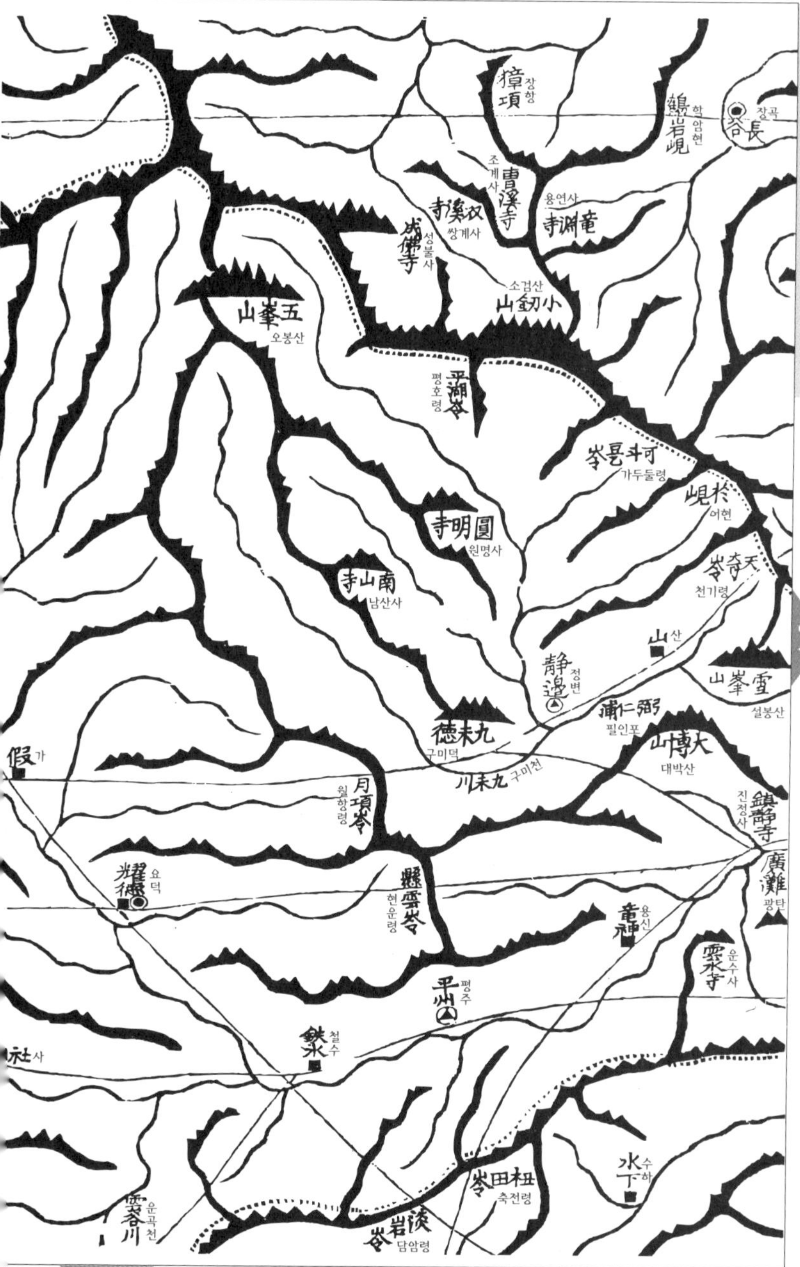

횡천령(橫川嶺)에서 철옹성(鐵甕城)으로 이어지는 큰 산줄기는 백두대간이다. 105

7-3
장항
학암현
장곡
조계사
용연사
쌍계사
성불사
소검산
오봉산
평호령
가두둘령
어현
원명사
천기령
남산사
정변
설봉산
필인포
구미덕
대박산
가
구미천
월항령
진정사
요덕
광탄
현운령
용신
운수사
평주
철수
사
수하
축전령
운곡천
담암령
8-1
9-2

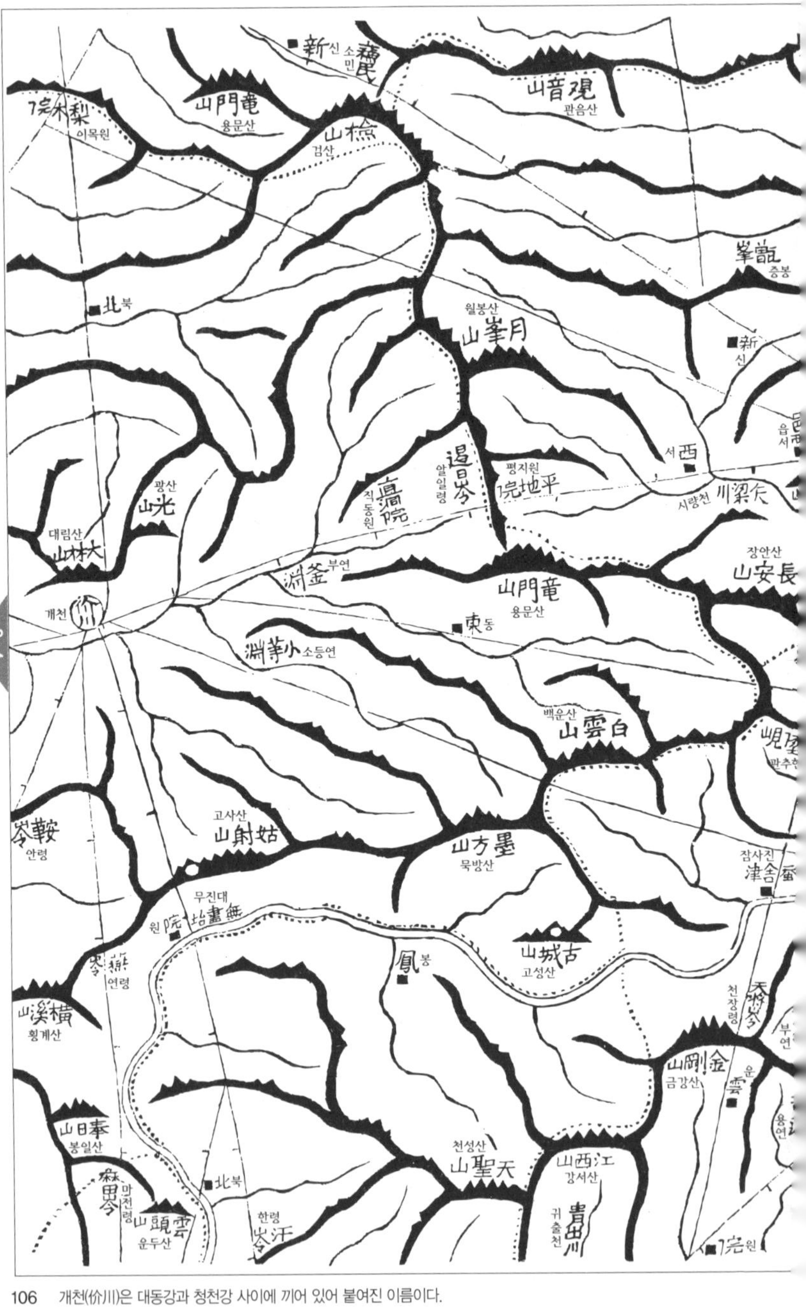

新민소 薪民 新민소
山門竜 용문산
7宛梨 이목원
山檢 검산
山音瑰 판음산
峯甑 증봉
北 북
월봉산 山峯月
新신 신
退日岑 알일령
평지원 7宛地平
서랑천 서西
川梁矢
평산 山光
대림산 山大 대림산
개천 川
湖釜 부연
高院 직동원
장안산 山安長
山門竜 용문산
東 동
淵芽小 소등연
백운산 山雲白
峴鞍 반추현
岑鞍 안령
山射姑 고사산
山方墨 묵방산
津舍蠶 잠사진
無畫岑 원7左 무진대 연령
鳳 봉
山城古 고성산
天峯 천장령 부연
산運 運
山剛金 금강산 운運
山橫 횡계산
山日奉 봉일산
森野
山頭雲 운두산 만전령
北복
汗岑 한령
天聖山 천성산
山西江 강서산
青田川 귀출천
7宛원

개천(价川)은 대동강과 청천강 사이에 끼어 있어 붙여진 이름이다.

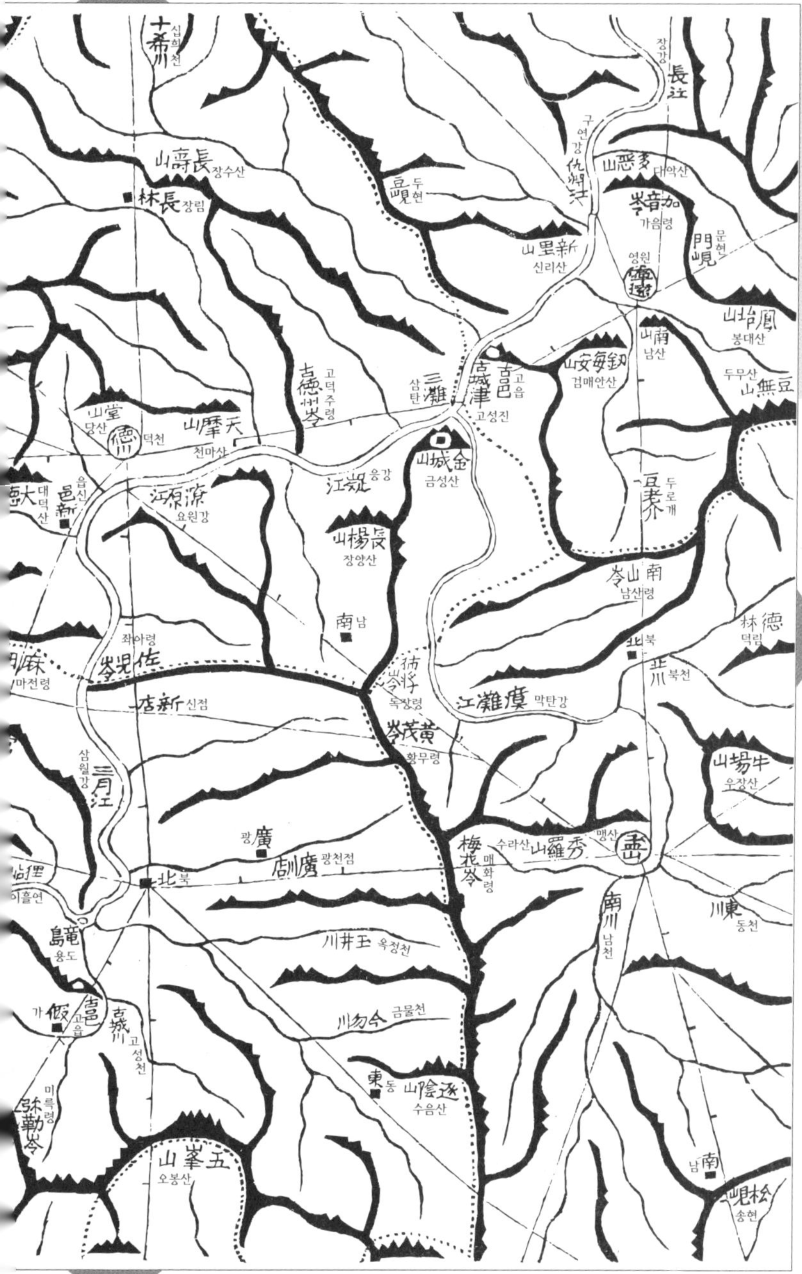

덕천(德川) 앞을 흐르는 긴 강은 대동강의 상류로, 지금은 금성호가 조성되었다. 107

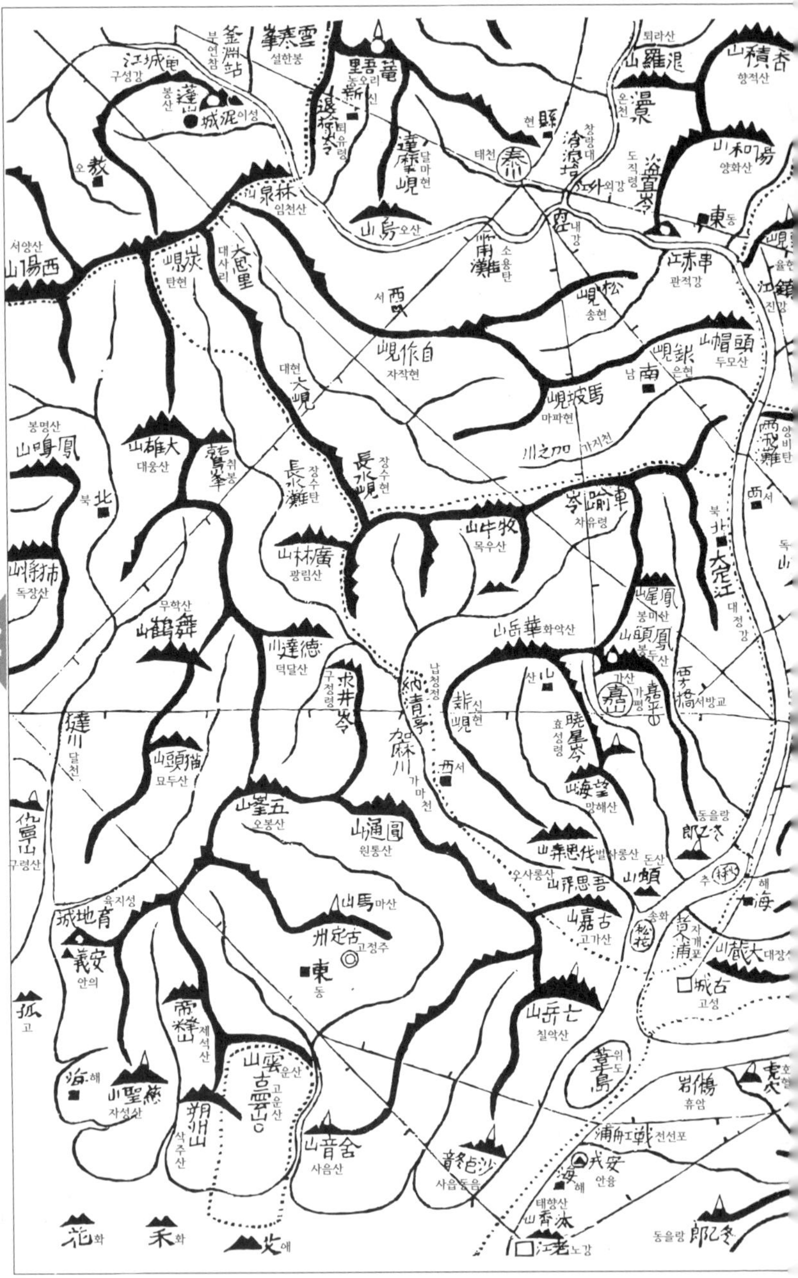

태천(泰川) 옆 강변의 너른 들은 벼농사가 잘 되는 곳으로, '한드레벌'이라고 부른다.

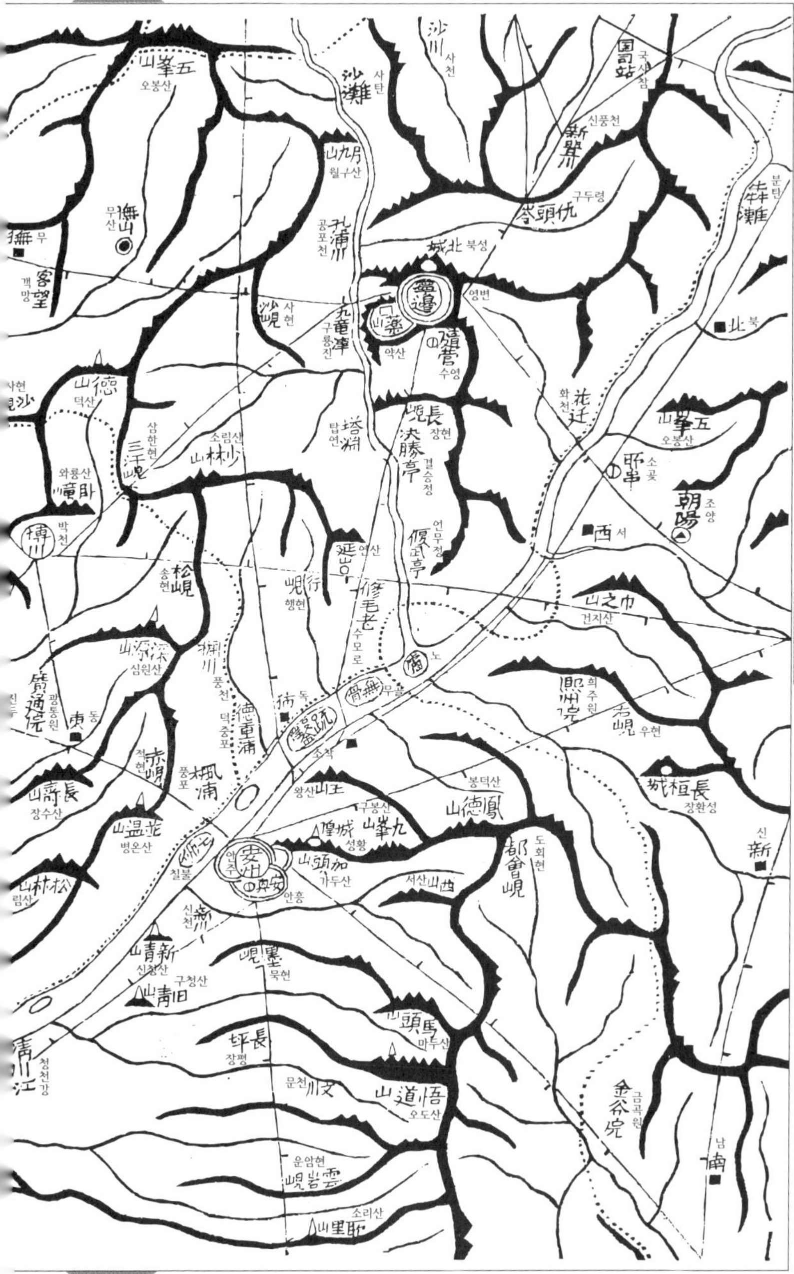

청천강에 표기된 '소착(疏鑿)'은 하천을 쳐서 물이 흐르게 하는 하천 정비를 말한다.　109

牛峯 우봉봉
延平城 연평성
車嶺 차령
月化 월화
文殊山 문수산
白雲山 백운산
栖雲山 서운산
華嚴山 화엄산
普光山 보광산
良策 양책
望日山 망일산
東顧山 동고산산
竜骨山 용골산
長化山 장화산
月雲嶺 월운령
杅峴 피암현현
皮岩 피암
竜骨 용골
登慶山 등경산
古鉄州 고철주
車輦 차련
鈒隱山 검은산
疥伊峴 소산현
小山 소산
東古宜州 동
唐道嶺 당도현령
凱峯 증봉
月雲川 월운천
舊津峴 구진현
東古林 동고림
長川 장천
旧車嶺 맹현
左峴閣 고의주주
淸水站 청성참참
海岸山 해안산
孟川 맹천
北 북
戰場浦 전장포
熊骨山 용골산
暗雲 운암
鳳凰山 봉황현
鍊江城 청강
淸江 청강
釚山 검산산
圓山 원산
五峯山 오봉산
新 신
鉄山 철산
古長城 고장성
鶴峴浦 학현 압록강
掘江浦 굴강포
선소현
大車牛 대거우
杵郞山 어랑산
儲銀山 저은산
邑旧 구읍
水淸 수청
高頭門 고두문
紅平峴 홍평현
小車牛 소거우
靈朔 방동포진진
待變亭 대변정
薪串 신곶곶
東所串 동소판산
人 인
城土 고토성
東浦津 망동포진
高頭門 고두문
東所串
册 책
圓 원
白梁山 백양산
蝶 남
伊荖都 도롱이
熊 웅
明陽島 양명도명
鼀 원
松 송
眞 진
圓戎禦 어융
老月 월로
乾家山 취가산
선사포
宣沙浦
炭島 단도 牧 목
蝶 접
松炬 가화
次炬 가화
礼順 순례
草芝 초지
里牛 우리
島
牧 대곶목
門朴只 문박지
門朴小 소문박지
和小 소화
次加大 대가차
次加小 소가차
和大 대화
牧 목
島
島假 가도
牧 목
假小 소가

신미도(身彌島)는 말 목장이 있던 곳으로, 현재는 제방 공사로 육지와 연결되었다.

6-8-9
插是 삽시

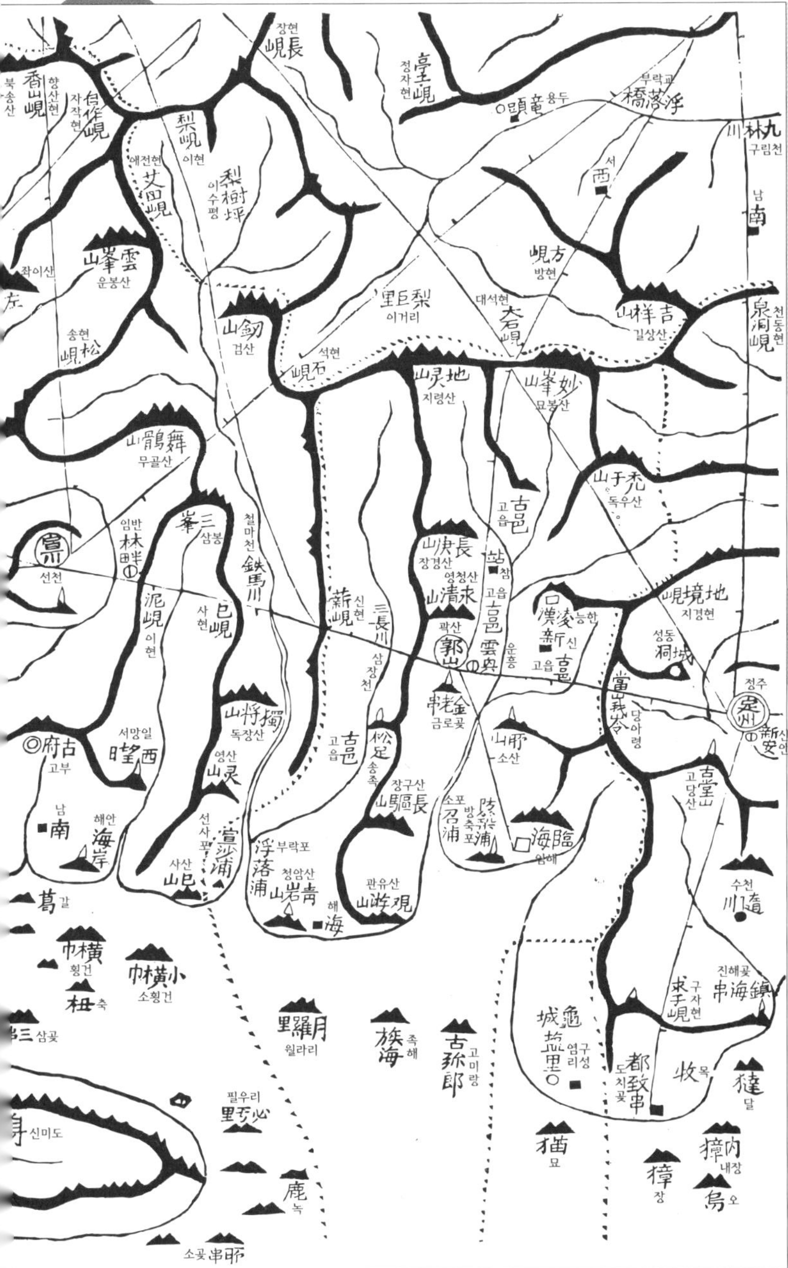

長峴 장현

亭峴 정자현

浮橋落 부락용두 ○명

九林川 구림천

香山峴 북송산 항산미곡

白作峴 지작현

梨峴 이현

梨樹坪 이수평

艾田峴 예전현

雲峰山 운봉산

좌이산

松峴 송현

劍馬山

梨巨里 이거리

石峴 석현

方峴 방현

西 서

南 남

吉祥山 길상산 천동현

泉洞峴

若峴

方峴

地靈山 지령산

妙峰山 묘봉산

舞鶻山 무골산

二林畔 임반

三峯 삼봉

鐵馬川 철마천

사현

泥峴 이현

薪峴 신현

長川 삼정천

古邑 고읍

長庚山 장경산

淸來山 영청산

古邑 고읍

古邑 고읍

雲興 운흥

고읍

古邑 고읍

漢浦 학현

新 신

地境峴 지경현

桐城 성동

古堂山 고당산

新安 신안

定州 정주

富魚岺 당아령

富魚嶺

獨將山 독장산

曙望日 서망일

古府 고부

靈山 영산

선사꽃

富沙浦

南 남

海岸 해안

巴山

浮落浦 부락포

靑岩山 청암산

浮落浦 부락포

海浮

金老串 금로곶

定山 소산

長구串山 장구산

長鳩串山

召浦 소포

防浦 방포

臨海 임해

觀海串山 관유산 해串

葛 갈

巾橫 횡건

小黃柚 소황건 축

三串 삼곶

月羅里 월라리

海族 촉해

古孫郞 고미량

城龜 구성

苙里 엽리

鉤子峴

求子峴

求海鎭 진해꽂

都致串 직치곶

收牧 목

獺 달

身 신미도

必串里 필우리

鹿 녹

소串邪串 소곶

猫 묘

장獐

獐鳥 오

內獐 내장

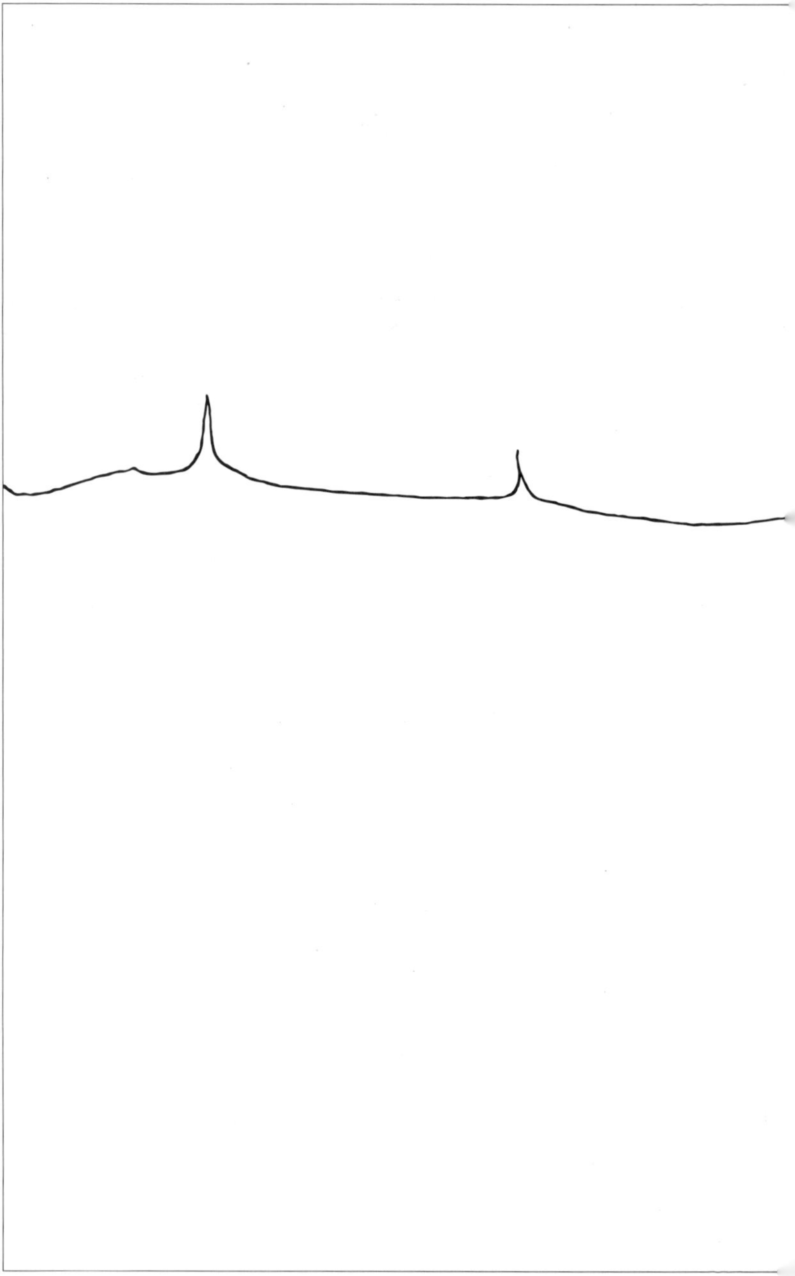

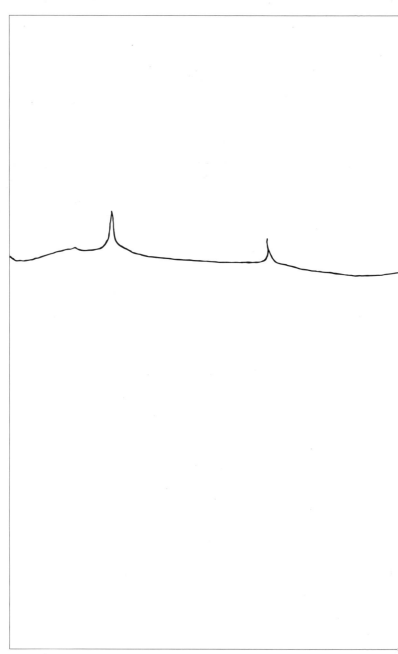

신도(薪島)는 주변 11개 섬을 간석지와 제방으로 연결해 비단섬(緋緞島)이 되었다.

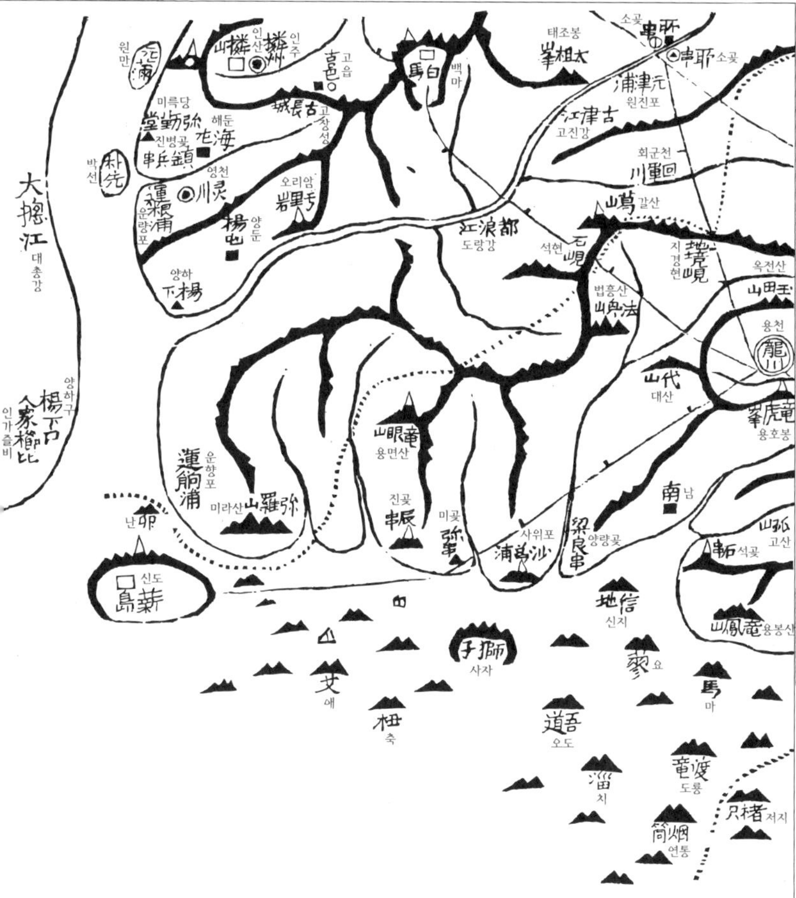

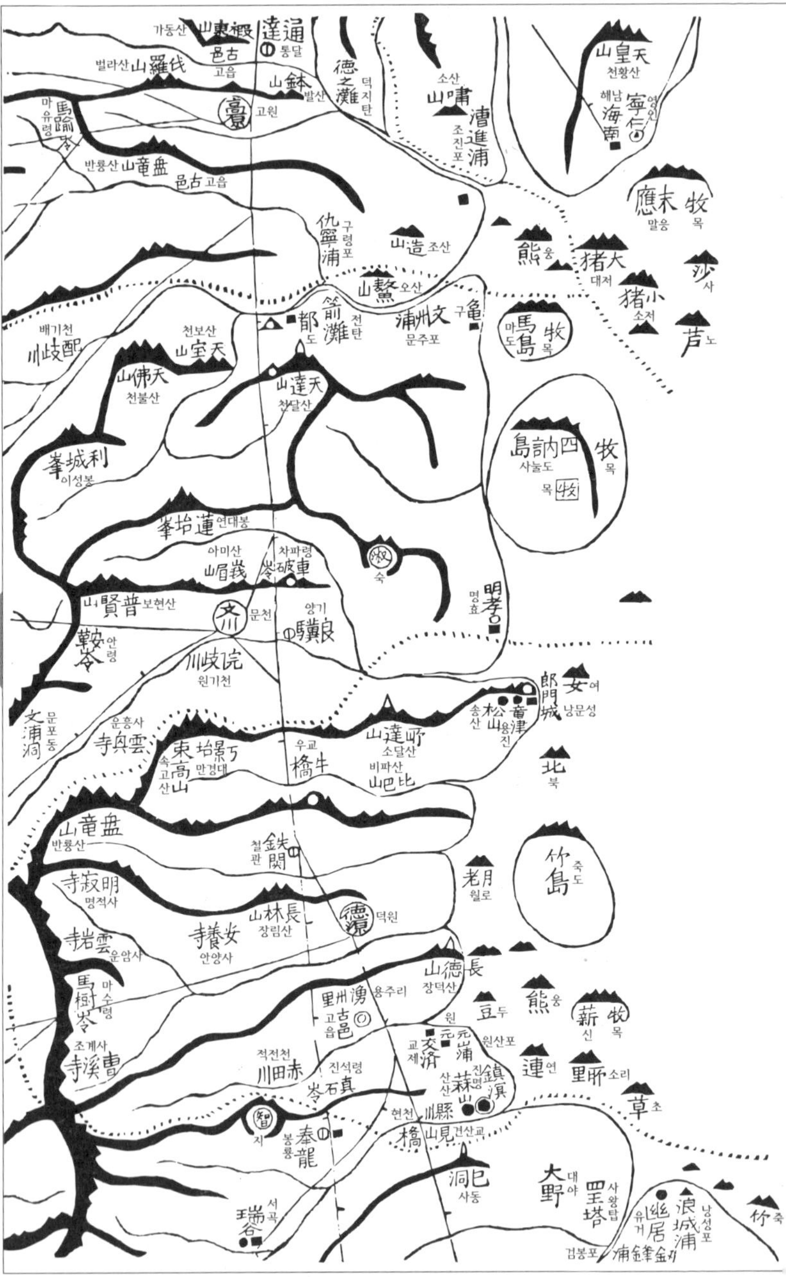

9-2

114 덕원(德原) 남쪽의 원산포(元山浦)는 1880년 개항하면서 원산시로 발전한 곳이다.

말응도와 사도·노도 등이 사주(沙洲)로 육지와 연결되면서 호도반도(虎島半島)가 되었다.   115

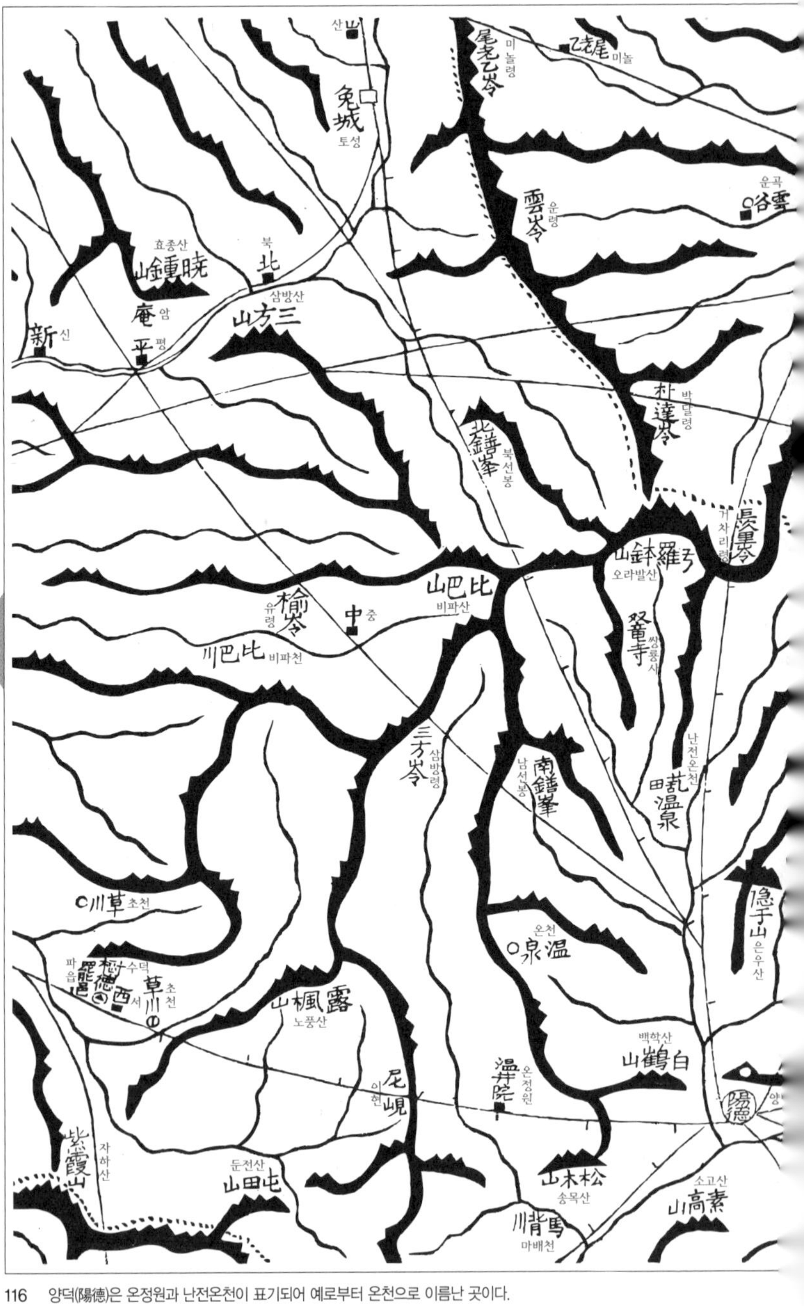

산

兔城
토성

尾老乙岺
미노령

乙尾
미놀

雲岺
운령

雲谷
운곡

曉鍾庵
효종산 암

北
북

新
신

三方山
삼방산 평
평

북
平

北嶜峯
북선봉

朴達岾
박달령

차리령

長
長
岺

榆岺
유령

中
중

比巴山
비파산

羅鉢山
오라발산

雙竜寺
쌍룡사

比巴川
비파천

三方岺
삼방령

南鑷峯
남선봉

亂田溫泉
난전온천

난전온천

O川草
초천

파읍水德O
德露西O
草川
초천

山楓露
노풍산

溫泉O
온천

隱于山
은우산

尼峴
이현

浮院
온정원

白鶴山
백학산

阳
阳
암

紫霞山
자하산

둔전산

也田山
也田山

松木山
송목산

소고산

素高山

馬背川
마배천

116   양덕(陽德)은 온정원과 난전온천이 표기되어 예로부터 온천으로 이름난 곳이다.

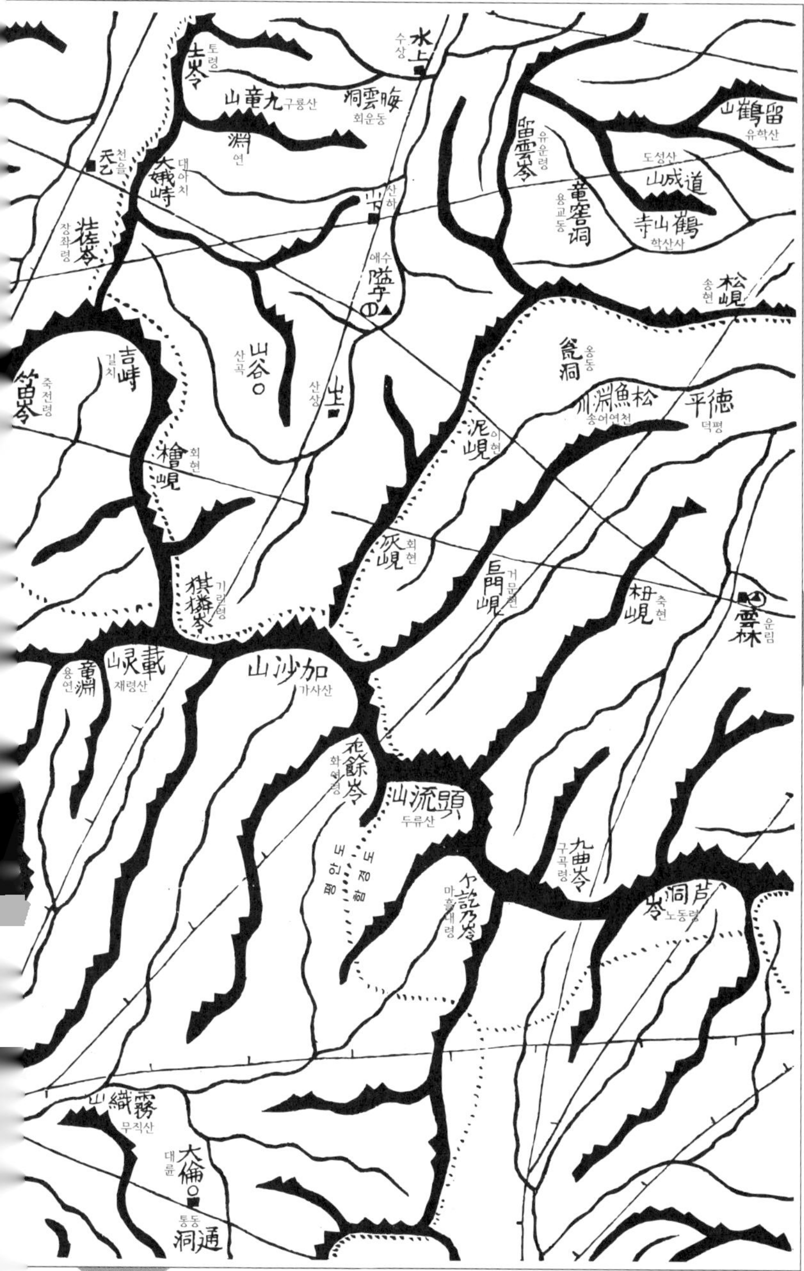

미놀령(尾老嶺) - 박달령(朴達嶺) - 두류산(頭流山)으로 이어지는 산줄기는 백두대간이다. 117

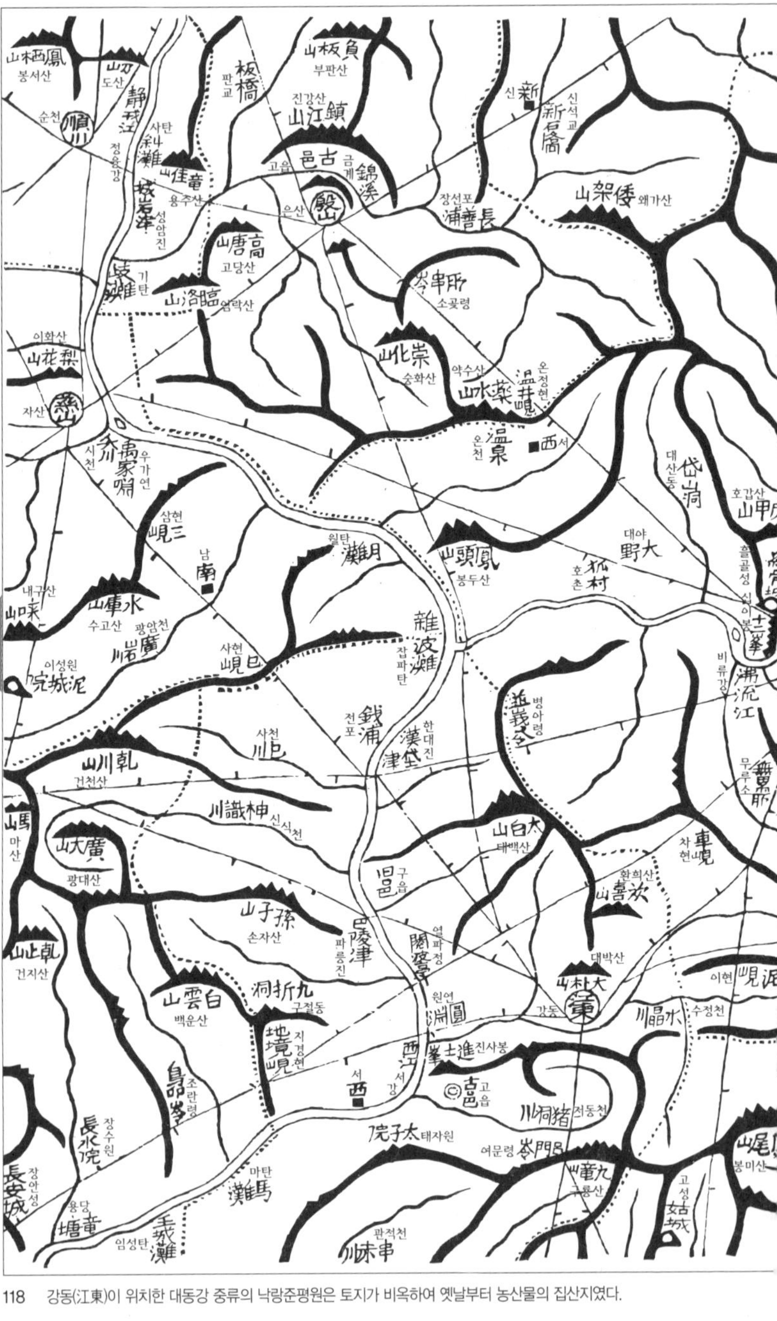

山鳳西 봉서산
山道 도산
城靜 靜戈 정융성
斗科灘 사탄
城龍佳 용주산
성암리진

板橋 판교
山板負 부판산
山江鎮 진강산
邑古 고읍
錦繡 금수
고읍 은산
山唐高 고당산
山陰臨 임악산 연악산

新 신
新橋 신석교
新石橋

山槧倭 왜가산
浦善長 장선포
장선포

岾甲所 소곶령

山崇比 순화산
藥水 약수
溫井 온정령

岱洞 대산동
山甲虎 호갑산
城壽長 장수산 골령성

灘春 기탄
山三 삼현
嶺 남
山水壽 수고산
山廣 팡암천

愚家嘴 우가연
시천 시내

月灘 월탄
山頭鳳 봉두산
野大 대야
호촌촌
孤山 비류강

溫泉 온천
西 서

川城泥 이성원
峴三 남
雜波灘 잡파탄
전포
錢浦 전포
漢津 한대진

益壽 병아령

沸流江 비류강

馬 마산
山乾川 건천산
川識神 신시천
山白太 태백산
山善次 한희산

車峴 차현

山子孫 손자산
山雲白 백운산
洞折九 구절동
境峴 지경현
西 서강

邑昌 구읍
陵津 파릉진
원연

大朴 대박산
水東 동강
峴泥 수정천
川晶水 수정천

山止乾 건지산
昌峰 장수진린
長水院 장수원
西 서
峯土進 진사봉
고읍 고읍
川洞猪 전동천

長安城 장안성 장안성
塘龍 용당 임성린
壬戌灘
漢馬 마탄

太子院 태자원
여문령
岾門呂

川赤 판적천
川味串

山尾 봉미산
姑城 고성
山龍九 용산

118　강동(江東)이 위치한 대동강 중류의 낙랑준평원은 토지가 비옥하여 옛날부터 농산물의 집산지였다.

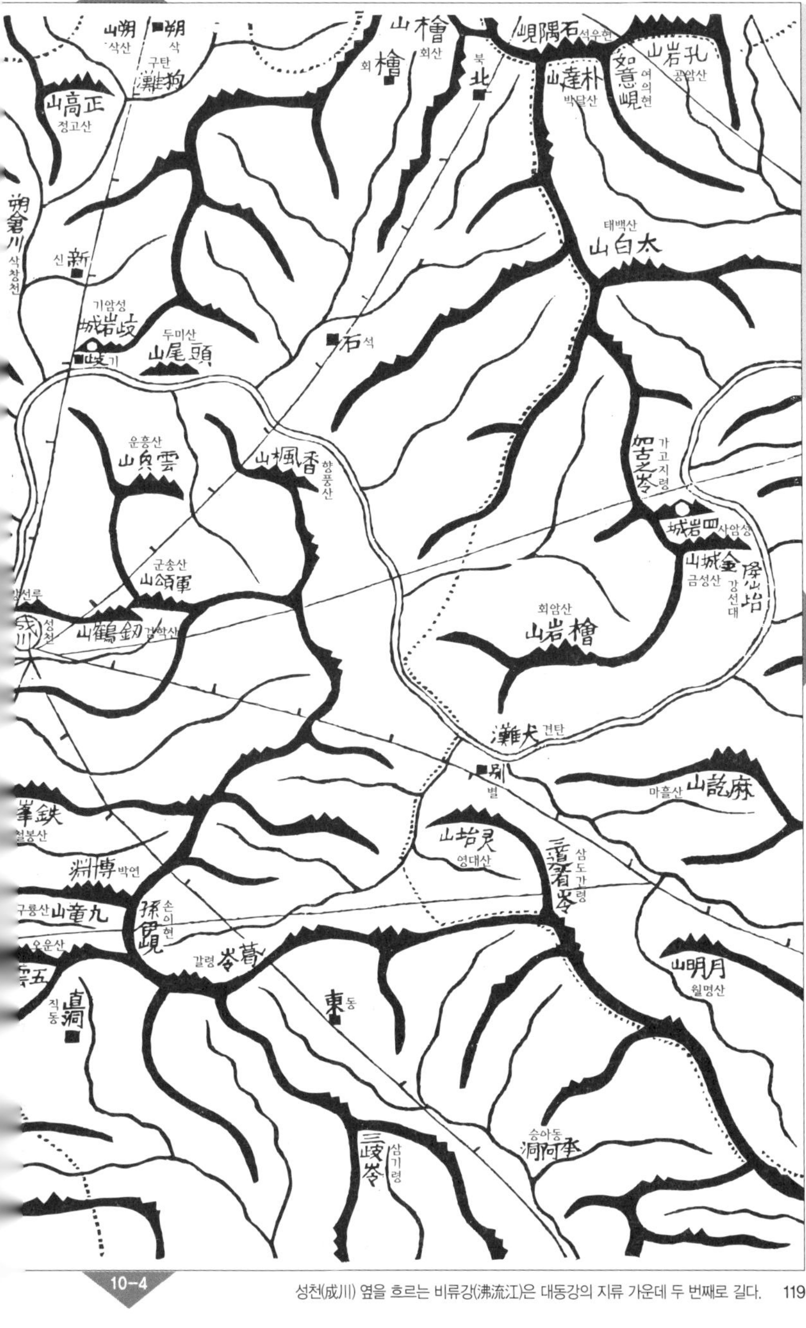

山朔 삭산 | 朔 삭 구단

狗灘 구탄

山高正 정고산

檜山 회산

檜 회

石隅峴 석우현

山達林 박달산

如意峴 여의현

山岩孔 공암산

北 북

太白山 태백산

朔寧川 삭령천

新 신 삭창천

岐岩城 기암성 城岐 기

頭尾山 두미산

石 석

山雲興 운흥산

山楓香 향풍산

가고지령 꼴고개

城岩四 사암산

山城金 금성산 강선대

山松軍 군송산

방선로

山鶴釼 각학산

회암산

檜岩山

犬灘 견탄

別 별

山峻麻 마늘산

峯鉄 철봉산

博堰 박언

山巖靈 영대산

삼도강령 音有岑

구룡산 山童九

오운산

山明月 원명산

五串

孫峴 손이현

葛岭 갈령

眞洞 직동

東 동

岐岑 삼기령

本阿洞 승아동

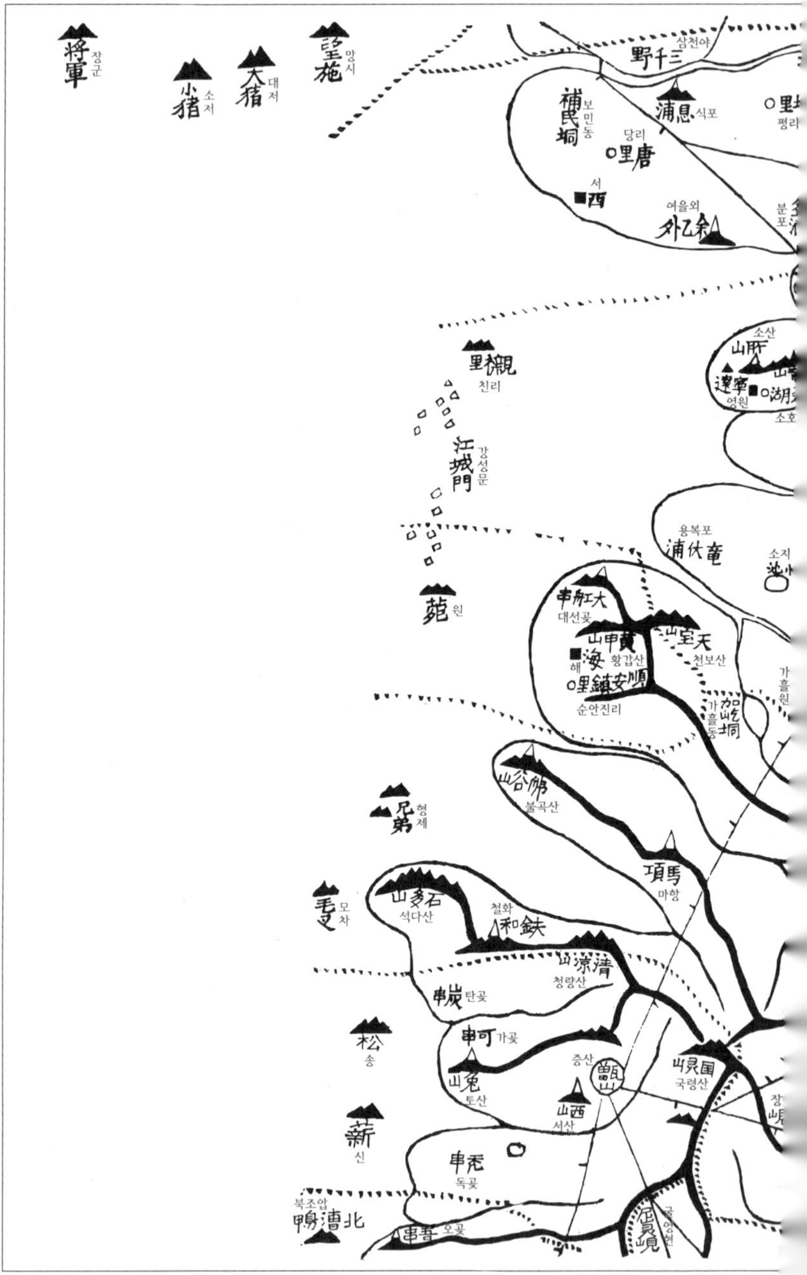

將軍 장군
望菴 망시
大猪 대저
小猪 소저

野千 삼천야
補民洞 보민동
浦息 식포
里唐 당리
里 평라

西 서
㐠乙余 여을외
분포

里親 친리
江城門 강성문
苑 원

山所 소산
達寧 여원
湖 소호

浦伏竜 용복포
소지

串㐠大 대선곶
山甲黄 황갑산
里鎮安順 순안진리
山至天 천보산

山谷佛 불곡산
項馬 마항

弟兄 형제
山多石 석다산
鉄和 철화
雪 모차
山凉清 청량산
串炭 탄곶
松 송
串可 가곶
山兔 토산
증산
山西 서산
山灵国 국령산
장峙

薪 신
串禿 독곶
鴨漕北 북조압
串吾 오곶
峴 금야현

120　　　바다에 그려진 마름모꼴의 작은 기호는 지도표에는 없지만 바위섬을 나타낸 것이다.

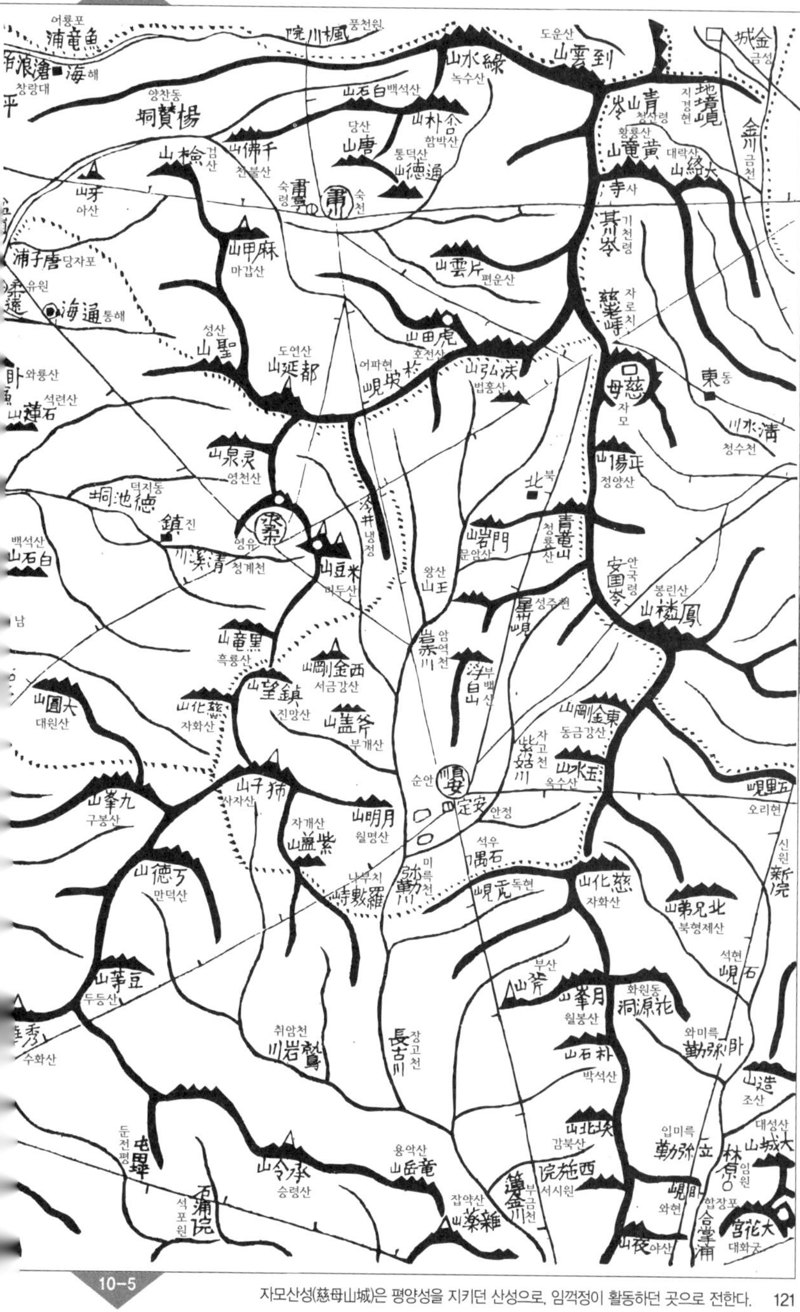

자모산성(慈母山城)은 평양성을 지키던 산성으로, 임꺽정이 활동하던 곳으로 전한다. 121

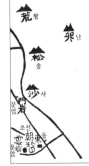

이곳은 강원도 통천(通川)의 남동쪽 해안 지역으로, 현재 강원도 고성군에 속한다.

문암(門岩)은 바위 두 개가 문처럼 솟아 있고, 그 사이로 길이 뚫려 있다. 123

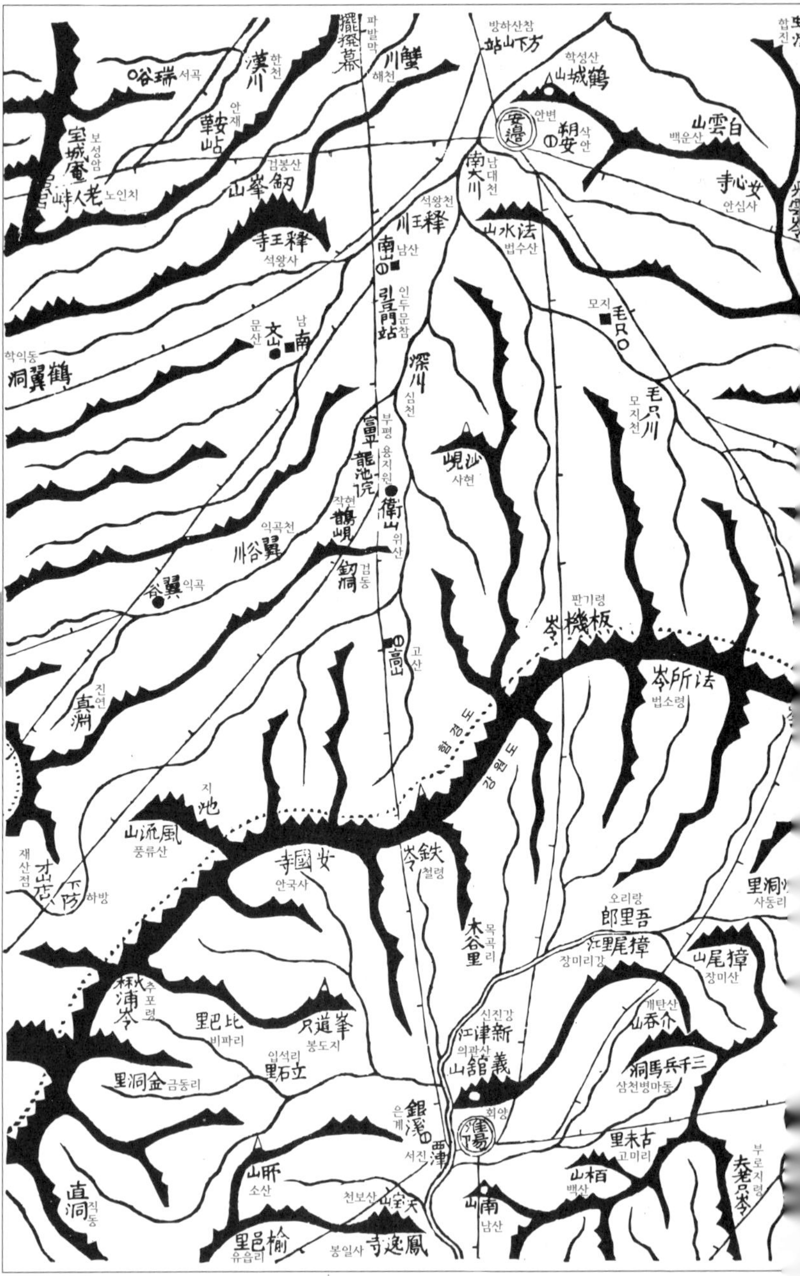

10-3

　추포령(楸浦嶺) – 철령(鐵嶺) – 판막령(板幕嶺)으로 이어지는 큰 산줄기는 백두대간이다.

9-1

10-1

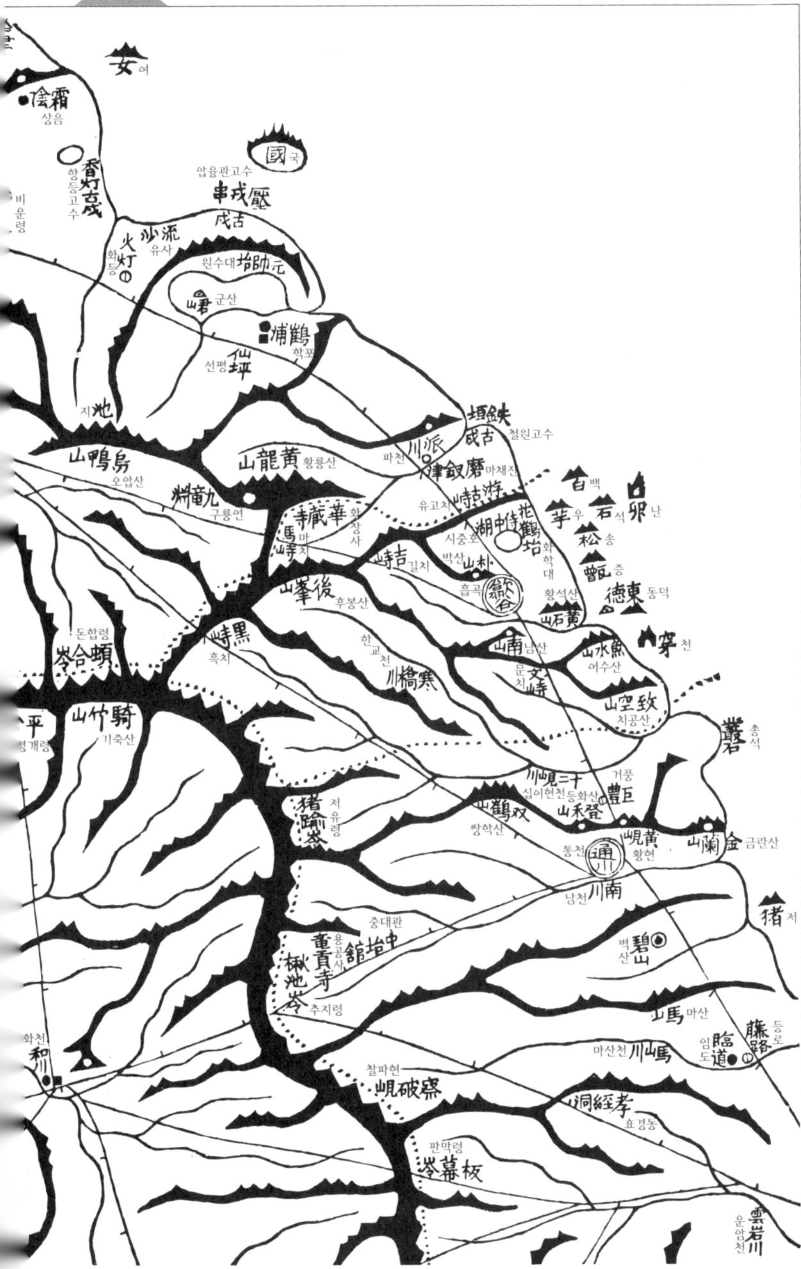

11-2

통천(通川) 앞바다의 총석(叢石)은 바닷가에 솟은 현무암 돌기둥들이 장관을 이룬다.

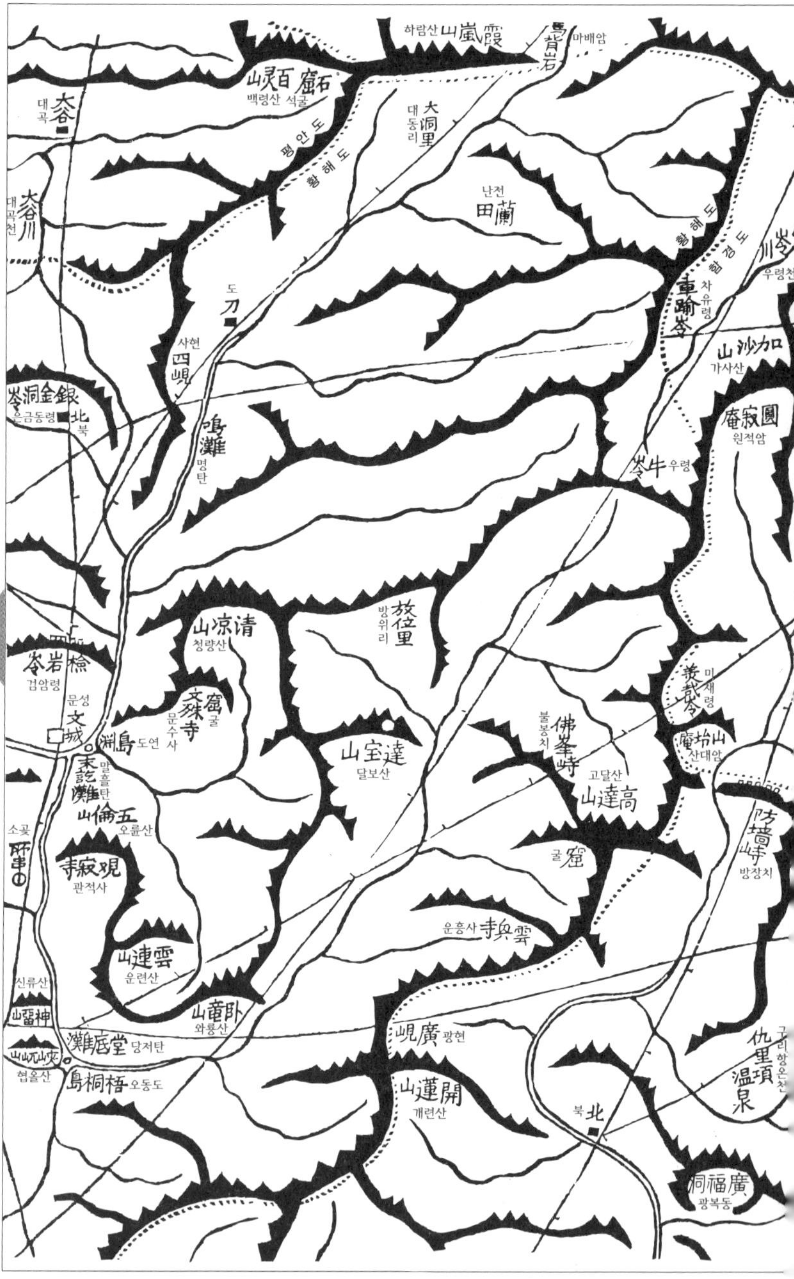

霞嵐山 하람산 馬背岩 마배암
石窟 석굴 百鶴山 백학산 大谷 대곡
大谷川 대곡천 大洞里 대동리
田蘭 난전 平安道 평안도 黃海道 황해도
車踰峴 차유령 鍮川 유령천
道刀 도刀 四峴 사현 加沙山 가사산
銀金洞岺 은금동령 北북 圓寂庵 원적암
鳴灘 명탄 牛岺 우령
放位里 방위리
清凉山 청량산 佛峯峙 불봉치 彌嶺 미세령
劒岩岺 검암령 文殊寺 문수사 達寶山 달보산 大庵 사대암
文城 문성 島淵 도연 高達山 고달산
麥���灘 맥탄 窟 굴 防墻峙 방장치
五倫山 오륜산
觀寂寺 관적사 窟 굴
雲連山 운련산 雲興寺 운흥사
新溜山 신류산 仇里項温泉 구리항온천
盤居堂 당저탄 卧龍山 와룡산 廣峴 광현
峽屼山 협올산 梧桐島 오동도 開蓮山 개련산 北 북
廣福洞 광복동

126   하람산(霞嵐山) 정상의 치마대(馳馬臺)는 이성계가 말을 타고 무술을 연마하던 곳이다.

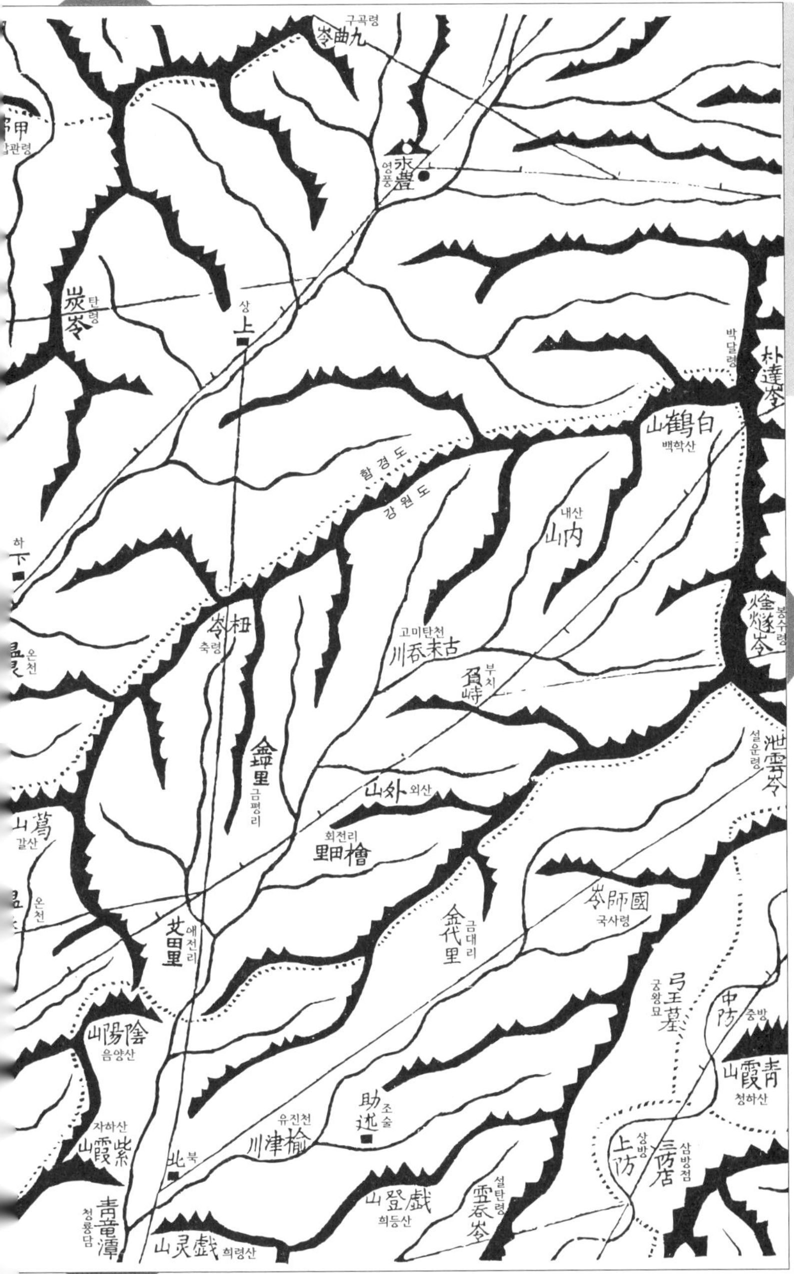

구곡령
岑曲九

永豐
여풍

炭岑
탄령

上岑
상령

박달령

朴達岑

白鶴山
백학산

횡 경 도
강 원 도

下
하

온천

내산
山內

杻岑
축령

고미탄천
川呑未古

부지
召峴

燧烽岑
주천령

金里
금평리

泄雲岑
설운령

外山
山外

회전리
里田檜

國師岑
국사령

金代里
금대리

葛山
갈산

온천

艾田里
애전리

弓王墓
궁왕묘

中防
중방

陰陽山
음양산

자하산

상방점
上防
三防店
삼방점

紫霞山

青霞山
청하산

조솔
助述

北
북

유진천
川津楡

설탄령

戲童山
희등산

雪呑岑
설탄령

青龍潭
청룡담

戲靈山
희령산

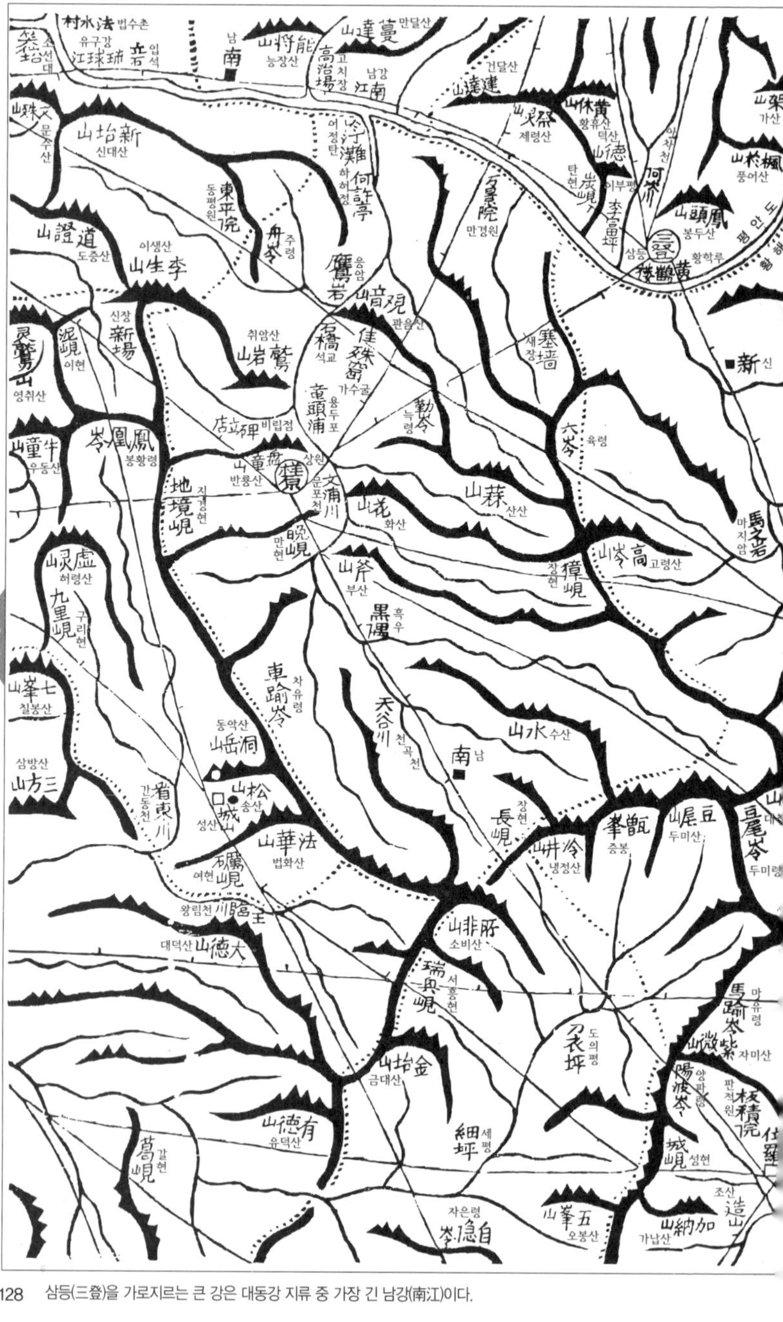

삼등(三登)을 가로지르는 큰 강은 대동강 지류 중 가장 긴 남강(南江)이다.

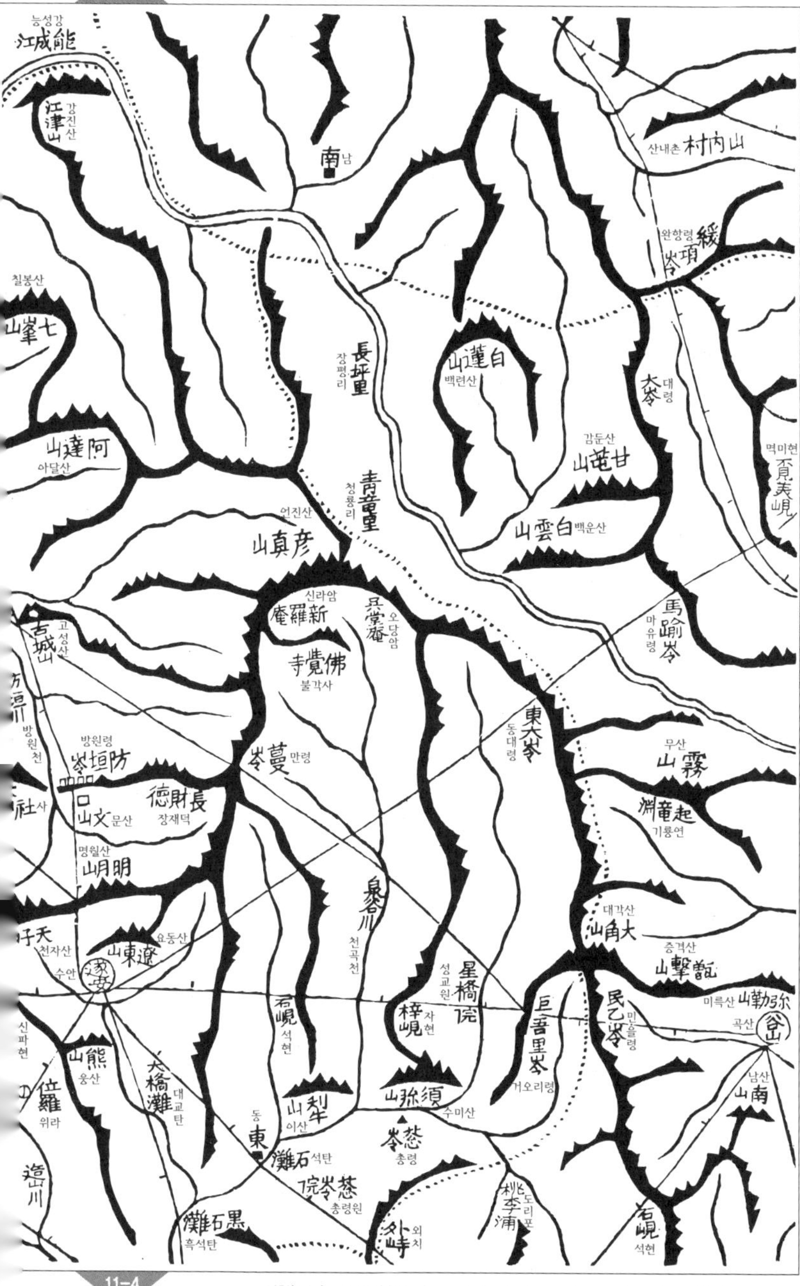

江成熊
능성강
江津山
강진산

南남

산내촌 村內山

완항령 綏
岺項

칠봉산
山峯七

대령
大岺

먹미현
㑒美峴

山達阿
아달산

長坪里
장평리

山蓮白
백련산

감둔산
山屯甘

청룡리
青龍里

언진산
山真彦

白雲山 백운산

古城
고성

新羅庵
신라암

吳堂庵
오당암

寺覽佛
불각사

東大岺
동대령

馬踰岺
마유령

方洞川
방동천

방원령
峴垣防

德財長
장재덕

岺蔓
만령

武山
山霧
무산

기룡연
淵竜起

杜

山文
문산

명월산
峴月明

天子
천자산

山東遼
요동산

오룡산

泉谷川
천곡천

대각산

증격산
山擊鹛

山角大

石峴
석현

星橋院
성교원

梓峴
자현

彌勒山
미륵산

민을령
民乙岺

山勒弥

곡산
山

熊
山熊
웅산

신파현

大橋灘
대교탄

山利
이산

山須弥
수미산

巨喜里岺
거오리령

南
山南
남산

倍羅
위라

東
灘石
석탄

岺慈
총령

桃李浦
도리포

石峴
석현

造川

灘石黑
흑석탄

院岺慈
총령원

峙外
외치

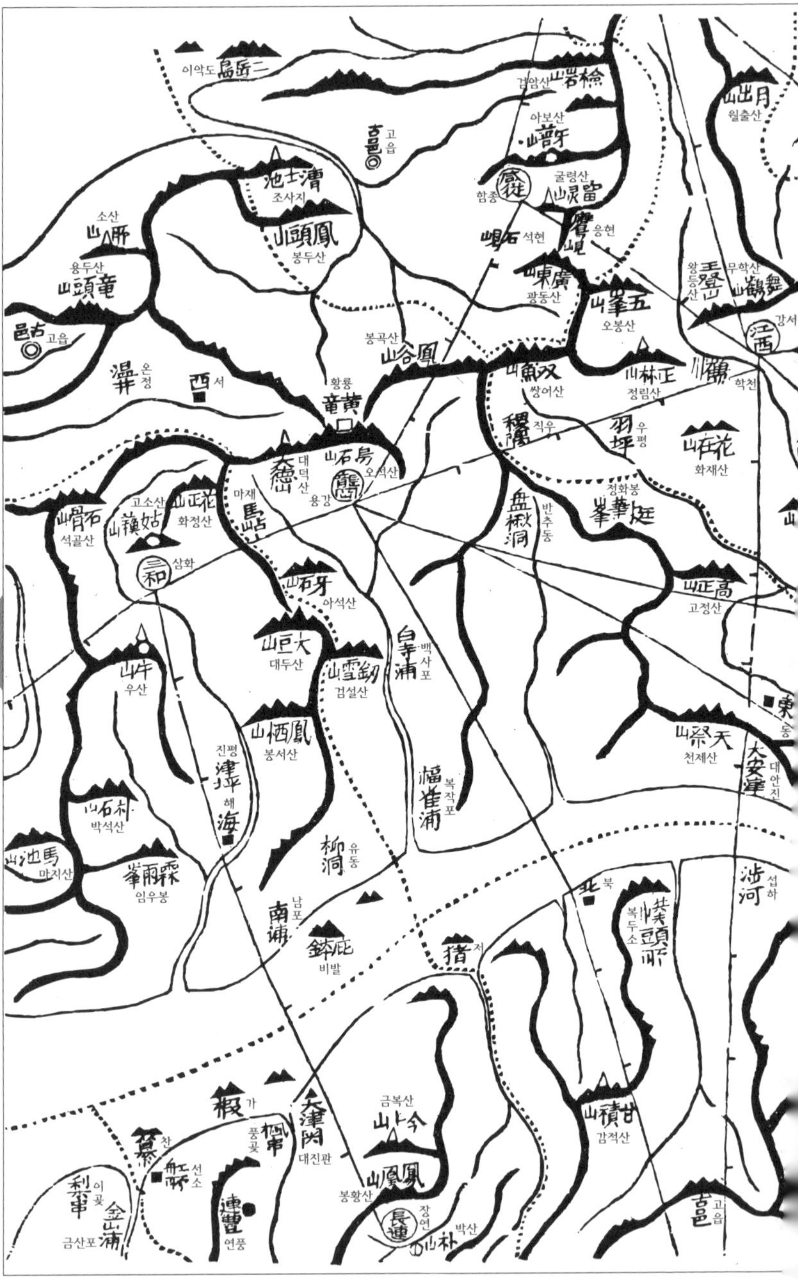

10-6

二岳島 이악도
高邑 고읍
池土潭 조사지
山頭鳳 봉두산
所山 소산
龍頭山 용두산 용두산
古邑 고읍
澤온정 온정
西서
檢岩山 검암산 경암산
普牙山 아보산 아보산
從彰 함흥
富靈山 굴령산
石峴 석현
鷹峴山 응현 응현
月出 일출산
鶴翎山 왕등산 무학산
江西 강서
廣東山 광동산 광동산
五峰山 오봉산
봉곡산
鳳合山
黃龍口 황룡
叉魚山 장어산
正林山 정림산
學川 학천
德 대덕산
房石山 오석산 마재산 용강
鷹
羽坪 우평 직우
花旺山 화재산
정화봉
石骨山 석골산 고소산
花姑漢
花正山 화정산
馬島
和 삼화
牙石山 아석산
盤楸洞 반추동
華庭峯
高正山 고정산
大豆山 대두산
劍雪山 검설산
白沙浦 백사포
福雀浦 복작포
牛山 우산
栖鳳山 봉서산
東동
大安津 대안지
天祭山 천제산
馬池山 마지산
石朴山 박석산
津坪 진평 해평
林雨峯 임우봉
南浦 남포
柳洞 유동
涉河 섭하 석하
鉢庇 비발
猪저
粮가
茶천
鳳甲山 풍곡
宣沼 선소
連豐 연풍
利岸 이곳
金山浦 금산포
天津關 대진판
今山 금복산
鳳凰山 봉황산
長蓮 장사연 박산
林朴山
積甲山 감적산
福頭所 복두소
北북
高邑 고읍

130   강서(江西)에 있는 고구려 고분 중 가장 큰 강서대묘는 사신도(四神圖)가 유명하다.

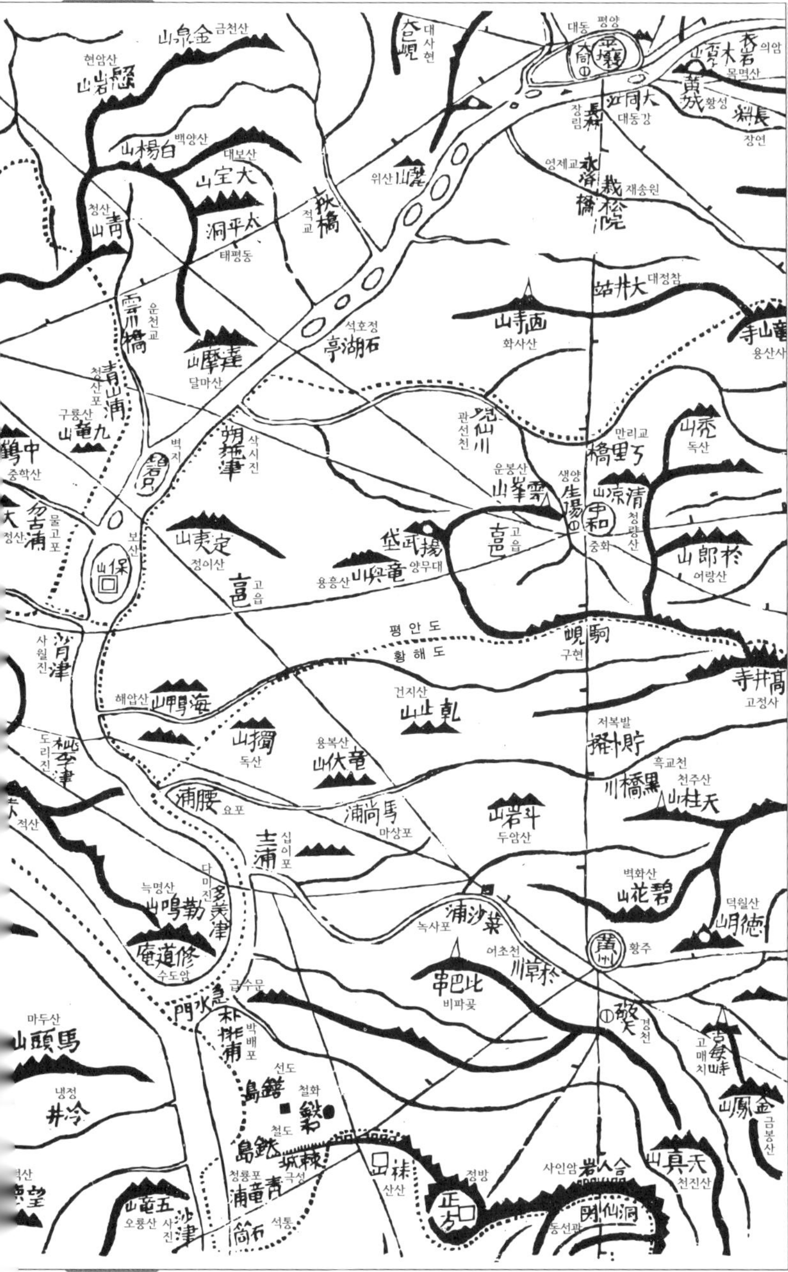

평양(平壤)은 고조선의 왕검성(王儉城)으로 추정되며, 고구려의 마지막 도읍지였다.   131

광량진(廣梁鎭)은 해안 방어의 군사적 요지로, 고종 때까지 수군첨사가 주둔하였다.

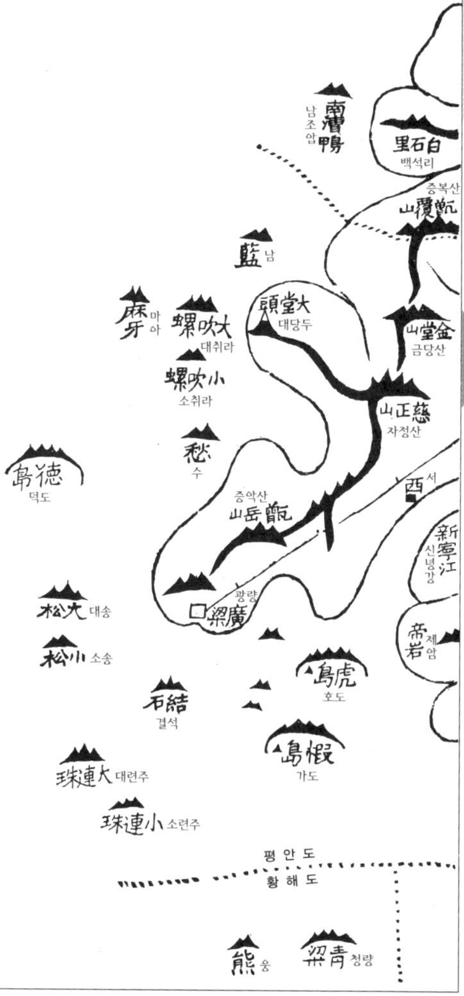

南鴨 남조압
白石里 백석리
增覆山 증복산
藍 남
麻牙 마아
螺吹大 대취라
大堂頭 대당두
金堂山 금당산
螺吹小 소취라
慈正山 자정산
愁 수
德島 덕도
增岳山 증악산
龍岳山 용악산
西 서
新寧江 신녕강
松大 대송
廣梁口 광량
帝岩 제암
松小 소송
虎島 호도
石結 결석
椵島 가도
珠連大 대련주
珠連小 소련주

평안도
황해도

熊 웅
青梁 청량

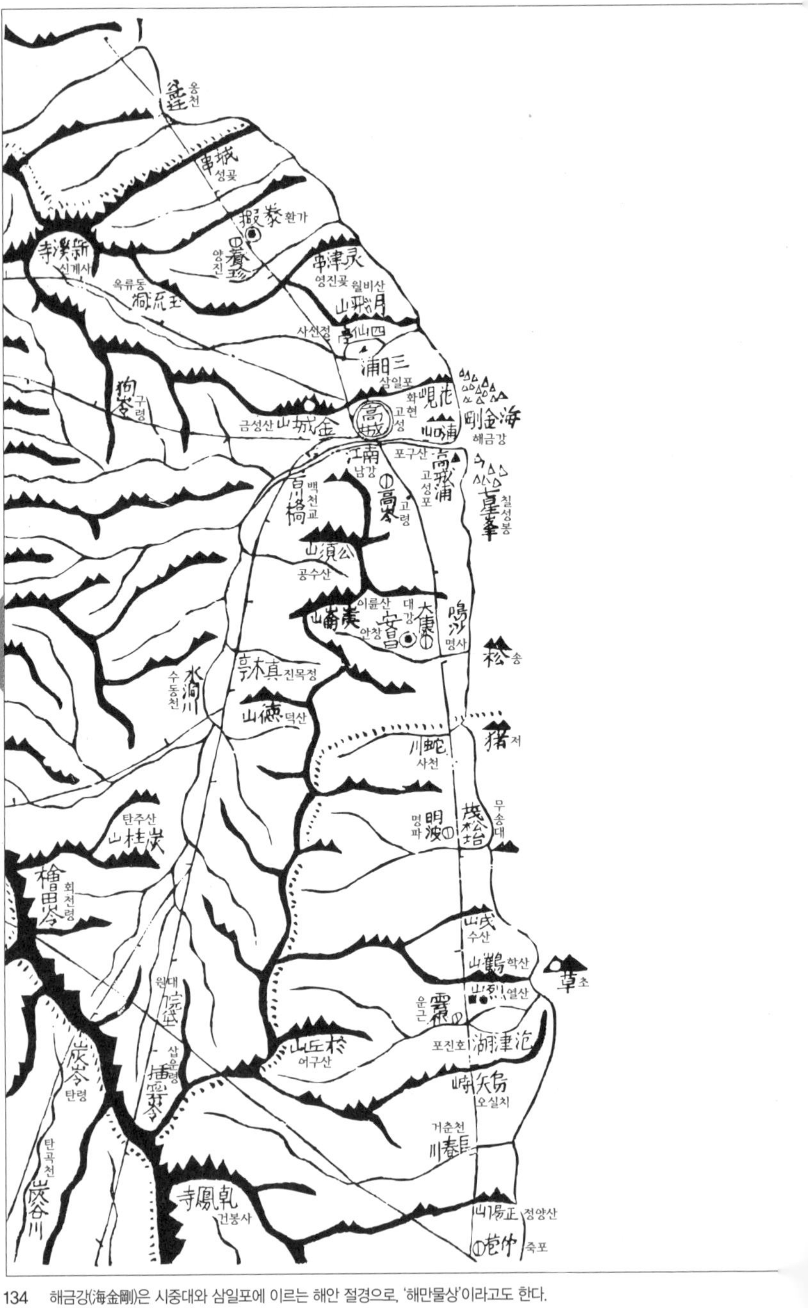

盆 옹천
車城 성곶
搊紫 환가
眞 양진
聿津灵 영진곶 월비산
山眉月 사선정
四仙 삼일포
浦三 화현 고현성
花 峴
寺溪新 신계사
옥류동
碣尻玉
狗 구령
谷
金城 山 금성산
高 城
江 南
百 楙 백천교
橋
山須公 공수산
山 庶 이윤산 아창포
亭木眞 진목정
수동천
山德 덕산
海金剛 해금강
呈尾浦 고성포
星峯 칠성봉
大康 대강
鳴 沙 명사
松 송
川蛇 사천
豬 저
明 波 명파 무송대
山桂炭 탄주산
山 수산
回전령
山鶴 학산
山 열산
山度杯 어구산
원대
霞 운근
檜田岑
炭谷 탄령
寺鳳乾 건봉사
湖津 포진호
嶺矢烏 오실치
거춘천
川泰巨
炭谷川 탄곡천
山房正 정양산
巷仲 죽포
草 초

134   해금강(海金剛)은 시중대와 삼일포에 이르는 해안 절경으로, '해만물상'이라고도 한다.

포진호(泡津湖)는 동해안에서 가장 큰 석호로, 현재는 '화진포(花津浦)'로 불린다.   135

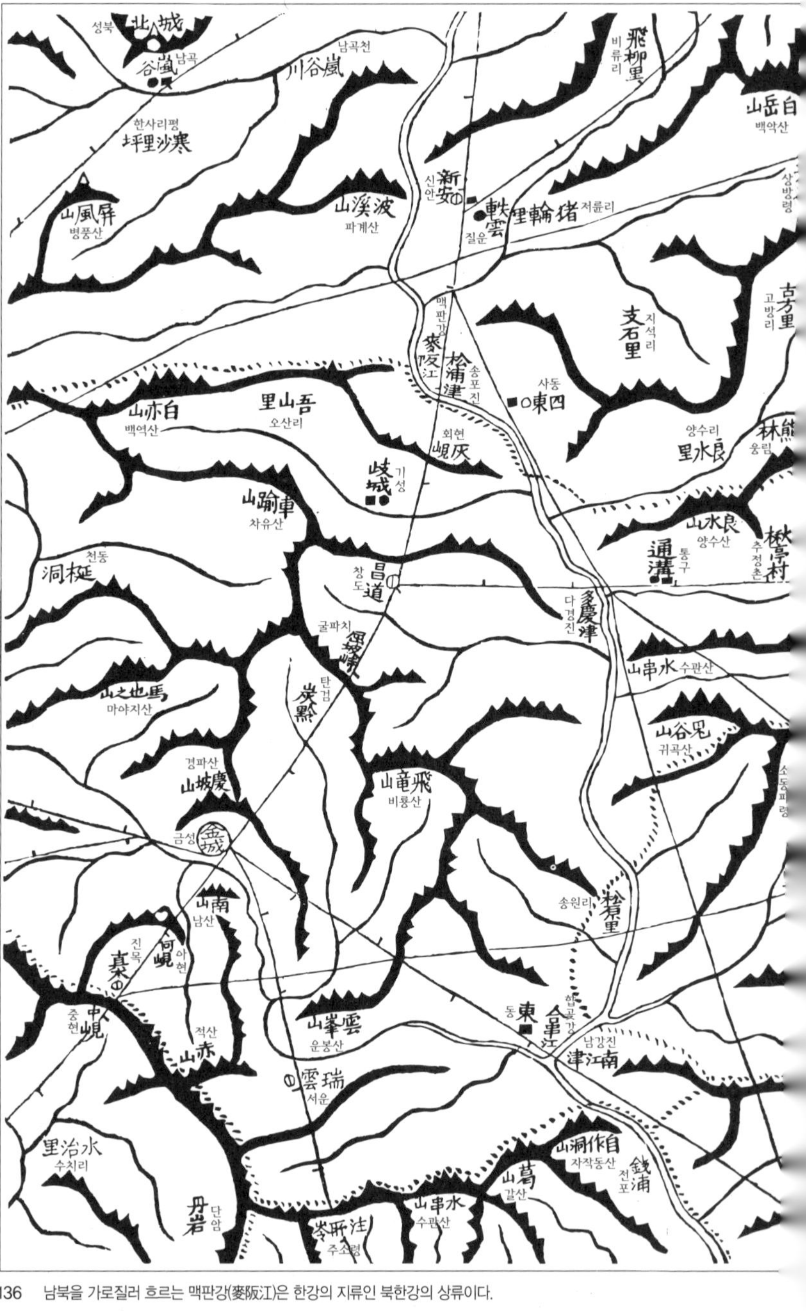

北城 성북
谷山嶺 남곡
남곡천
川谷嵐
飛柳里 비류리
山岳白 백악산
상방령
坪里沙寒 한사리평
屛風山 병풍산
山溪波 파계산
新安 신안
輪里輪猪 저륜리
질운
雲軺
支石里 지석리
古方里 고방리
家阪江 백판강
栬浦津
송포진
里山吾 오산리
山亦白 백역산
東四
사동
앙수리
里水熊 웅림
林熊
歧城 기성
회현
岾灰
楸亭村 추정촌
山踰車 차유산
昌道 창도
山水良 앙수산
通溝 통구
洞桂 천동
굴파치
多慶津
山串水 수판산
山之地馬 마아지산
灘黔 탄검
山谷叫 귀곡산
山城慶 경파산
소동파령
金城 금성
山竜飛 비룡산
山南 남산
진목
阿峴 아현
송원리
狄里
中峴 중현
東
川江南 남강진
山赤 적산
적산
山峯雲 운봉산
雲瑞 서운
里治水 수치리
山洞作 작작동산
山葛 갈산
錢浦 전포
丹岩 단암
山串水 수판산
岑所注 주소령

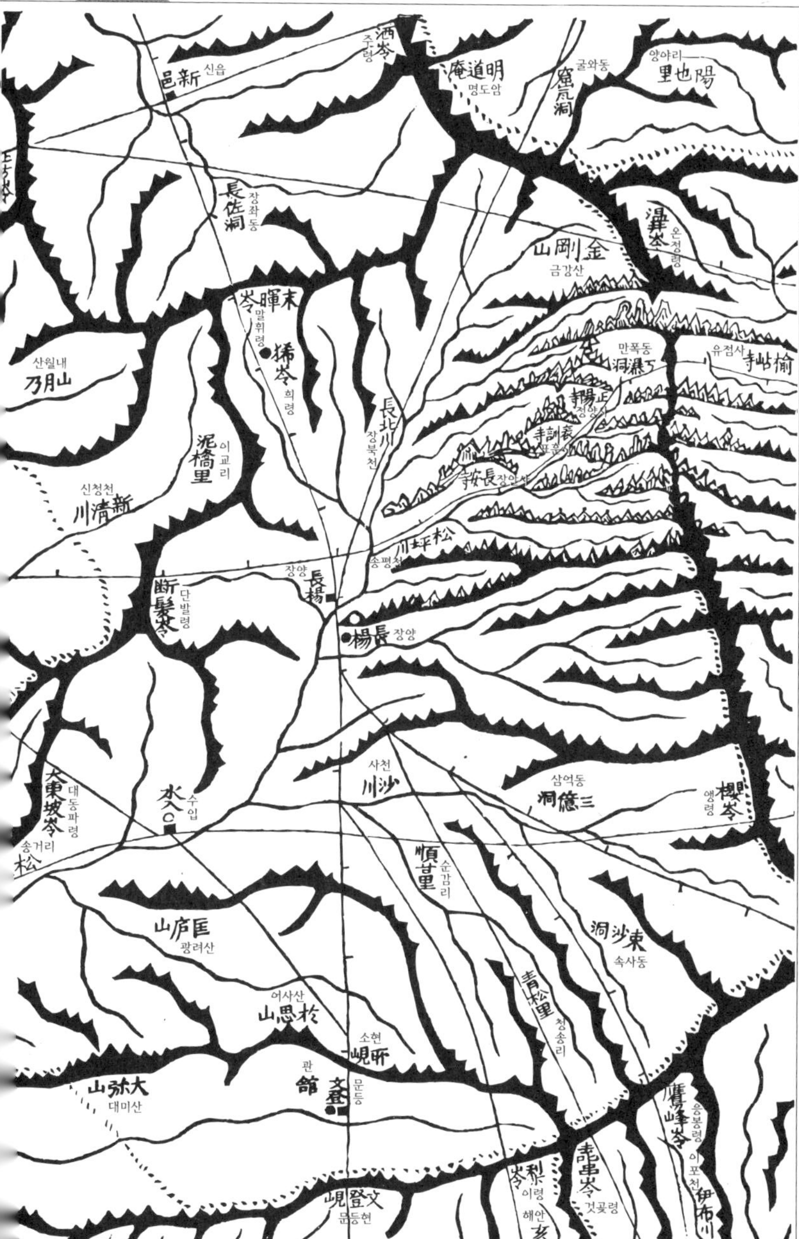

酒岑 주령
邑新 신읍
庵道明 명도암
窟氣窟 굴와동
陽也里 앙아리
長佐洞 장좌좌동
漻岑 온정령
山剛金 금강산
末暉岑 말휘령
㻩岑 희령
洞瀑萬 만폭동
寺岾楡 유점사
岾楡 유점
長比川 강북천
泥橋里 이교리
川淸新 신청천
松玉坪川 송평
安長 장안동
斷髮岑 단발령
長橋 장양
楊長 장양
大東坡岑 대동파령
松 송거리
水入 수입
川沙 사천
三德洞 삼덕동
梧岾 앵령
順甘里 순감리
洞沙東 속사동
匡廬山 광려산
松思山 어사산
青松里 청송리
梧岾 소현
節文 문등
大弥山 대미산
岾串走 거곳령
岾利 어령 해안
岾峰磨 응동봉령 이꼿천
川布伊 이포천
多安
岾登文 문등현

금강산(金剛山)은 무수히 많은 바위 봉을 그려 1만 2천 봉을 표현하였다.   137

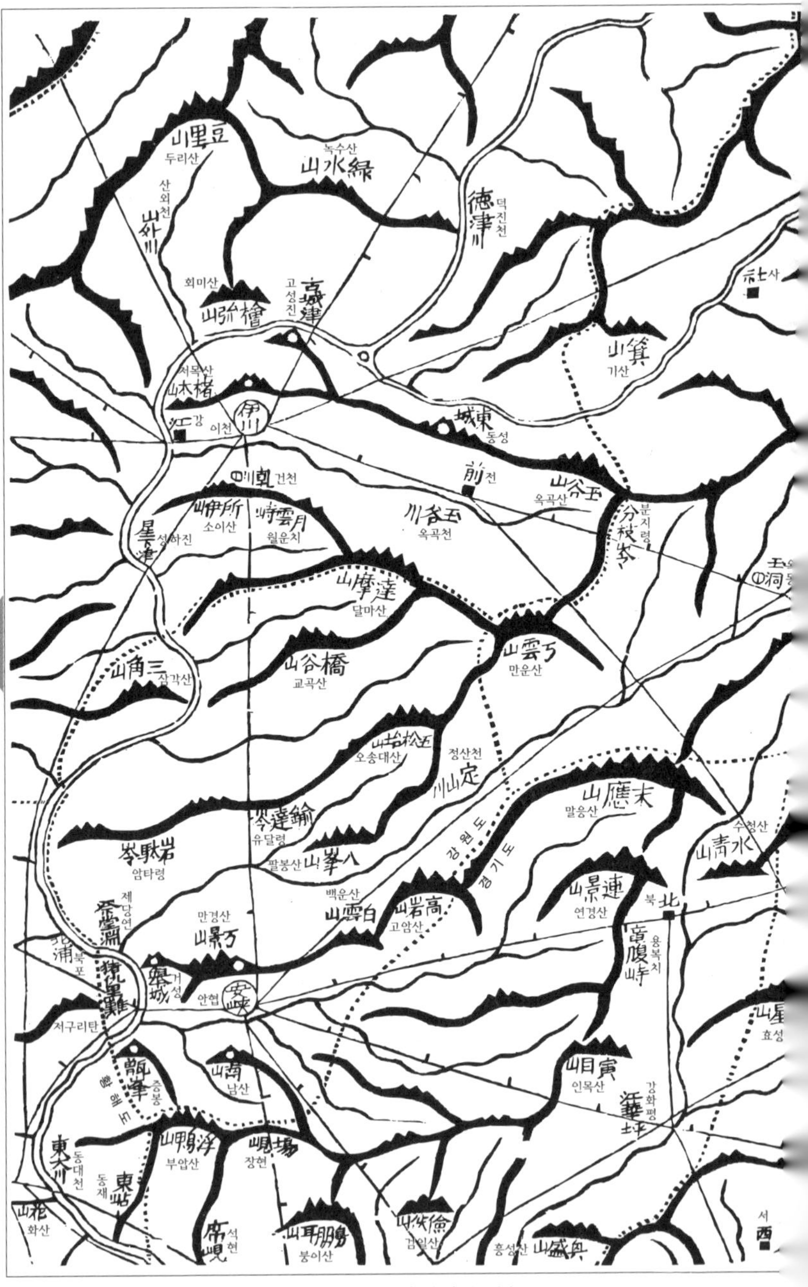

山里豆
두리산

山水綠
녹수산

德津川
덕진천

山外川
산외천

회미산

山流檜

高城津
고성진천

규운사

山箕
기산

山木楮
저목산

江
이천

伊川

城東
동성

山谷玉
옥곡산

回川川
건천

前
전

山伊所
소이산

峙雲月
월운치

川谷玉
옥곡천

分校岾
분지령

玉洞
回洞

山達達
달마산

山角三
삼각산

山谷橋
교곡산

山雲万
만운산

山松五
오송대산

정산천

川山定

山應末
말응산

山青水
수청산

岺達輸
유달령

山峯八
팔봉산

峙駄岩
암타령

백운산

山雲白
고암산

山景連
연경산

北
북

蠶腹山
용복치

淵聖洞

제당여

만경산

山景石

安峡城
안협

山岩高
고암산

山童
효성

서구리탄

瓢津
돗봉

山川
남산

山寅
인목산

華
강화평

東川
동대천

山明浮
부압산

峙場
장현

山花
화산

東岾
동세

布峴
석현

山耳鳳
봉이산

山峽徐
감봉산

山盛魚
흥성산

西
서

138 이천(伊川)과 안협(安峡) 서쪽으로 흐르는 쌍선 하천은 임진강(臨津江) 상류이다.

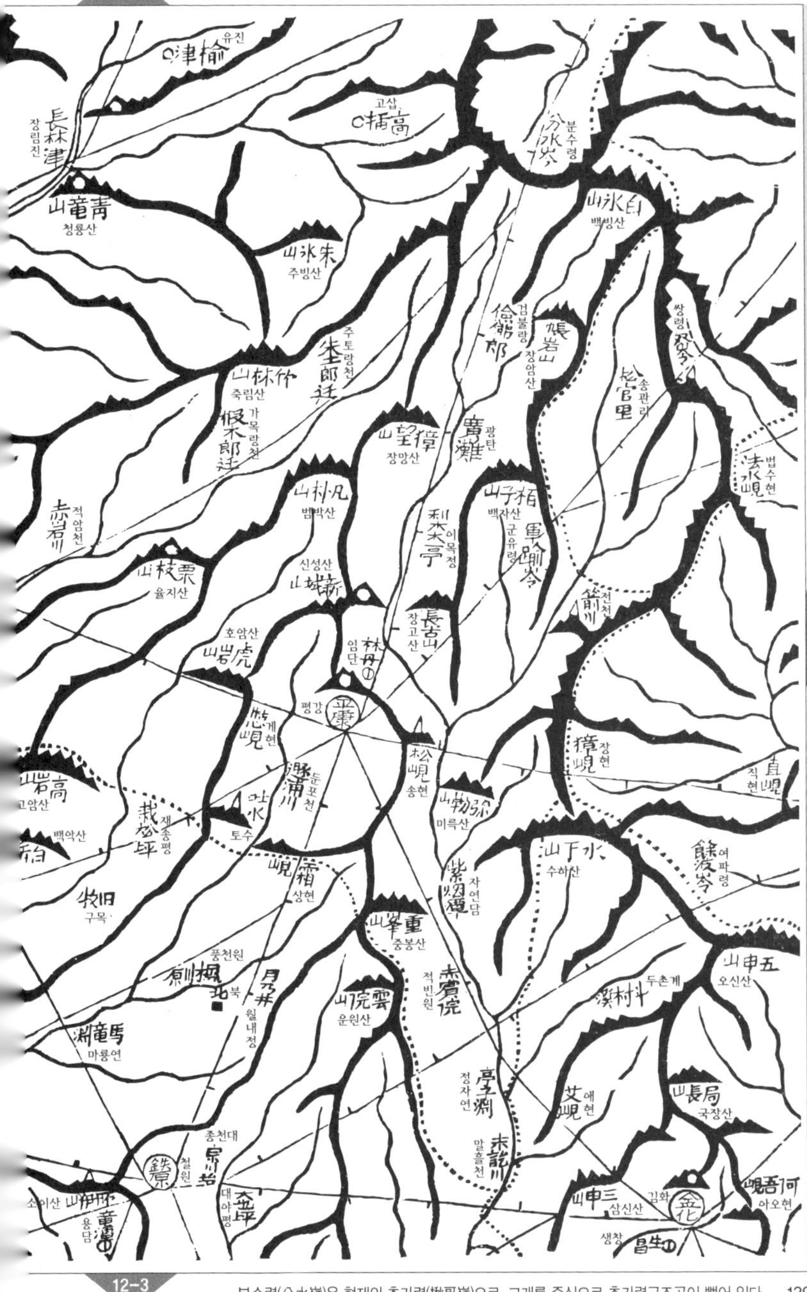

분수령(分水嶺)은 현재의 추가령(楸哥嶺)으로, 고개를 중심으로 추가령구조곡이 뻗어 있다. 139

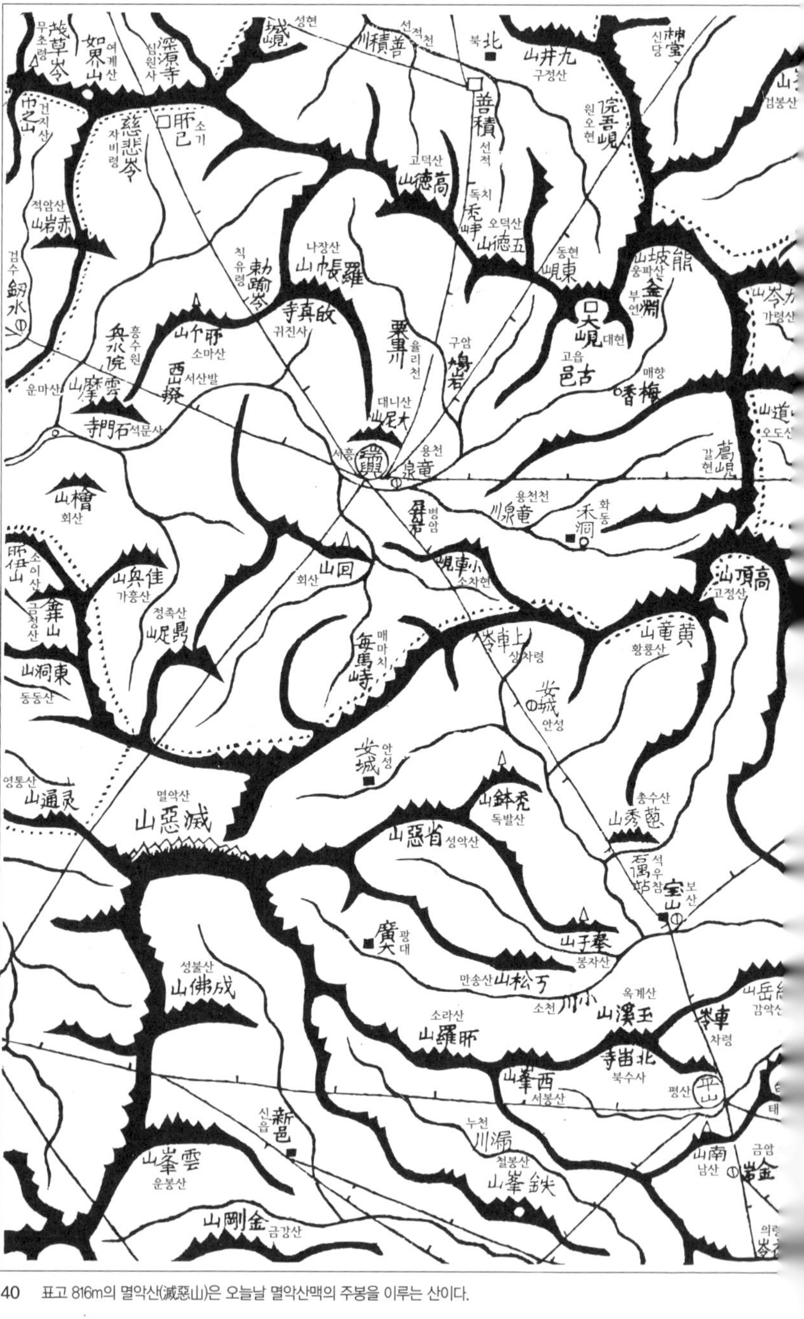

표고 816m의 멸악산(滅惡山)은 오늘날 멸악산맥의 주봉을 이루는 산이다.

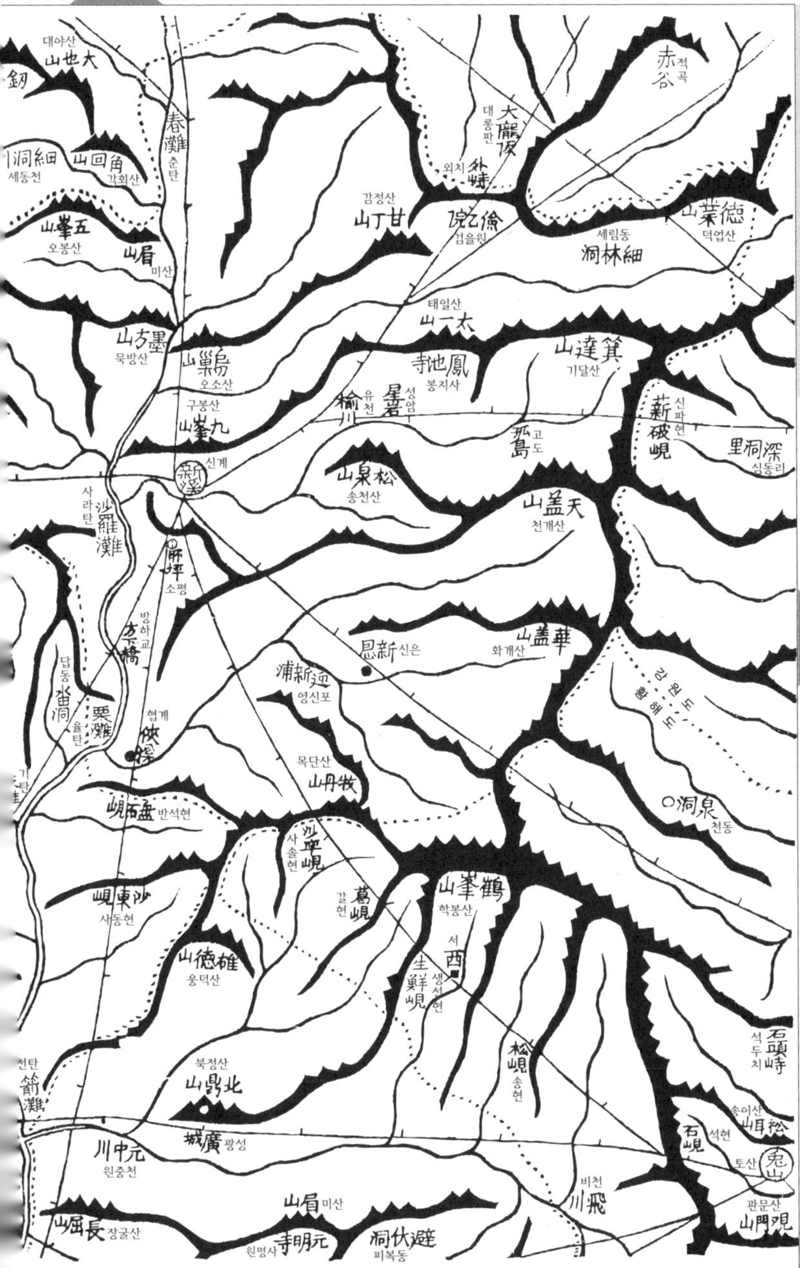

山也大
대야산
釼

|洞細
세동천
山回角
각흘산

春漢
춘탄

赤谷
적곡

大廳項
대룡판
외치
外峙

山峯五
오봉산

山眉
미산

甘丁山
감정산

院乙儉
검을원
세림동

德萊山
덕엽산

洞林細

山方里
묵방산

山樂烏
오소산

山峯九
구봉산

新溪
신계

鳳池寺
봉지사
태일산
太山

榆川
유천

暑星
성암

山達箕
가달산

薪破峴
신파현

里洞深
심동리

飛島
고도

山泉松
송천산

山盖天
천개산

沙羅漢灘
사라탄

坪
소평

方橋
방하교

忌新
신은

山盖華
화개산

浦新
영신포

洞泉○
천동

洞當
율탄

峴
협계

山牧丹
목단산

峴西盆
반석현

峴東沙
사동현

山德碓
웅덕산

沙峴
사현

峴草沙

葛峴
갈현

山峯鶴
학봉산

生峴
생현

西

石頭峙
석두치

松峴
송현

松山月
송이산

石峴
석현

토산
兎山

川溝灘
전탄

山
북정산
山昴北

城廣
광성

川中元
원중천

山眉
미산

寺明元
원명사

洞伏避
피복동

川飛
비천

山門觀
관문산

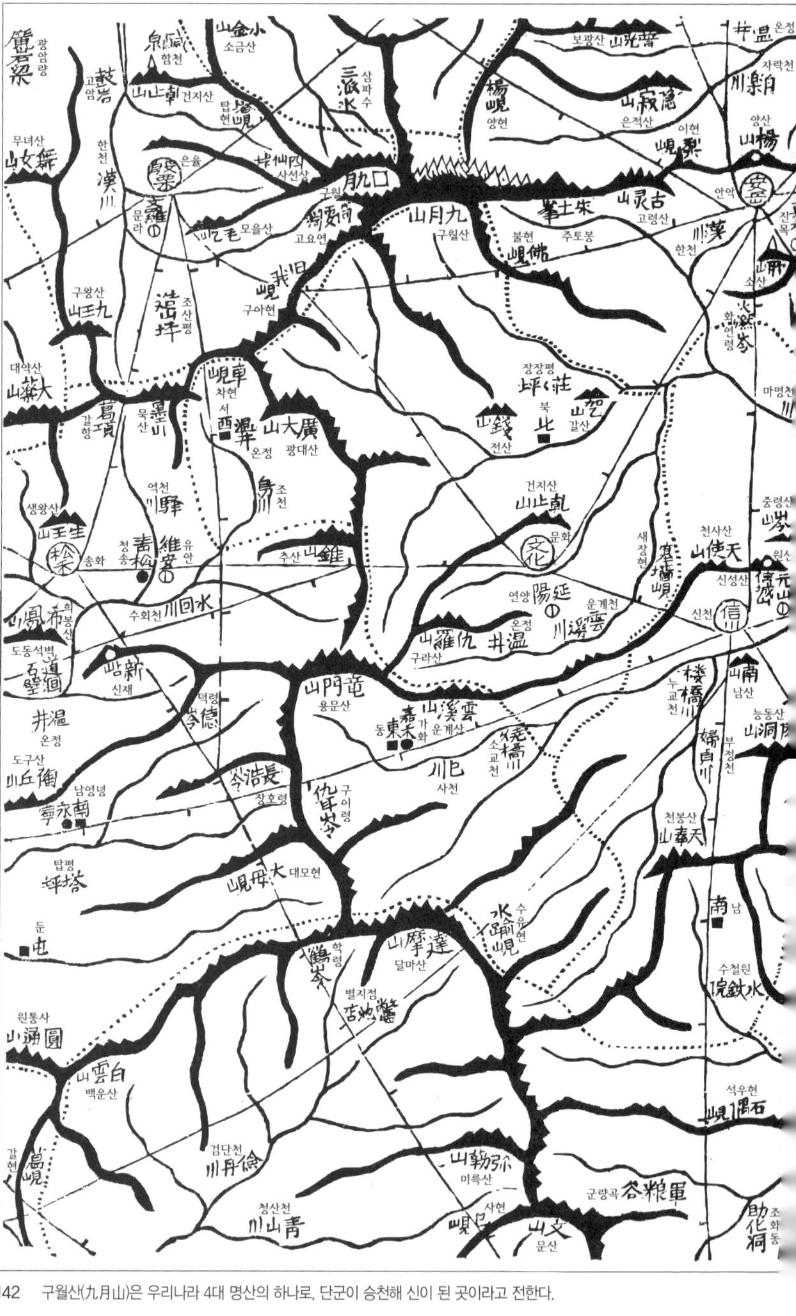

구월산(九月山)은 우리나라 4대 명산의 하나로, 단군이 승천해 신이 된 곳이라고 전한다.

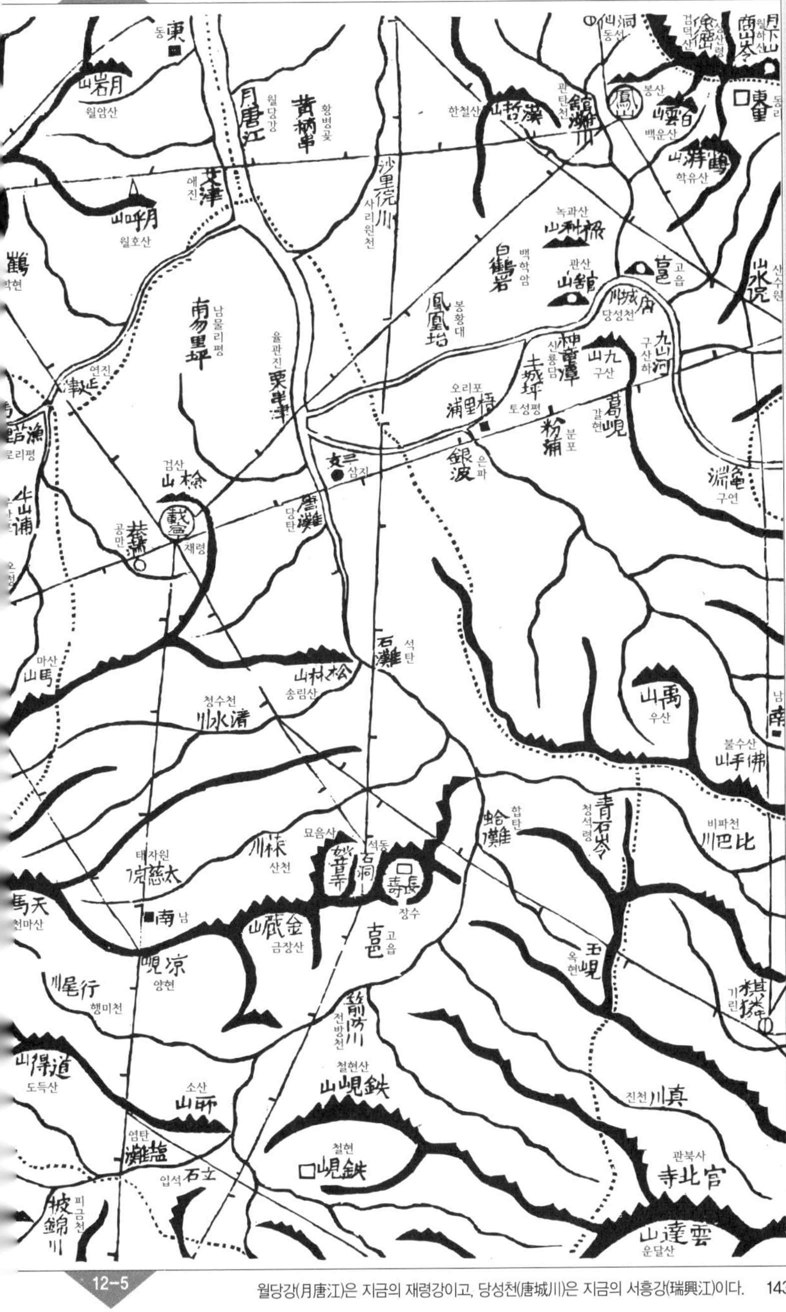

월당강(月唐江)은 지금의 재령강이고, 당성천(唐城川)은 지금의 서흥강(瑞興江)이다. 143

금사
백사
조니포
助泥浦
몽금
金蔘
串山長 장산곶

　장산곶은 해변을 따라 기암절벽이 병풍처럼 늘어서 예로부터 명소로 알려진 곳이다.

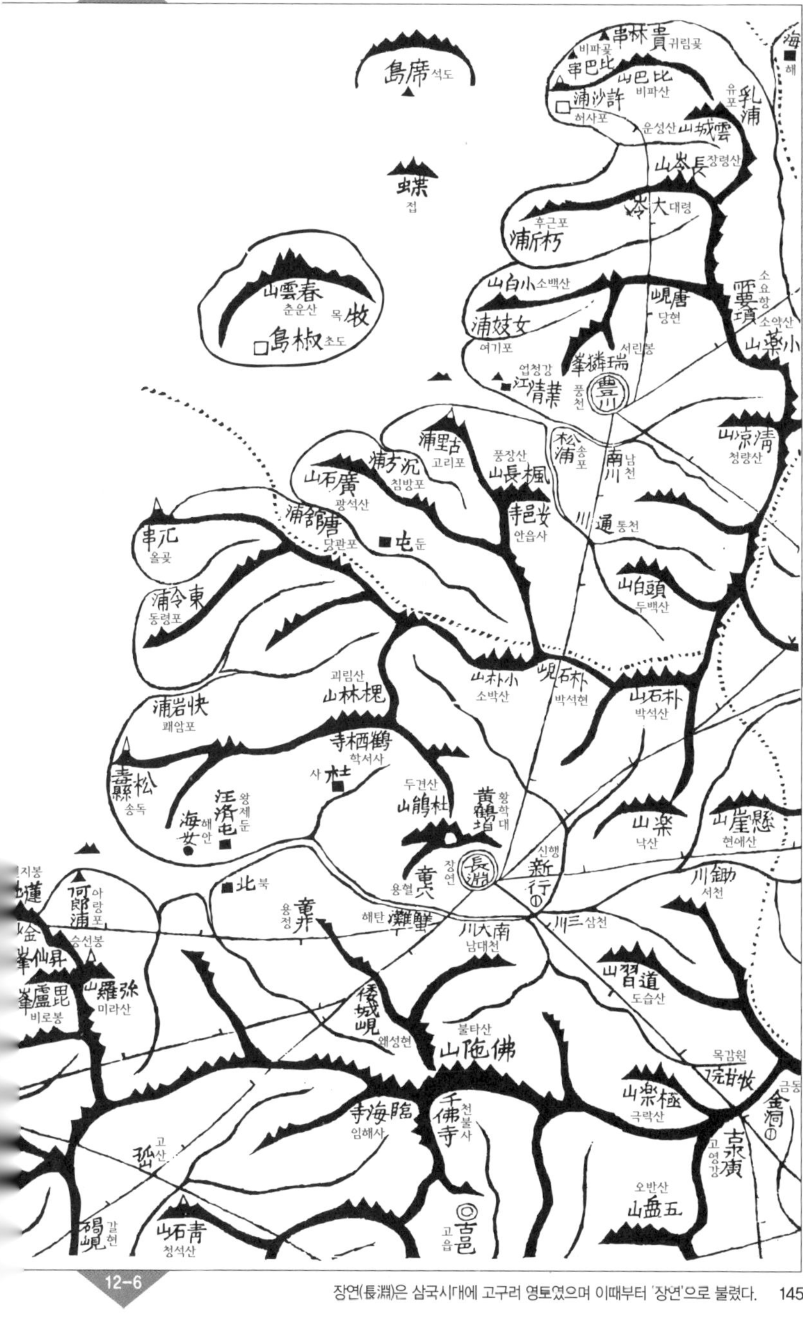

串林貴 귀림곶
串巴比 비파곶
山巴比 비파산
浦沙許 허사포
海 해
乳浦 유포
山城雲 운성산
山烋長 장령산
大령 대령
浦所朽 후근포
山白小 소백산
峴唐 당현
소요항
소요산
霙塙
山峯小 서린봉
浦妓女 여기포
峯搿瑞
江淸華 풍천
雲川
山京淸 청량산
松浦 송호포
南川 남천
島席 석도
蝶 접
山雲春 춘운산
牧 목
島椒 초도
浦占 고리포
山長楓 풍장산
寺邑安 안읍사
川通 통천
浦岁 침방포
山石廣 광석산
浦鎧塘 당포포
串瓦 올곶
屯 둔
浦令東 동령포
山白頭 두백산
山朴小 소박산
峴石朴 박석현
山石朴 박석산
浦岩快 쾌암포
山林槐 괴림산
嘉松 송독
寺栖鶴 학서사
汪濟屯 왕제둔
海岸 해안
山鶴黃 황학대
黃鶴埼
山樂 낙산
山崖懸 현애산
北 북
竜幷 용정
蟹難 해탄
長淵 장연
新行 시행
川鋤 서천
罐盒 지봉
河郞浦 용선봉 아랑포
峯仙君
峯廬毘 비로봉
山羅弥 미라산
川大南 남대천
川三삼천
倭城峴 예성현
山陷道 도습산
山陷佛 불타산
木갑원
寺海臨 임해사
千佛寺 천불사
山樂極 극락산
院甘牧
金洞 금동
泉凄 여의주산
山岳五 오반산
山石青 청성산
峴碣 갈현
山石青 고읍
高邑

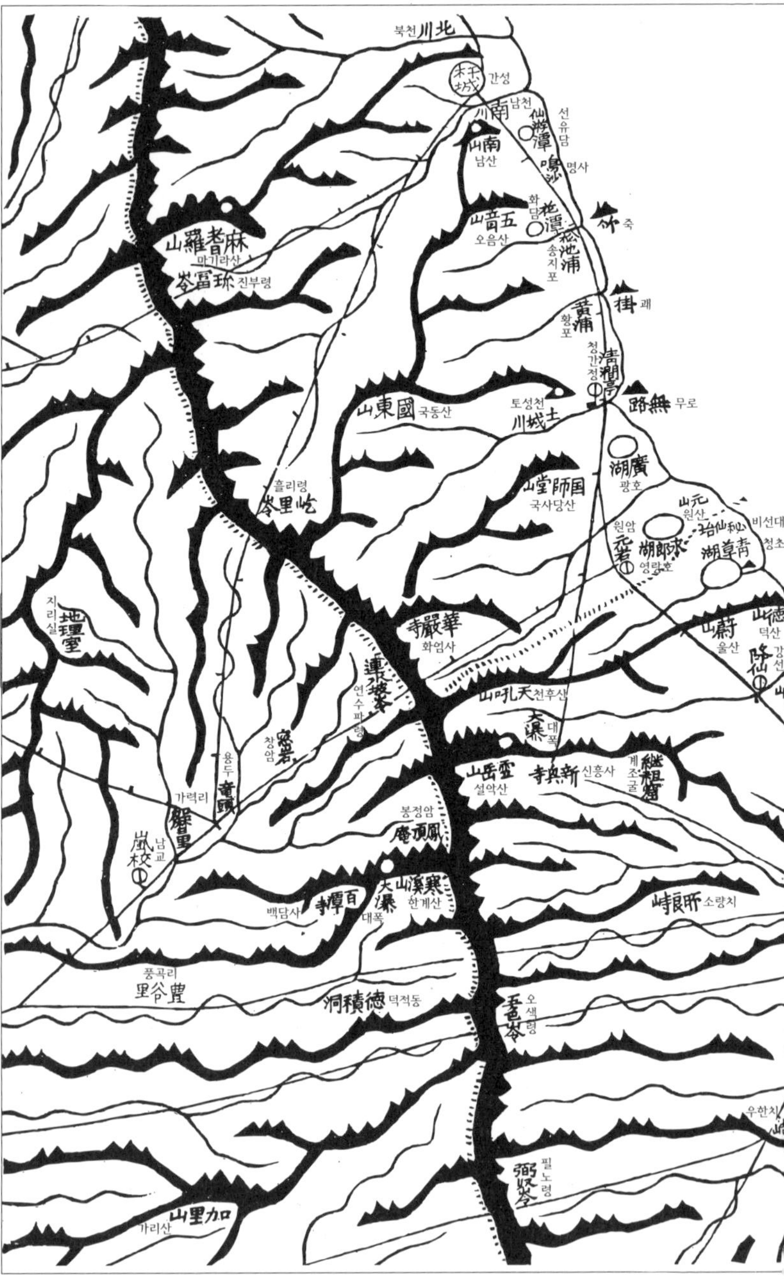

北川천북

王城왕성 간성

川南남천
南산남

仙游潭선유담
명사

五音山오음산

火旺火화왕
송지포
松池浦

汗浦황포
청간정淸澗亭

淸澗亭청간정

竹죽

掛괘

國東山국동산

土城川토성천
土城川토성천

路無무로

흘리령
屹里岺

國師堂山국사당산

廣湖광호

山元원산
원암

山仙岭金금선대
비선대

雪窟岩설굴암
火郎湖영랑호

靑草湖청초호

지리설
地理雪
地理雪

德山덕산
강선대
山蔚울산

華嚴寺화엄사

陸양양
陸

連谷峯
연수파봉

窓岩창암

天吼山천후산
용두
龍頭
가력리

大泉대천
祖繼窟계조굴
제굴

蟹里해리
남교
崑校곤교

雪岳山설악산
新興寺신흥사
신흥사

鳳頂庵봉정암

寒溪山한계산
백담사
百潭寺

大瀑대폭

峙狼所소랑치

豊谷里풍곡리
풍곡리

德積洞덕적동

五色岺오색령
吾谷岺

雲漢치
우한치

弼奴峙필노치

加里山가리산
가리산

146   마기라산(麻耆羅山)은 지금의 향로봉이고, 흘리령(屹里嶺)은 지금의 진부령(珍富嶺)이다.

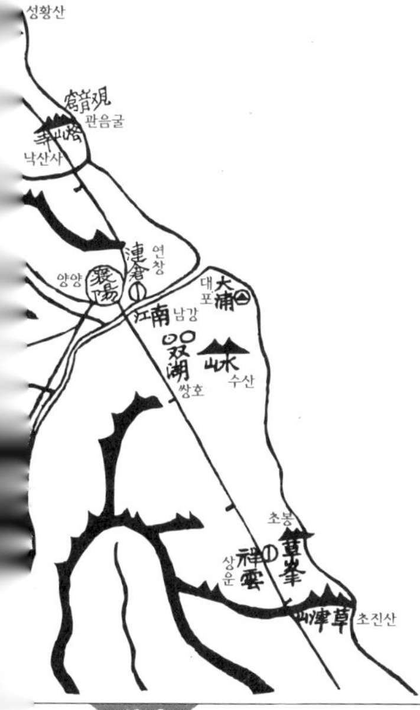

성황산

窟巖峴
관음굴

낙산사

連倉
愛陽
양양
연창

大浦
대포

江南
남강

雙潮
쌍호
수산

초봉
상운 禪雲
草津山
초진산

속초(束草)는 1937년 양양군 도천면(道川面)이 속초면으로 개칭되면서 생긴 지명이다.

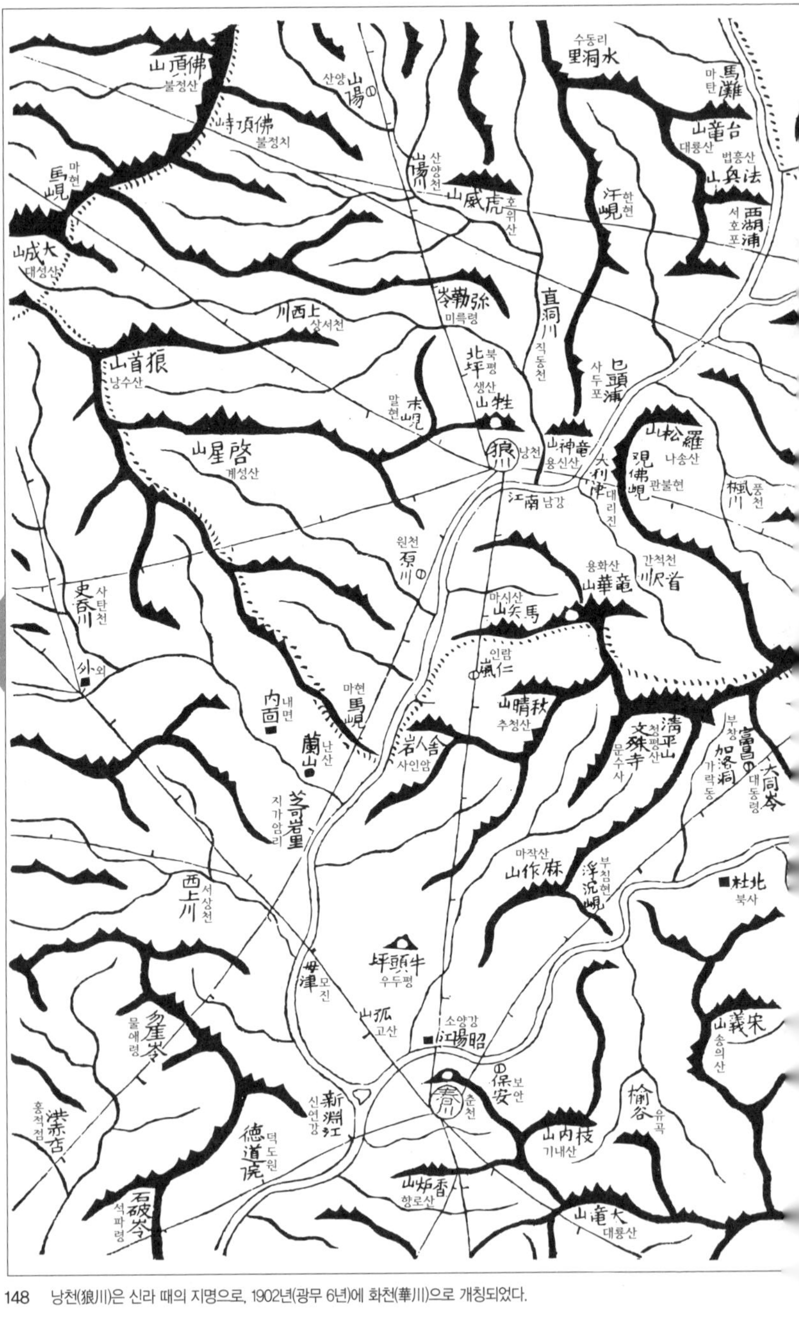

佛頂山
불정산

佛頂峙
불정치

山陽
산양

水洞里
수동리

馬灘
마탄

龍台
용대산
대룡산

法興山
법흥산

馬峴
마현

馬峴
마현

山陽
산양

산양천
산양천

虎威山
호위산

汗峴
한현

瓶浦
서호포

大成山
대성산

瓶浦
병포

上西川
상서천

弥勒峙
미륵령

直洞川
직동천

北坪
북평

生城山
생성산

巳頭浦
사두포

羅松山
나송산

楓川
풍천

狼首山
낭수산

末峴
말현

神龍
용신산

観佛峴
관불현

啓星山
계성산

狼川
낭천

낭천천

江南
남강

大利津
대리진

用岩
원천
源川

龍華山
용화산

龍首尺川
간척천

史呑川
사탄천

馬矢山
마시산

馬矢
마작산

龍華山
용화산

外
외

馬峴
마현

仁魚
이람

內面
내면

蘭山
난산

秋晴山
추청산

岩人舍
사인암

文殊寺
문수사
부창가락동

芝岩里
지가입리

淸平山
청평산

富加洞
가락동

大同岭
대동령

西上川
서상천

麻作山
마작산

浮沈峴
부침현

杜北
북사

多巬岺
물애령

牛頭坪
우두평

宋義山
송의산

洪赤古
홍적전

孤山
고산

昭陽
소양강

保安
보안

楡谷
유곡

德道院
덕도원

新淵江
신연강

倉
춘천

枝內山
가내산

石破岺
석파령

香炉山
향로산

大龍山
대룡산

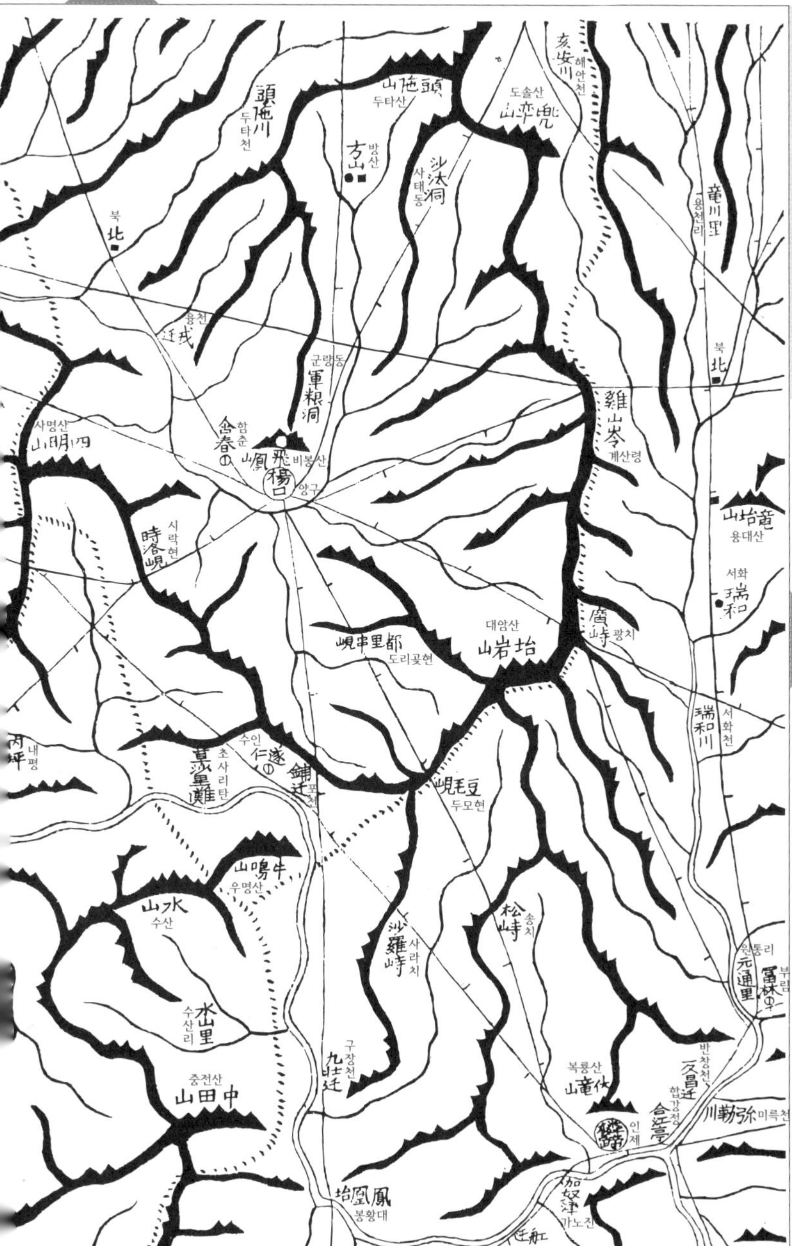

亥安川 해안천
도솔산
山蒜兜 산소두

頭陀頭 두타두
山施頭 두타산
玄山 방산
沙汰洞 사태동

頭陀川 두타천

龍川坪 용천리

北 북

戌 용천리

軍粮洞 군량동

雞山岑 계산령

山蒜兜 용대산

舍春 합춘

山飛鳳 비봉산 양구

北 북

山明四 사명산

瑞和 서화

時洛嶺 시락현

山岩坮 대암산

峴里都 도리꽂현

岾峙 팔치

瑞和川 서화천

丙坪 내평

仁遂 인수

葛暈灘 초사리탄

峴毛豆 두모현

山鳴牛 우명산

松峙 송치

沙羅峙 사라치

山水 수산

水山里 수산리

九坛迁 구정천

山田中 중전산

山龍伏 복룡산

元通里 원통리

冨林 부림

川勒弥 미륵천

合江亭 인제 합강정

坮風鳳 봉황대

加奴津 가노진

忠紅 선천

합강정(合江亭)은 1676년(숙종 2년) 내린천과 인북천이 합수되는 곳에 세워진 정자이다.   149

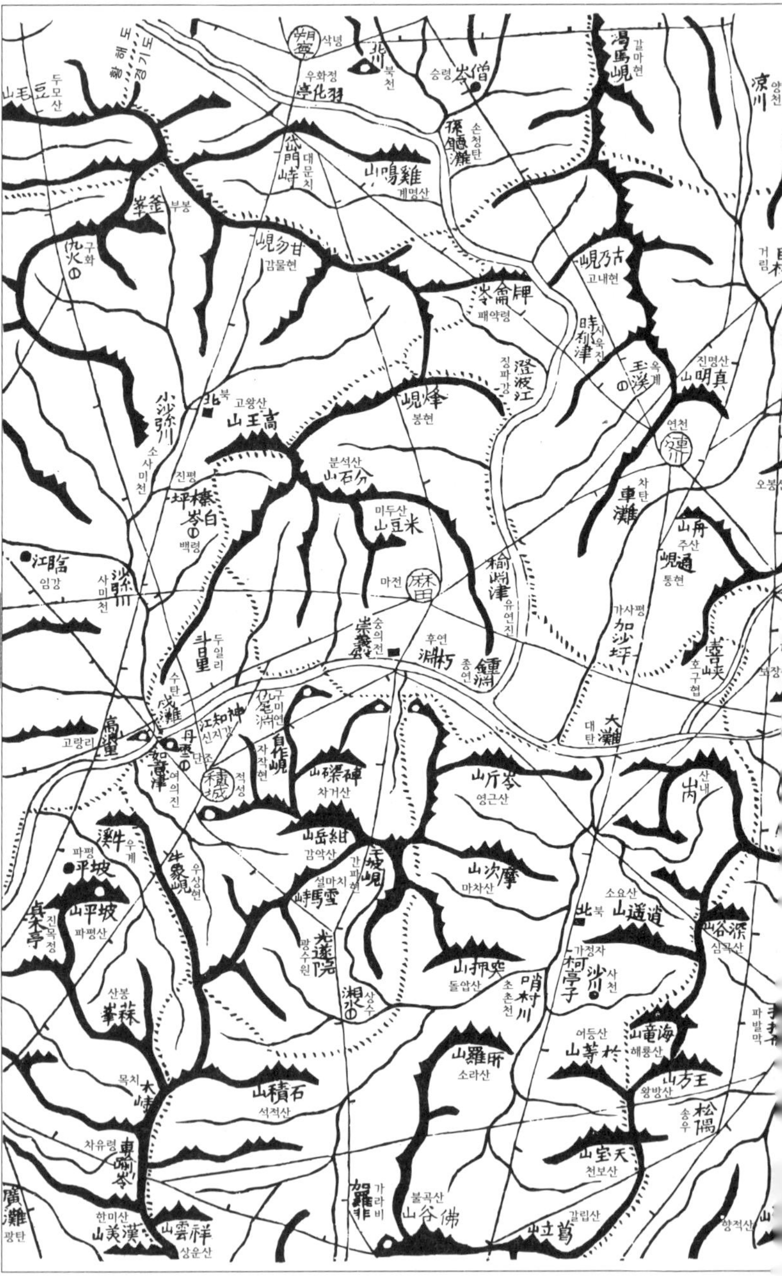

150　신지강(神知江)은 지금의 임진강이고, 동쪽에서 임진강으로 흘러드는 강은 한탄강이다.

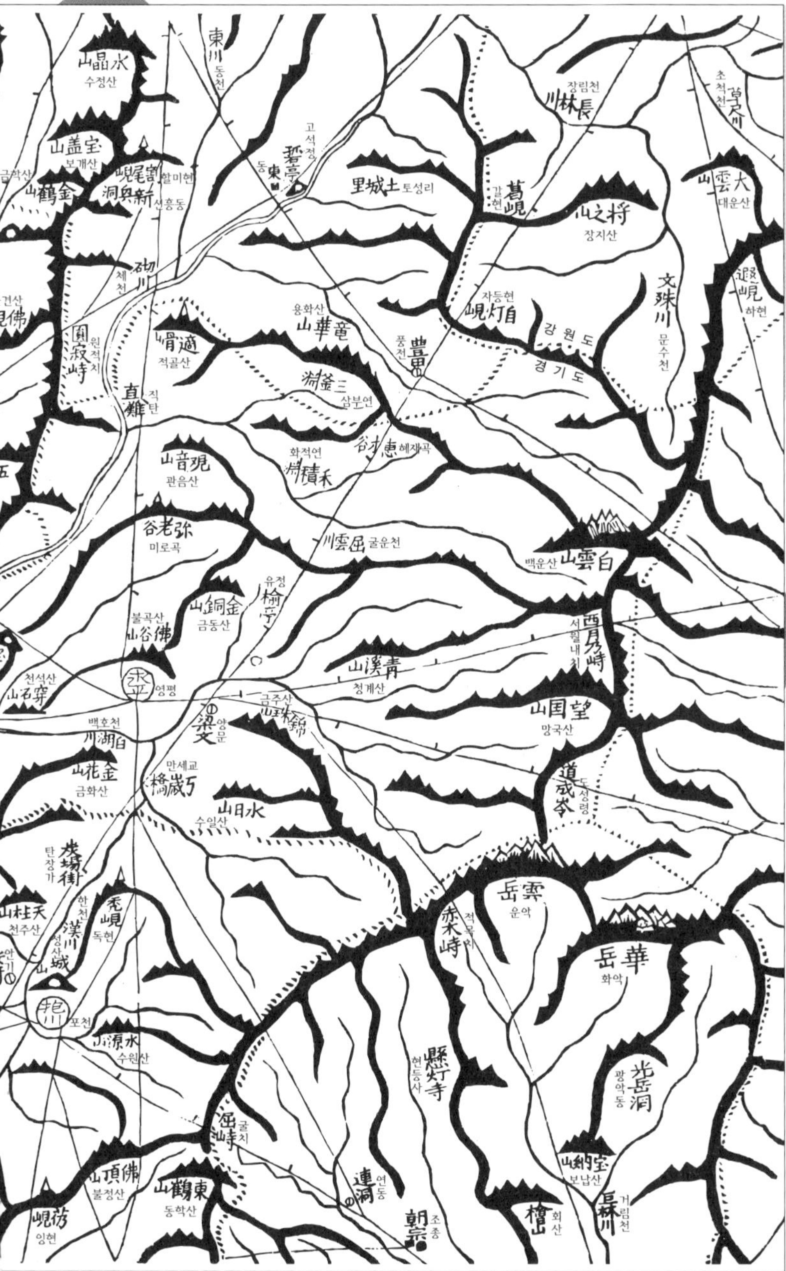

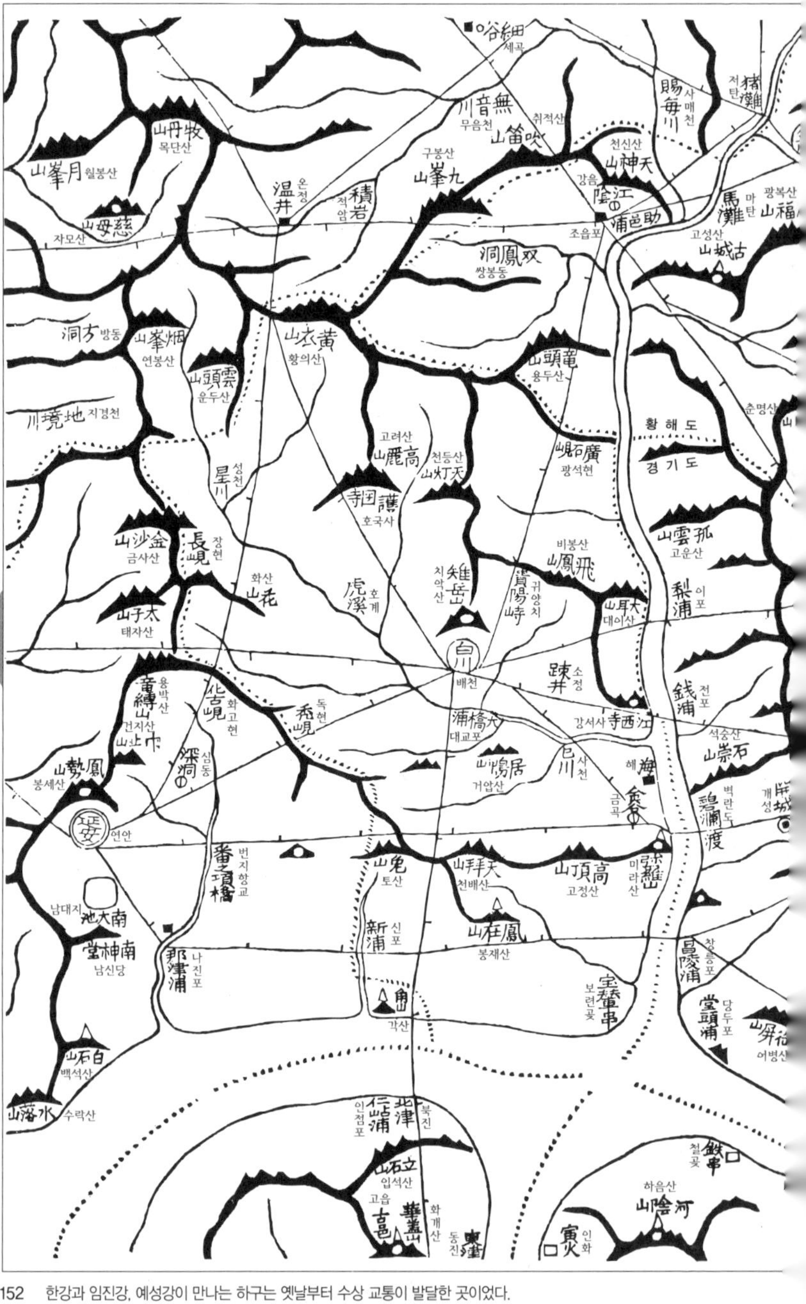

한강과 임진강, 예성강이 만나는 하구는 옛날부터 수상 교통이 발달한 곳이었다.

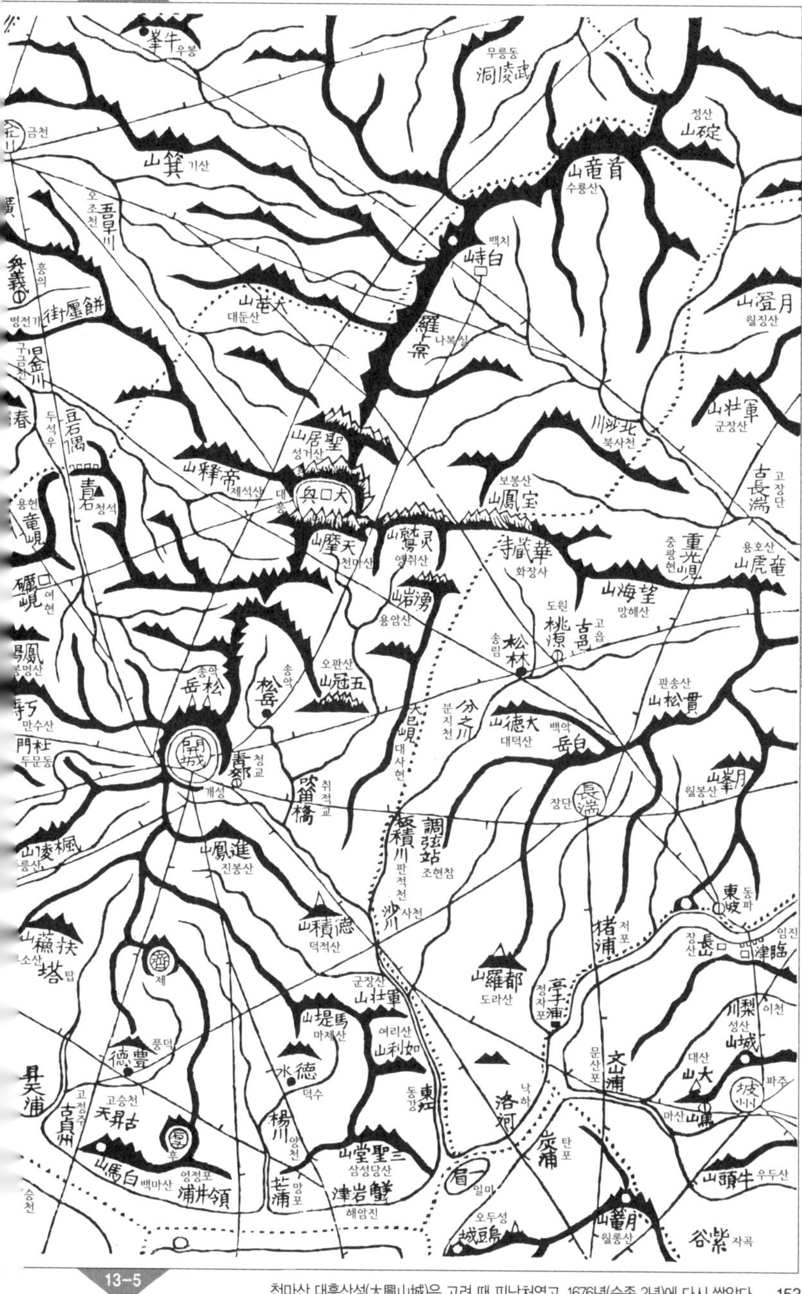

牛峯 우봉
武陵洞 무릉동
定山 정산
首竜山 수룡산
箕山 기산
午早川 오조천
義興 의흥
白峙 백치
崎台
羅帰 나복산
月盈山 월정산
大屯山 대둔산
帝釈山 제석산
聖居山 성거산
軍壯山 군장산
北沙川 북사천
古長湍 고장단
大口五 대오
天摩山 천마산
靈鷲山 영취산
華藏寺 화장사
重光明 중광명리
竜虎山 용호산
岩湧山 용암산
望海山 망해산
桃源 도원
五冠山 오관산
松林 송림
貫松山 관송산
松岳 송악
大巳峴 대사현
大德岳 대덕산
月峯山 월봉산
分之川 분지천
長湍 장단
開城 개성
靑橋 청교
善竹橋 선죽교
板積川 판적천
調絃站 조현참
東坡 동파
進鳳山 진봉산
德積山 덕적산
沙川 사천
褚浦 저포
臨津 임진
長山 장산
扶蘇山 소소산
都羅山 도라산
帝子浦 제자포
梨川 이천
軍壯山 군장산
堤馬山 마제산
如利山
文山浦 문산포
大山 대산
德水 덕수
德豐 덕풍
風德 풍덕
天昇古 천승고
吳浦 오포
古貞 고정
洛河 낙하
聖堂三 삼성당산
楊川 양천
芒浦
蟹岩津 해암진
眉 미
白馬山 백마산
浦井嶺 포정령
月龍山 월룡산
城島 오두성
牛頭山 우두산
紫谷 사곡

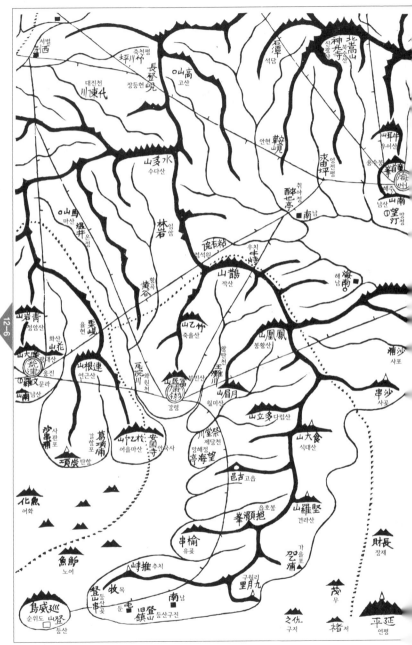

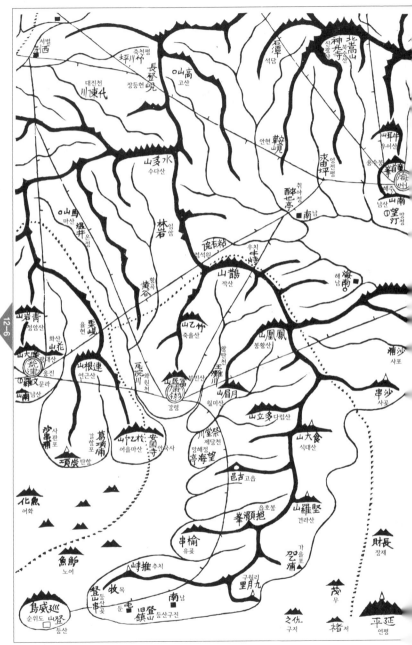

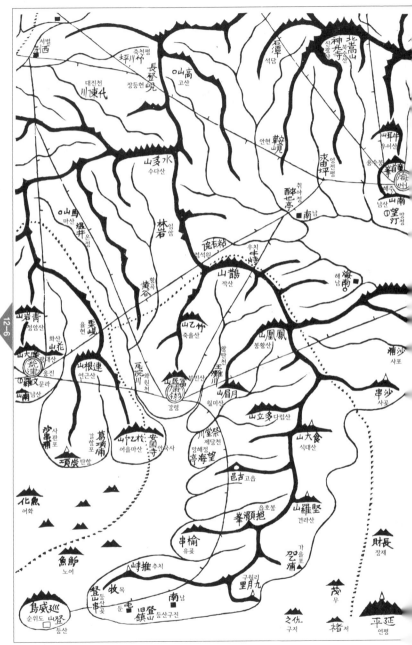

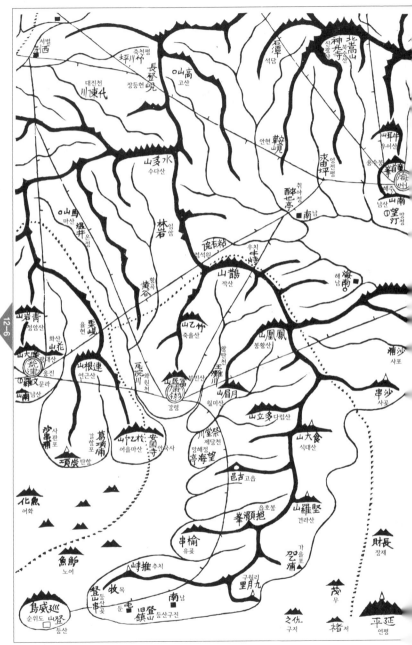

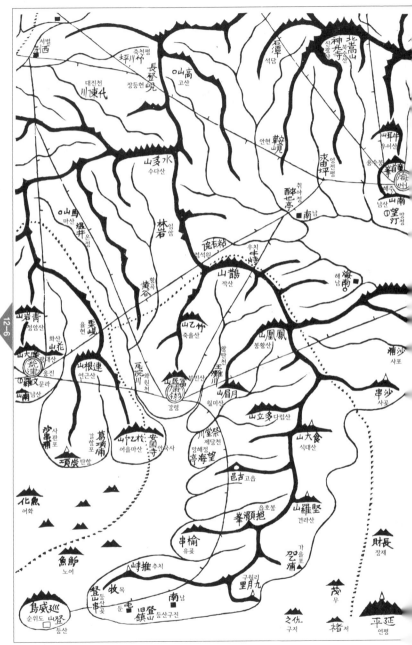

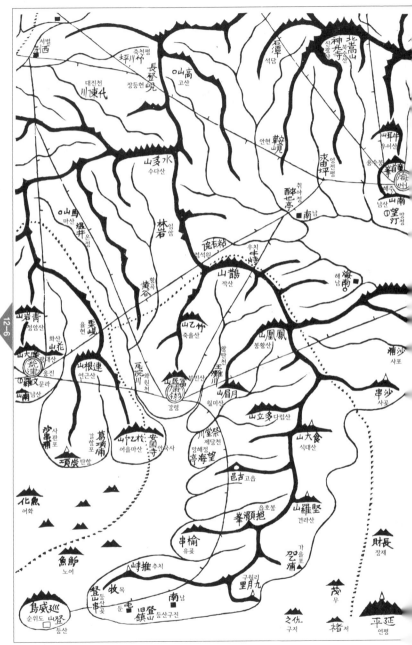

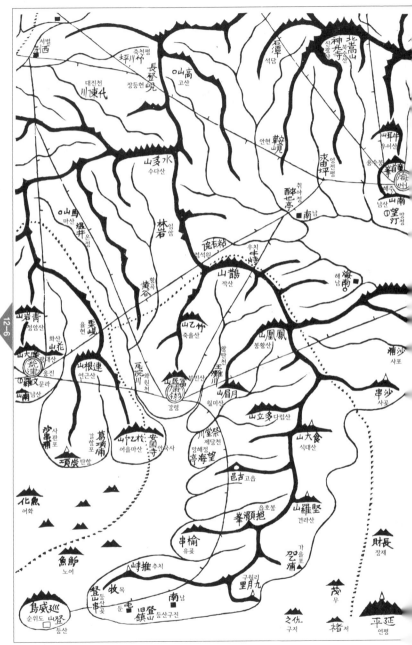

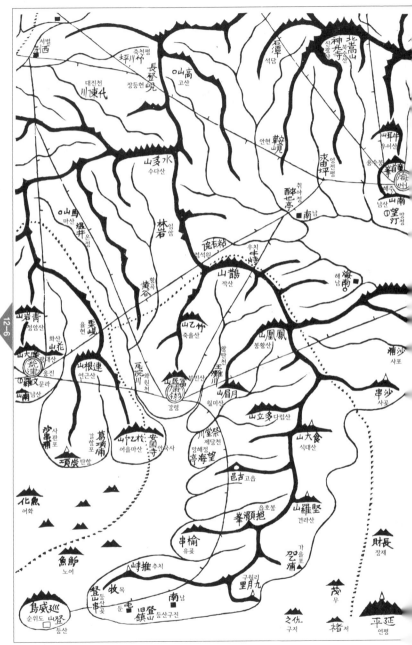

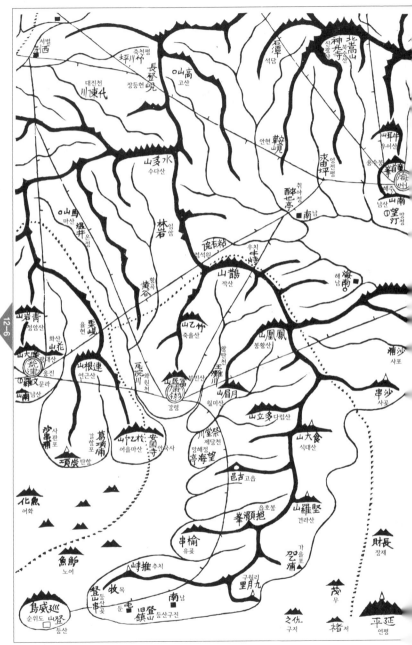

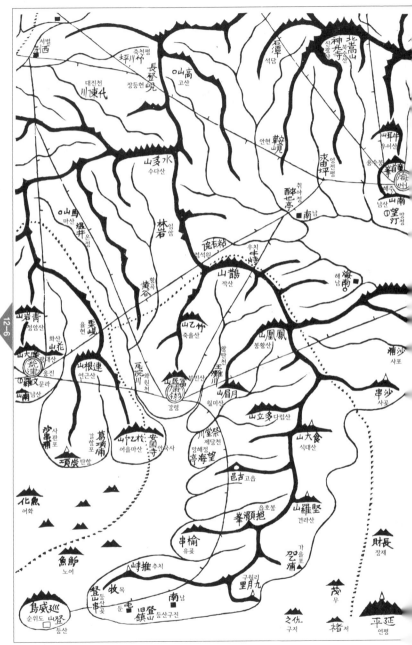

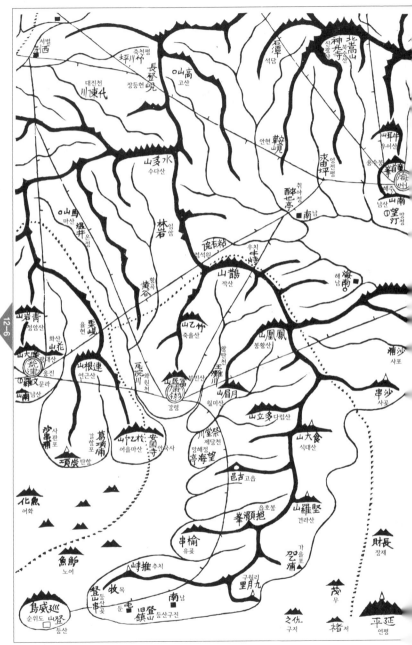

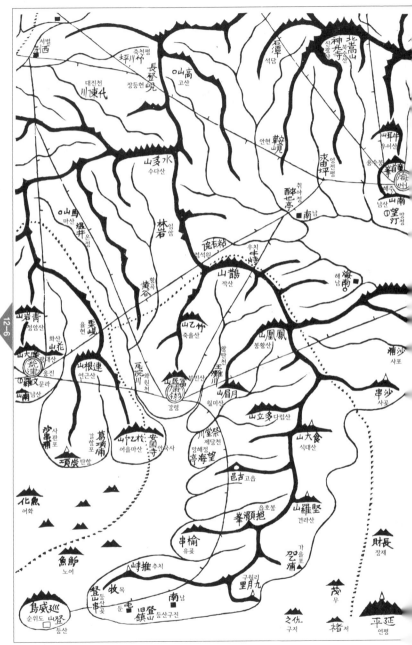

12-6

154　해주 용당(龍堂)에서 바다로 이어진 선은 해주와 강령을 오가던 나룻배 길이다.

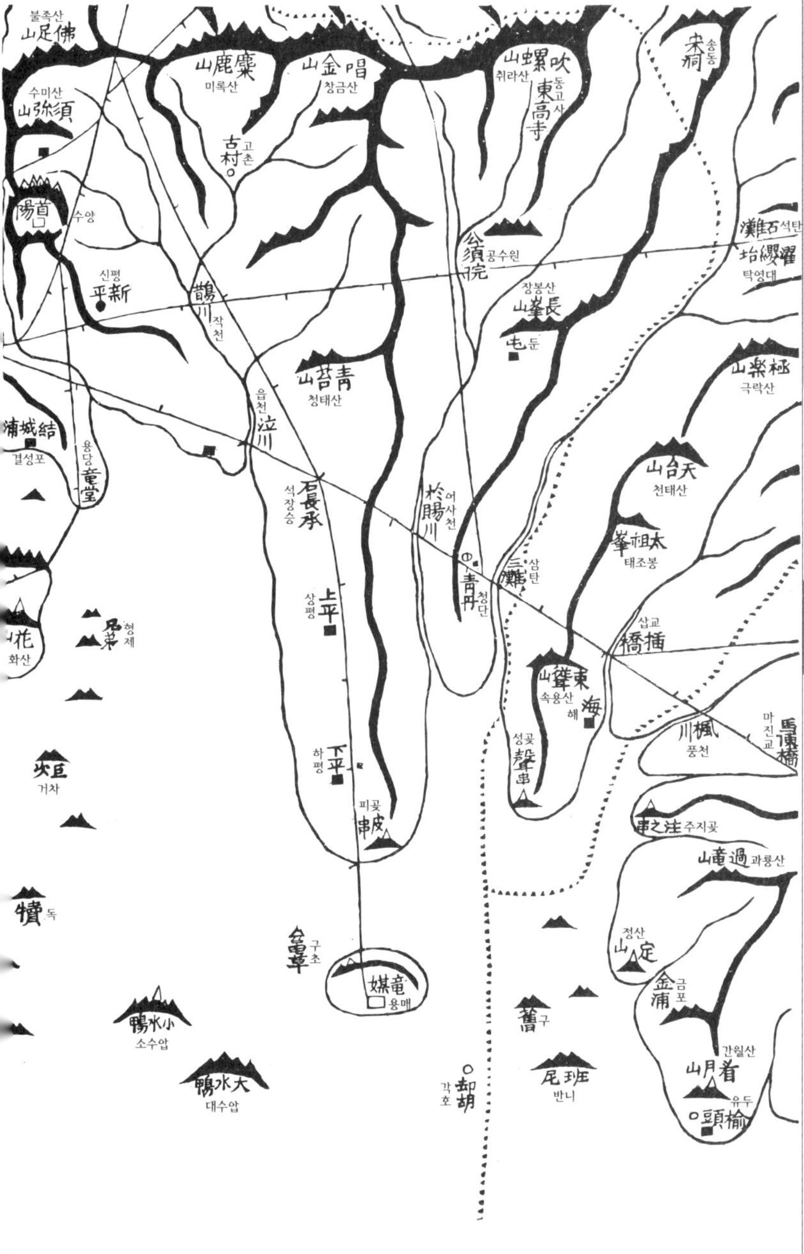

불족산
山足佛

山鹿麋
미록산

山金唱
창금산

山螺吹
취라산

東高寺
동고사

宋洞
송동

수미산
山彌須

古村
고촌

漢攤石
석탄

始鑃耀
탁영대

陽首

신평
平新

鵙川
작천

公須院
공수원

장봉산
山峯長
둔
屯

山樂極
극락산

浦城結
결성포

浦堂竜
용당포

山苔青
청태산

泣川
읍천

산
石長承
석장승

柃陽川
어사천 양천

三脫
삼탈

山合天
천태산

峯祖太
태조봉

化
화산

吕君
성제

上平
상평

靑丹
청단

橋插
삽교
삽교

火巨
거차

下平
하평

山聾東
속용산 해

川楓
풍천

馬課橋
마진교

犢
독

피곶
浦皮

聲串
성곶

申之注
주지곶

山竜過
과룡산

鴨水小
소수압

초
墓竜
용매

舊
구

山定
정산

金浦
금포

鴨水大
대수압

却胡
각호

尾班
반니

山月着
간월산 유두

頭榆

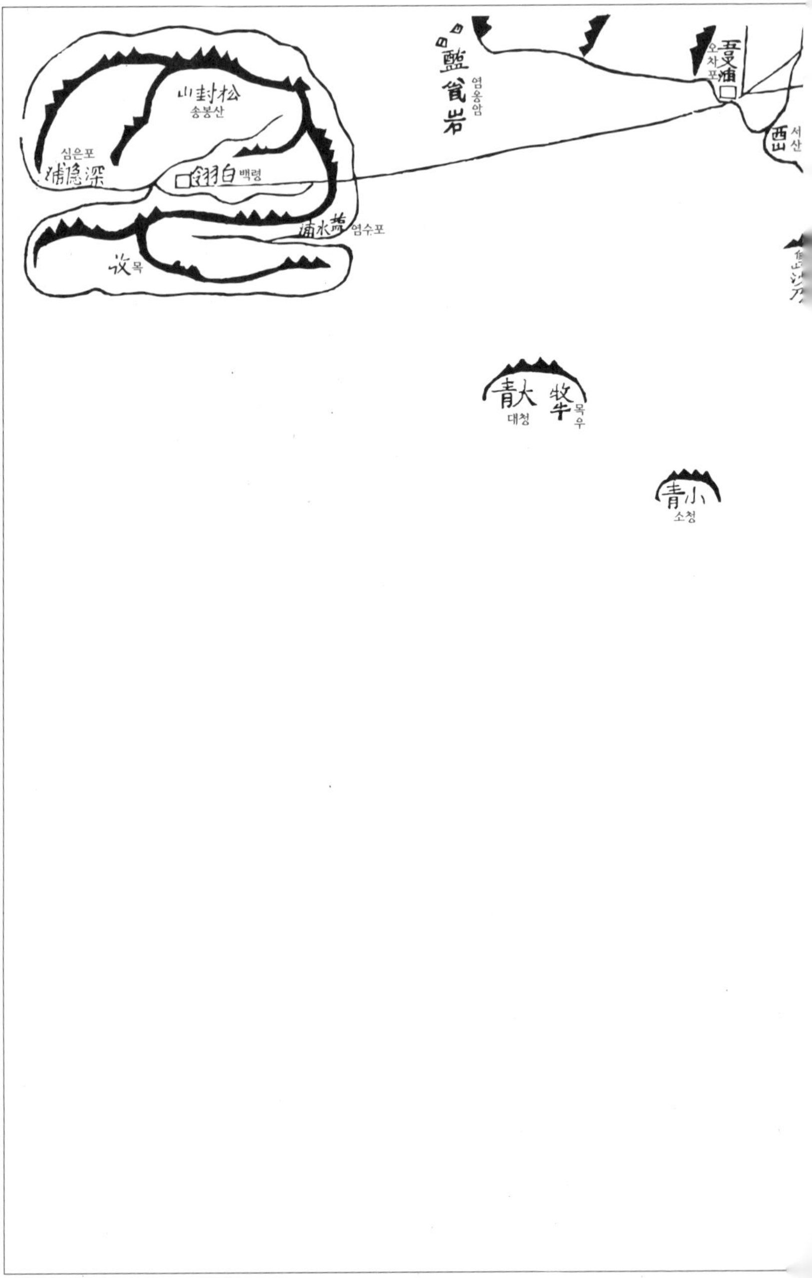

松封山
송봉산

섬은포
浦隱深

白翎
백령

山
鹽瓮岩

염옹암

五叉浦
오차포

西山
서산

忽山沙
梁

浦水鹽 염수포

牧
목

青大 牧牛
대청 목우

青小
소청

백령도(白翎島)에는 조선 광해군 때 수군진이 설치되었고, 수군첨절제사를 파견하였다.

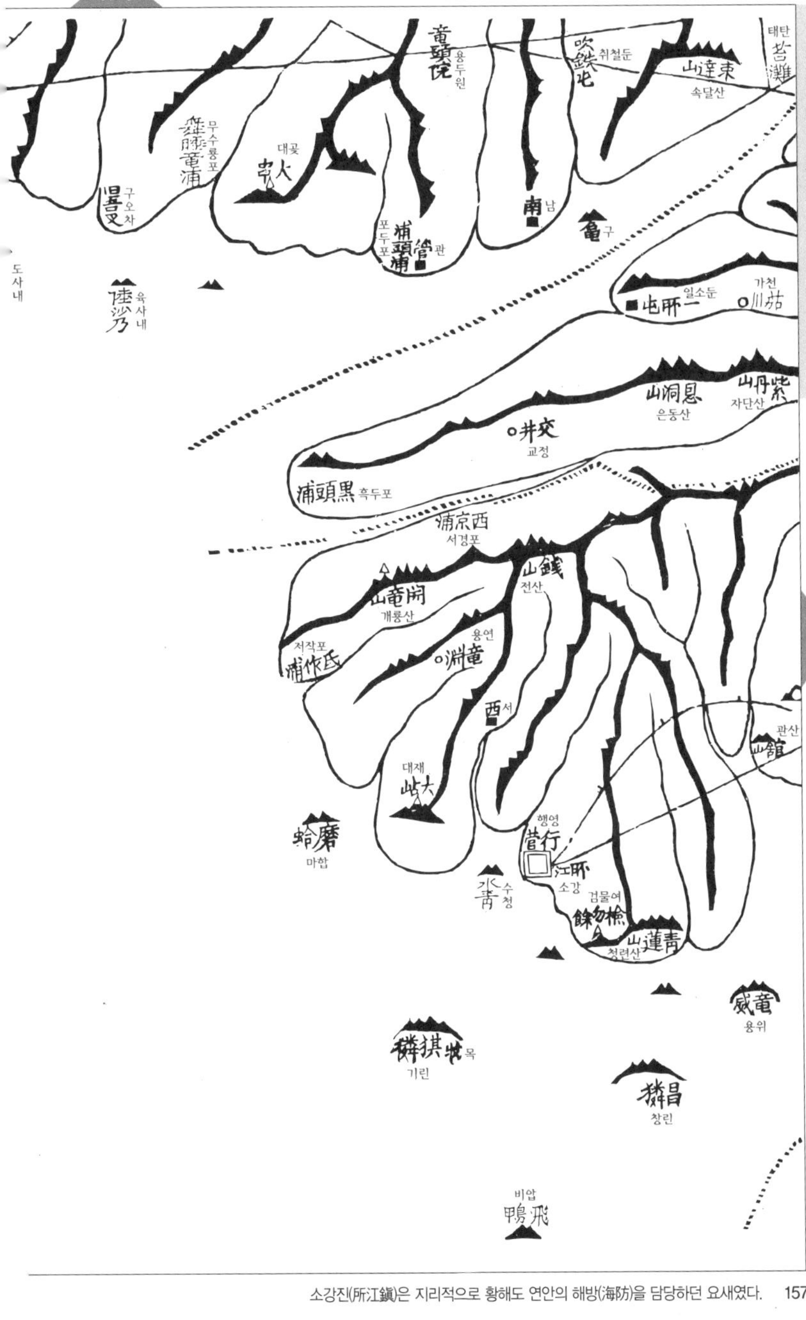

太灘
태탄

竜頭院
용두원

吹鐵屯
취철둔

山達束
속달산

雄膝竜浦
무수룡포

大串
대곶

南
남

竜
구

구오차

彗叉

德沙
육사내

도사내

補頭管
판
포두포

屯卅一
일소둔

川茄
가천

山洞恩
은동산

山丹紫
자단산

井交
교정

浦頭黑
흑두포

浦宗西
서경포

山錢
전산

山竜開
개룡산

竜淵
용연

浦作氏
저작포

西
서

山舘
판산

岾大
대재

蛤磨
마합

嘗行
행영
소강
江卅

水青
수청

餘勿㯓
검물여

山蓮青
청련산

威竜
용위

磷祺牧
기린
목

獜昌
창린

鴨飛
비압

소강진(所江鎭)은 지리적으로 황해도 연안의 해방(海防)을 담당하던 요새였다.   157

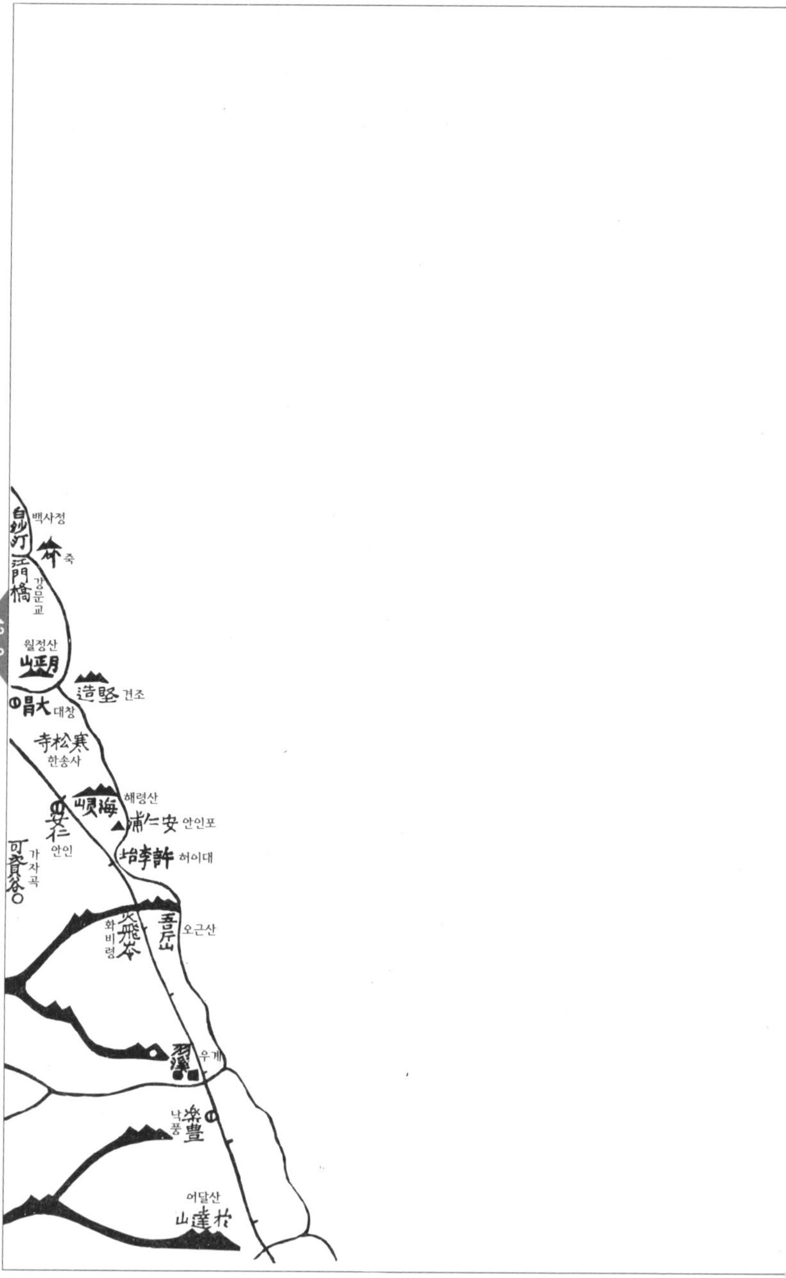

백사정

白沙汀

雨橋

13-2

월정산

正月山

造堅 건조

大昌 대창

寺松寒 한송사

海靈山 해령산

安仁浦 안인포

安仁 안인

可佐谷 가좌곡

許李堂 허이대

吾斤山 오근산

火飛嶺 화비령

우계

樂豊 낙풍

어달산

於達山

158 오근산(吾斤山)의 돌출된 해안이 요즘 해돋이 명소로 유명한 정동진(正東津)이다.

백사정(白沙汀)이 경포해변이고, 죽도(竹島) 앞으로 흐르는 강은 남대천(南大川)이다.　159

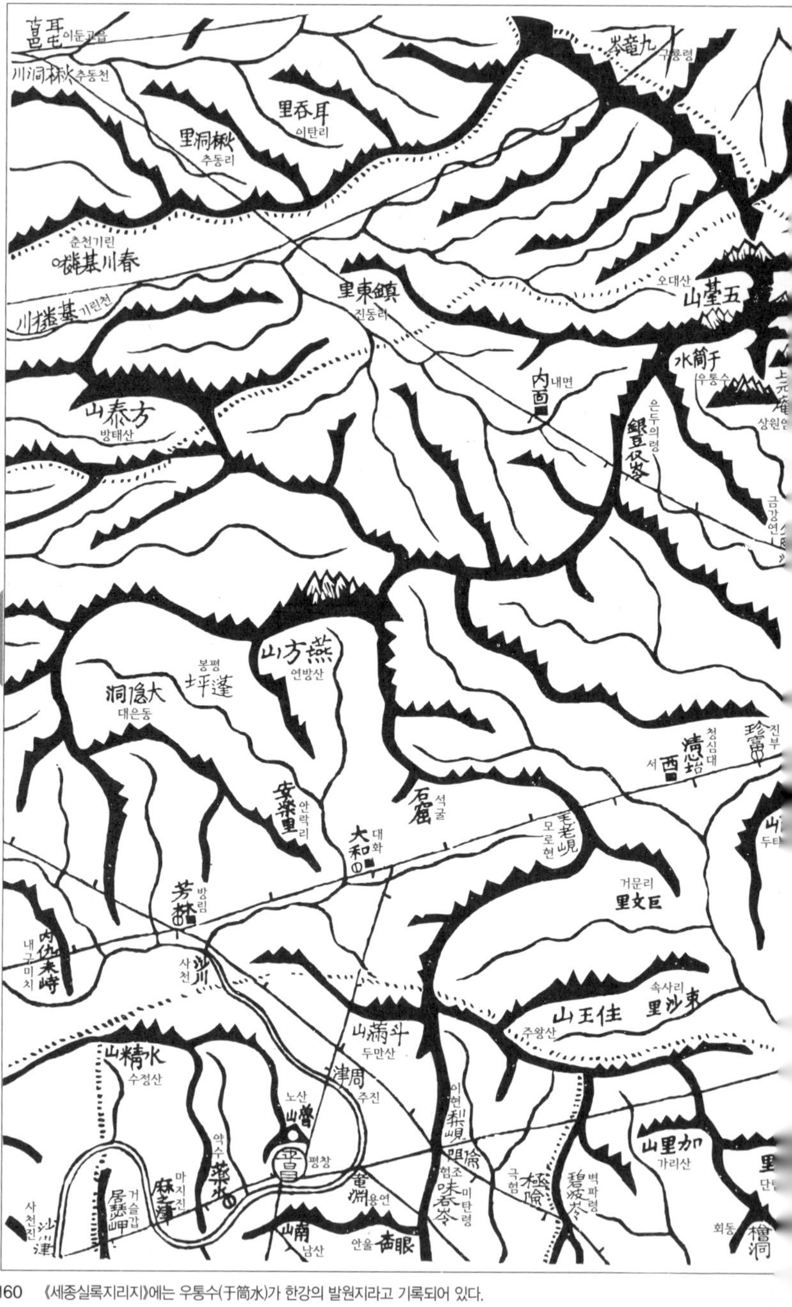

《세종실록지리지》에는 우통수(于筒水)가 한강의 발원지라고 기록되어 있다.

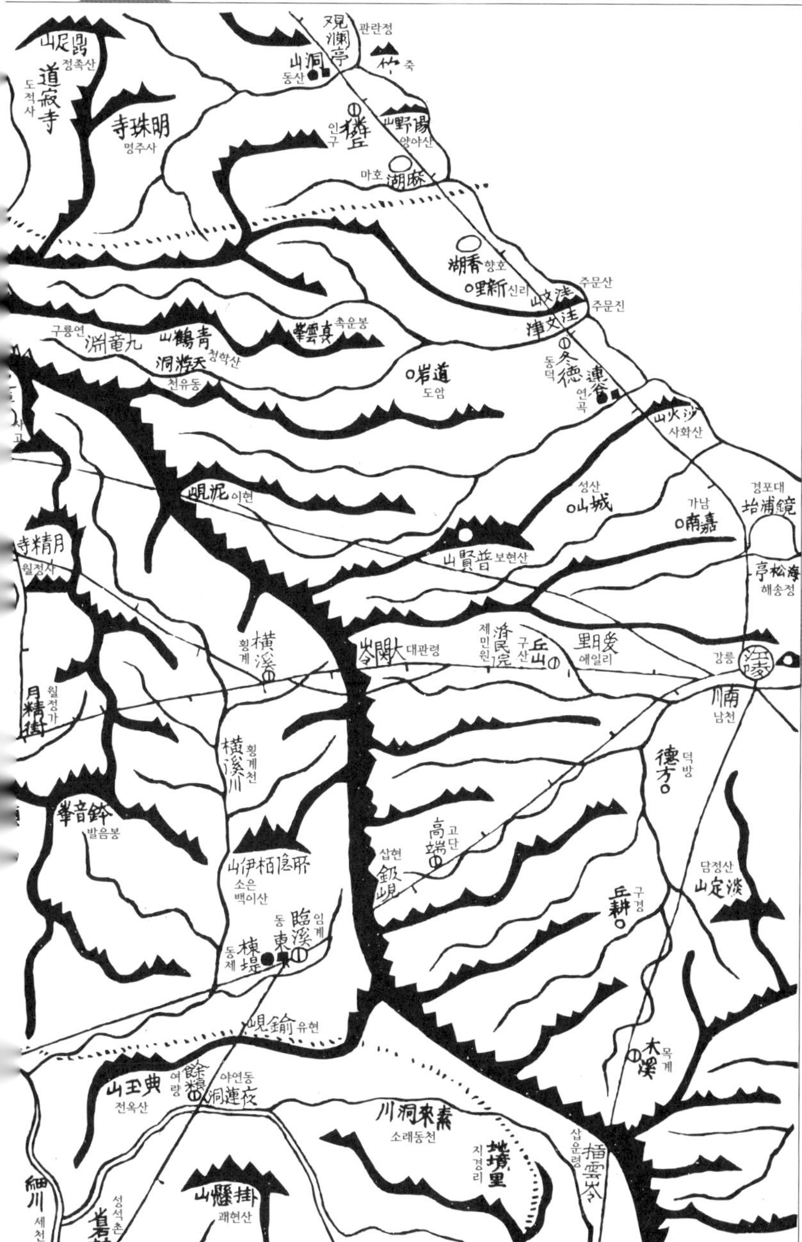

山足鼎 정족산
道寂寺 도적사

観瀾亭 관란정

寺珠明 명주사

山洞 동산

仙竹

竹

陽野山 양야산

麻湖 마호

인구

湖香 향호

里新신리

주문산

汝文津 주문진

山雲青 청운산
洞游天 천유동
청학산

峯雲燭 촉운봉

구룡연
淵竜九

冬德蓮 연곡
동덕

岩道 도암

山火沙 사화산

경포대
浦鏡 경포대

晛泥 이현

城山 성산

嘉南

寺精月 월정사

山賢普 보현산

亭松海 해송정

月精橋 월정교

橫溪 횡계

횡계천
橫溪川

峴大 대관령

제민원
제민원

山民洛 구산

里月余
애일리

浦鏡
강릉

楠 남천

峯音鈇 발음봉

山栢隱所 소은백이산

德方 덕방

臨溪 임계
동계
棟溪
동제

高端 고단

山定淡 담정산
담정산

岳耕 구경

고개
峴鍮 유현

峯音鈇 발음봉

山王典 전옹산
전옹산

여랑
餘廊

洞蓮夜 야연동

川洞來蘇 소래동천

横雲峴 삽운령

橫 지경리
峴 里

木溪 목계

細川 세천
岩村 성석촌

山縣掛 괘현산

관동팔경 지경리

고려 충숙왕 때 세워진 경포대(鏡浦臺)는 경호(鏡湖)와 함께 관동팔경 중 으뜸이다.

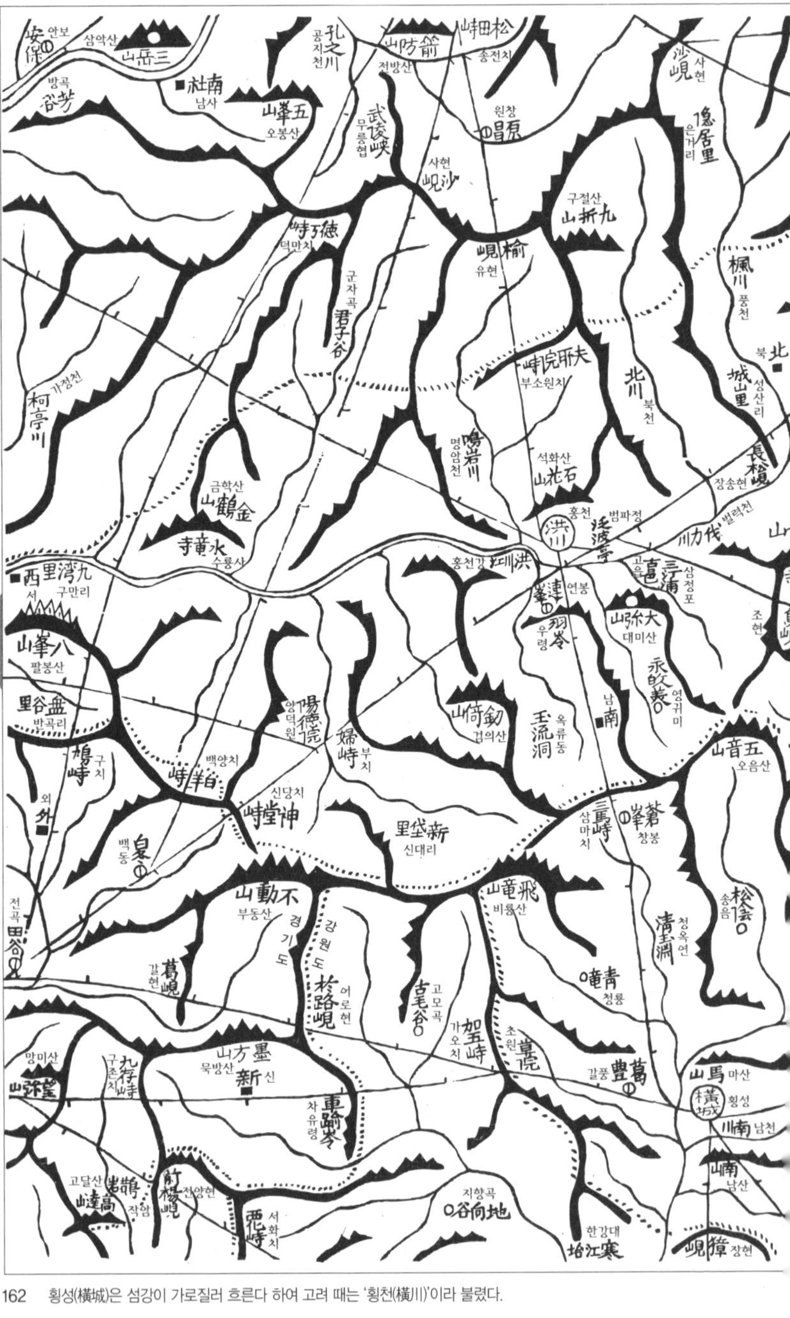

162   횡성(橫城)은 섬강이 가로질러 흐른다 하여 고려 때는 '횡천(橫川)'이라 불렸다.

末巨里 말거리

山里加 가리산

⑭奴馬 마노

洞田藍 남전동

山飛鳳 봉비산

里田松 송전리

末村 말촌

泉甘① 천감

建倂峙 건이치

岸北村 안북촌

洞宝金 금보동

基殯 기린

洞子栢 백자동

馬峴 마현

里亭隱 은정리

村乃 내촌

里巨勿 물거리

孔 공작산

水 수타사

小松峙 소송치 대송치

唟瑞東 서석동

里谷簧 농곡리

里下巾 건하리

山凉淸 청량산

里峯栗 율실리

栢峙 백치

生靈里 생율리

峙岐素 태기치

山高德 덕고산

晴 청일

山金鼎 정금산

頭鴻 홍두산

內屯 둔내

檜峴 회현

榆谷東 유곡

仇未峙 구미치

雲① 운교

甲 갑천

北 북

秀峙 독치

安흥 안흥

唘水 수남

川偶 우천

洞峴 옥동현

島원 오원

山子獅 사자산

杜陵洞 두릉동

桃花洞 도화동

山德白 백덕산

嗃素 소초

加川 가전천

浦通川 포통천

횡성현 안흥역(安興驛)은 1937년에 안흥면이 되었고, 현재는 '찐빵'으로 유명하다. 163

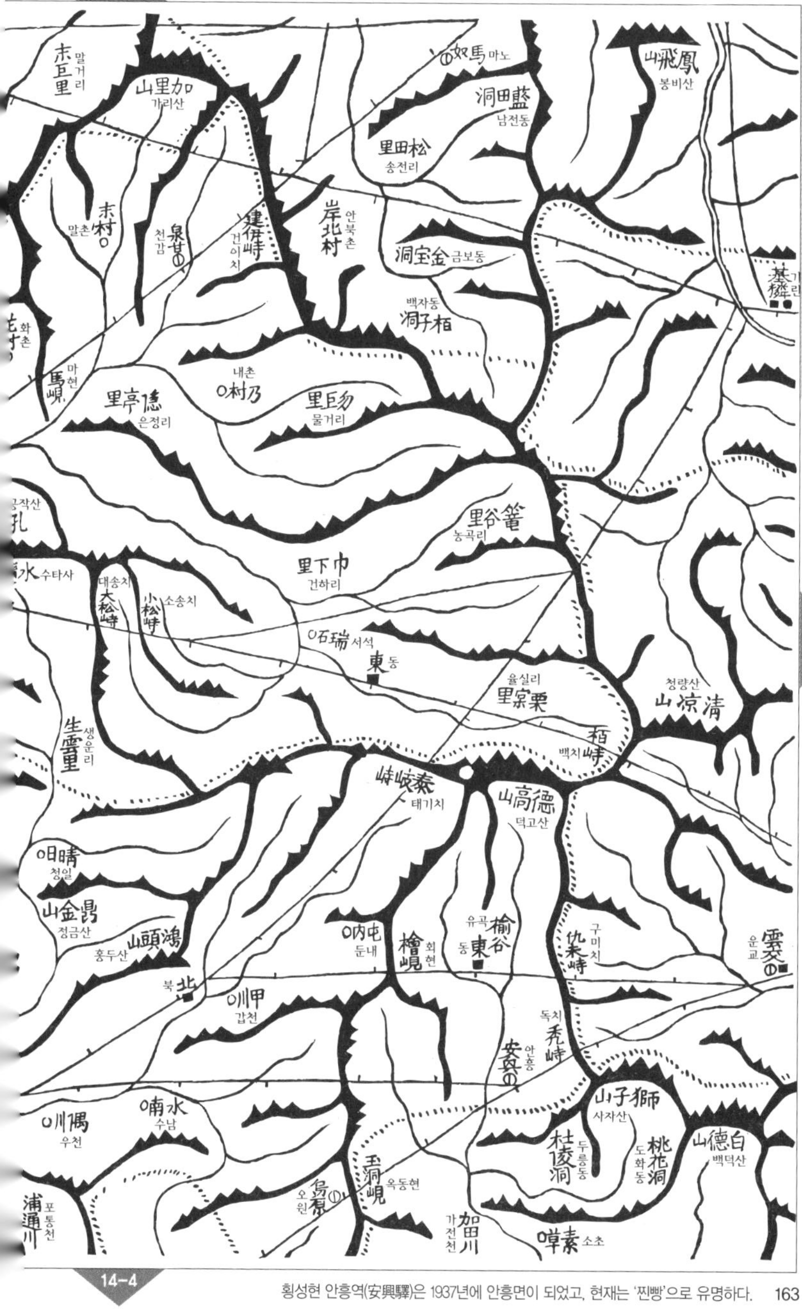

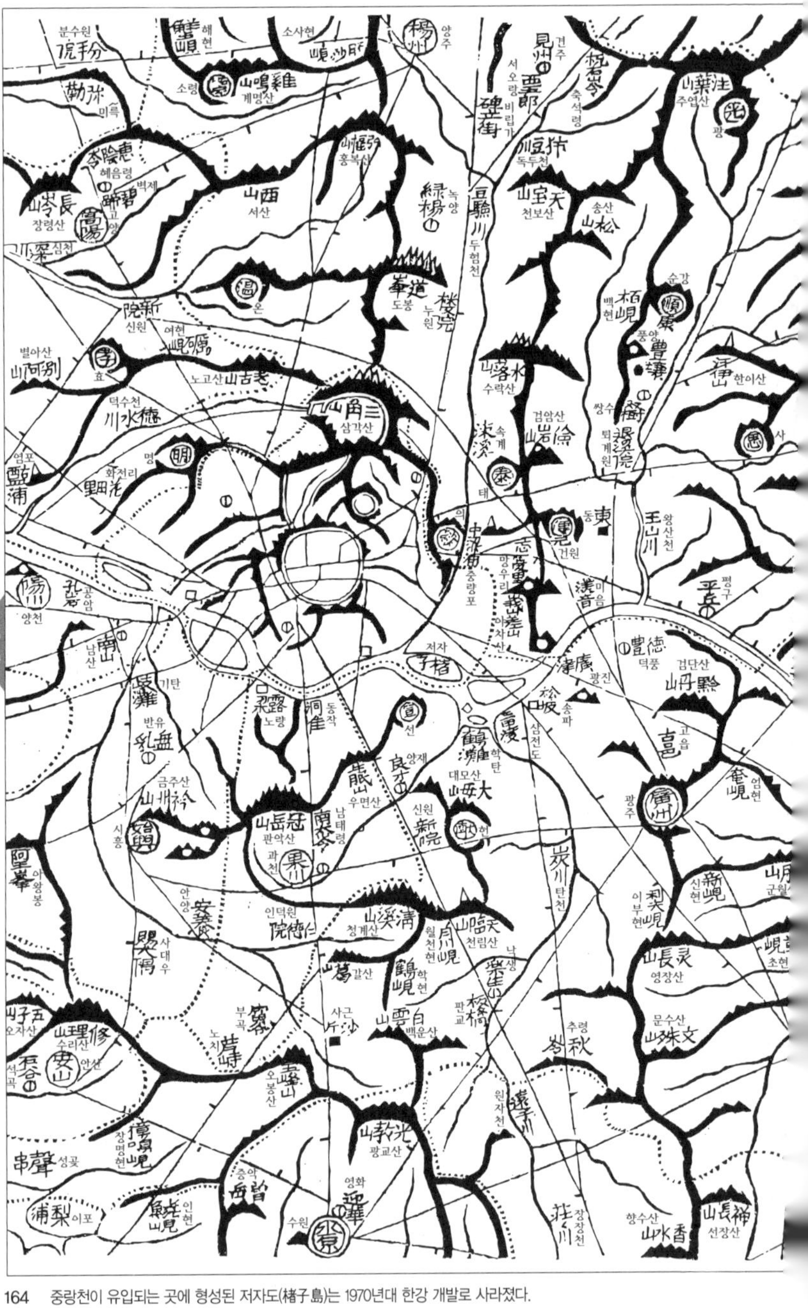

분수원
虎分水

勒林
마륵

海峴
해현

소사현

소령
鳴鶴山
계명산

犢嶺
순陵

楊州
양주

見州
견주

楡岾
松乃
유점
서오랑비리미
석령

山菜注
주석산
光

恩津
은산

峴長
長嶺
장영산
碧蹄
벽제

心川
심천

山西
서산

綠楊
녹양

豆餠川
두병천

恒狛
독우천

山宝天
천보산

山松
송산

栖峴
백현
풍양
興廣

津
한이산

獐
사

院新
신원

峴古山
노고산

소봉

화도
華道
누원

山古老
노고산

山落水
수락산

검암산
山岩儉

栖溪院
퇴계원

山別阿
별아산

孝
효

덕수천
川水德
화천리

山角三
삼각산

末溪
속계
泰

東
동

王山川
왕산천

院

藍浦
염포

田里
화전리

明
명

中涼湖
망우리
충량로

고양리
高里峴山

志
건원

漢音
미음

平
평구

陽川
양천

공암
君子

南山
남산

廣

楮子
저자

津
광진

송파

豊德
덕풍

검단산
山丹黑

乳盤
반유
노량

銅雀
동작
선

良才
양재
대모산
山母大

慶
학탄
鶴

崇
松
삼선도

喜
고

南漢山
판악산
과천
山岳忠

新院
신원

炭川
탄천

竊嶺
雀
군현
山角

山川沸
청계산

熊峴
우면산

院德
인덕원

山溪淸
청계산

峴臨天
천림산

山雲白
백운산

鶴峴
학현

山長灵
영장산

峴文
초현

山理修
수리산

安山
안산

오자산
五五指

曙峴

葛山
갈산

사근
斤

鶴峴

峴梨
이현

文殊山
문수산

추령
岑秋

遠川
원자천

甲華串
성곶

檀鳴山
장명산

烏同山
오동산

浦梨
이포

山兒
인

岳
악

山教光
광교산

隱峴
螺

荘
장수천
水香
선장산
山長神

本京
수원

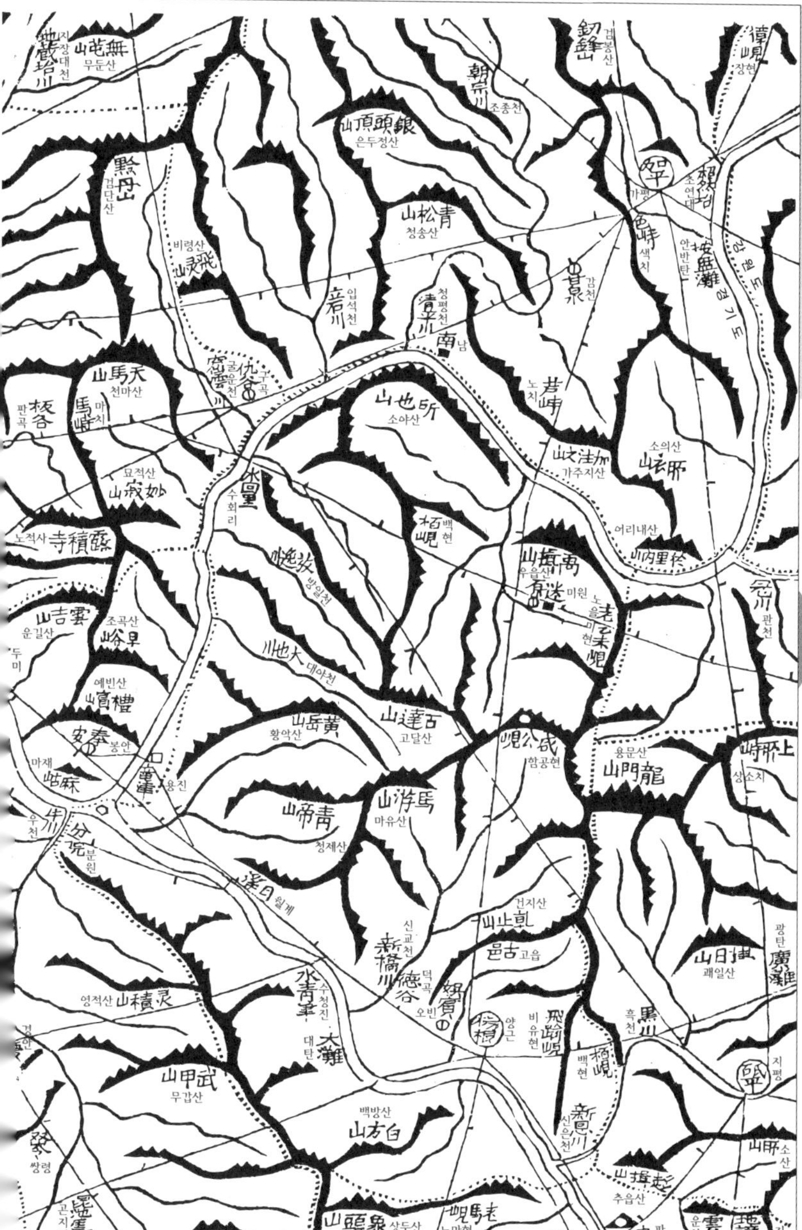

양근분원(楊根分院)은 조선시대 사옹원(司饔院)이 관리하던 왕실용 자기를 굽던 곳이다.　165

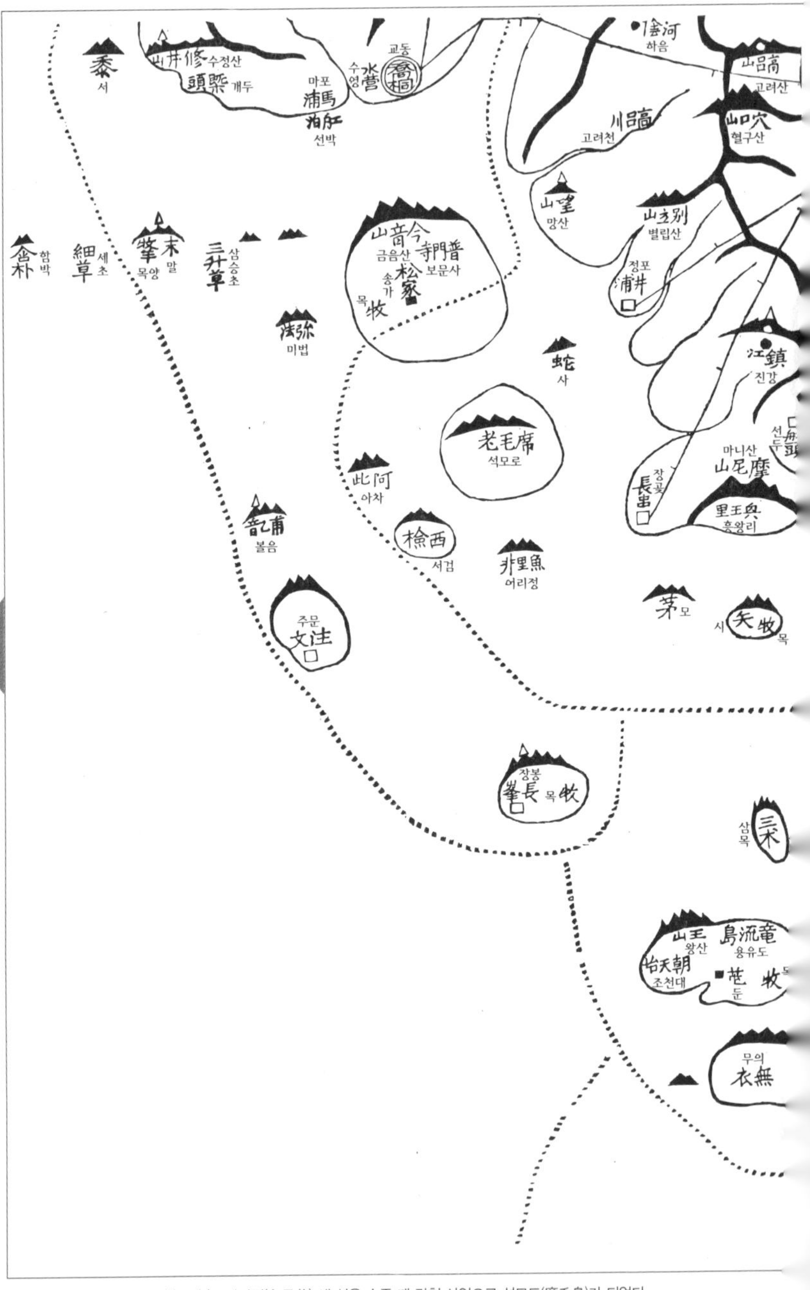

서
委

山井修 수정산
頭紫 개두

마포
浦馬
泊舟 선박

교동
水營
喬桐 수영

河 하음

山呂高 고려산

川呂高
고려천

山口穴 혈구산

山望 망산

山초別 별립산

정포
浦井

舍朴 함박

細草 세초

肇末 목양

三升草 삼승초

三승초

殘弥 미법

山音今 금음산
普門寺 보문사
松家 송가
牧 목

蛇 사

老毛席 석모로

江鎮 진강

선두

山足摩 마니산

長串

里王奥 흥왕리

此阿 아차

檢西 서검

非里魚 어리정

茅 모

矢牧 시 목

볼음
�浦

文注 주문

肇長 장봉
牧 목

三末 삼 목

山王 왕산
岩天朝 조천대

島流竜 용유도

芭牧 둔

衣無 무의

166   송가(松家)·석모로(席毛老)·어리정(魚里井) 세 섬은 숙종 때 간척 사업으로 석모도(席毛島)가 되었다.

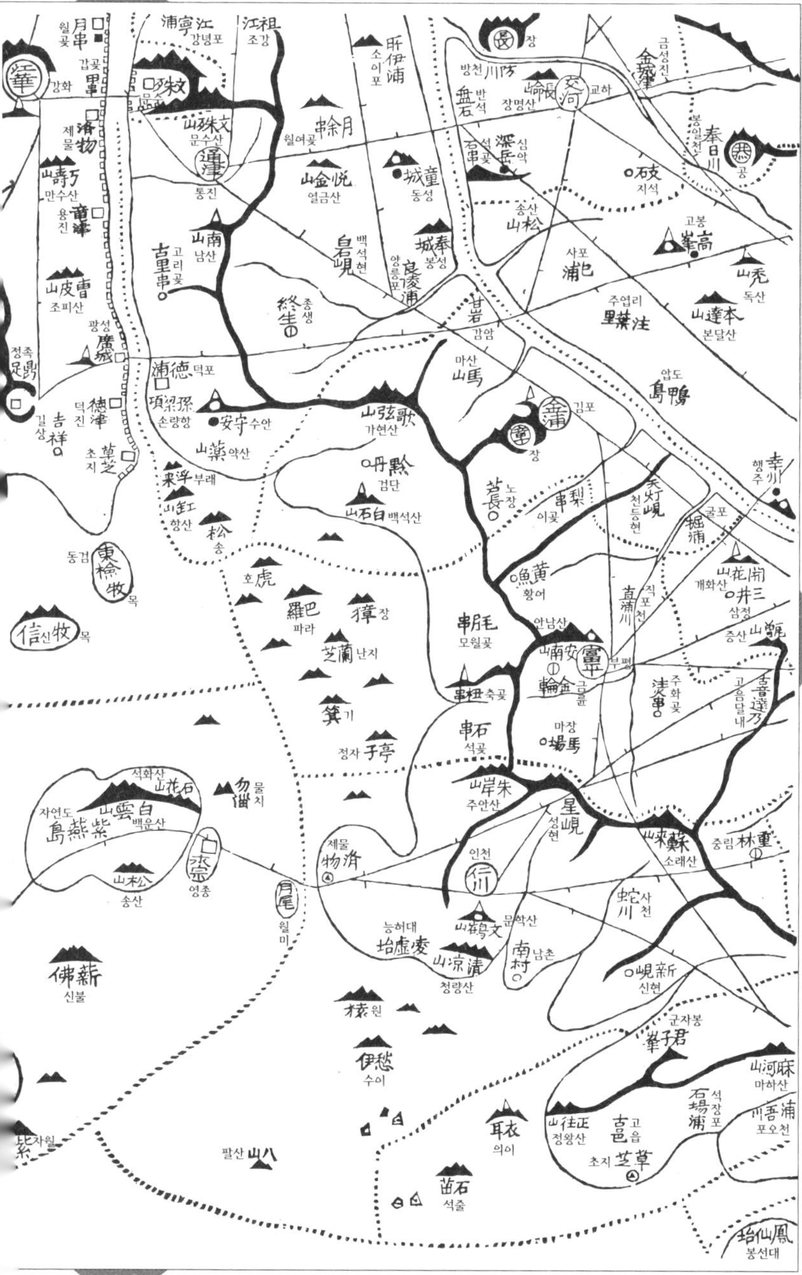

강화도와 통진(通津) 사이의 바다를 '강화해협(江華海峽)' 또는 '염하(鹽河)'라고 부른다.   167

사내서

峙乃沙

모로초(毛老草)는 우도(隅島)이고, 함박서(含朴嶼)는 함박도(咸朴島)이다.

산연평도(山延平島)는 산봉우리가 항해하는 선박의 표적이 되었다고 하여 붙여진 이름이다.   169

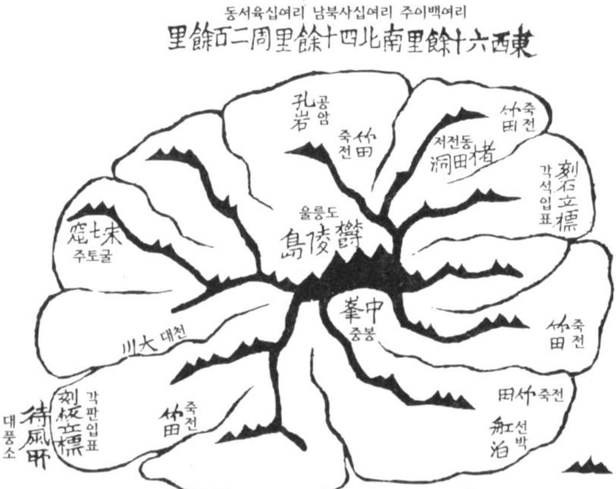

동서육십여리 남북사십여리 주이백여리

東西六十餘里 南北四十餘里 周二百餘里

孔岩 공암

竹田 죽전

竹田 죽전

洞田楮 저전동

刻石立標 각석입표

窟土宋 주토굴

島陵鬱 울릉도

中峯 중봉

竹田 죽전

大川 대천

田竹 죽전

紅泊 선박

刻板立標 각판입표

待風所 대풍소

竹田 죽전

각석입표(刻石立標)와 각판입표(刻板立標)는 울릉도를 순찰한 수토사들이 남긴 표지이다.

이도삼거불원 풍일청명 즉가망견
�望可則明清日風遠不去相島二

우산
山于

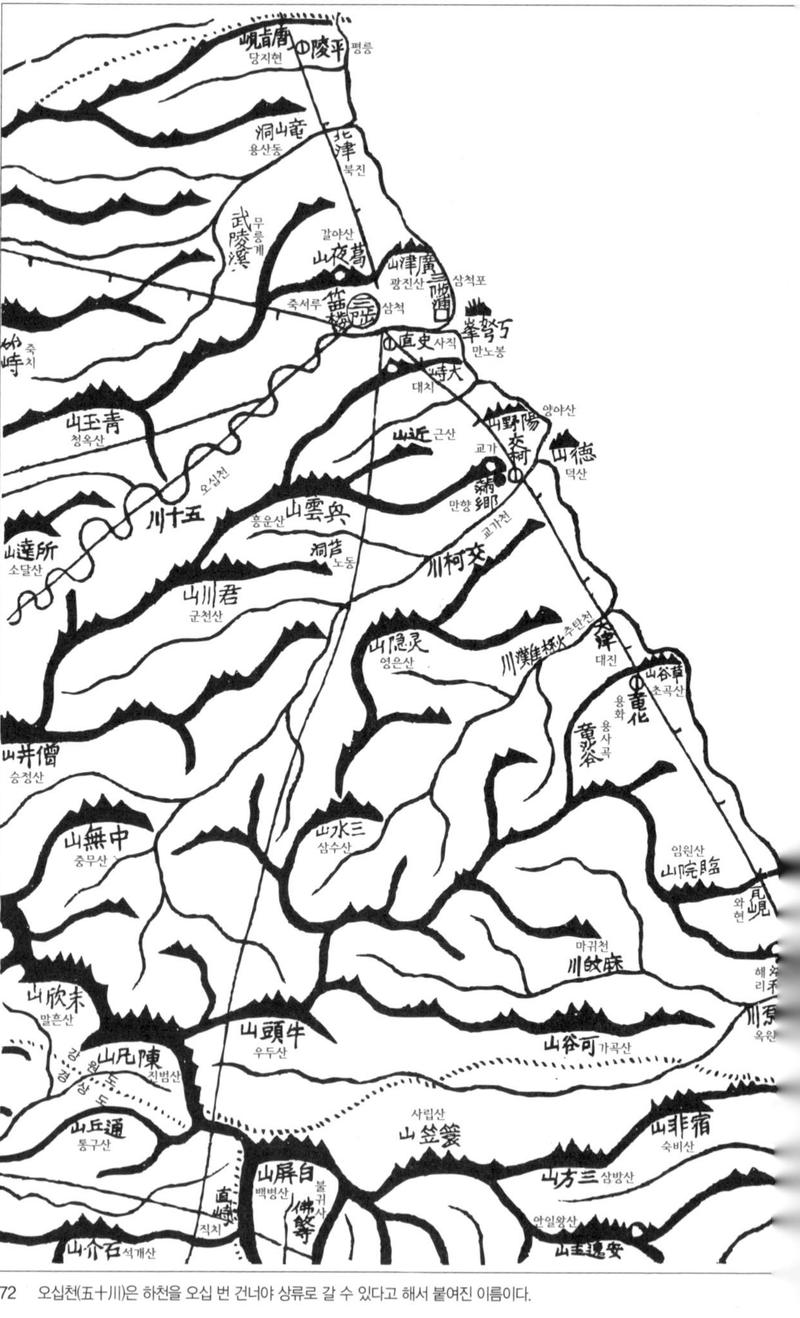

峴直唐 당직현 陵平 평릉
洞山竜 용산동
津北 북진
武陵溪 무릉계 갈야산 山夜葛 山津廣 광진산 삼척포
죽서루 黃 삼척 峯聲万 만노봉
竹峙 죽치 直史 사직
始峙 시치 時大 대치
山玉青 청옥산 山近 근산 山野陽 양야산
川十五 오십천 山雲興 흥운산 交衙鄕 山惠 덕산
오십천 洞岩 노동 만향정 교가천
山達所 소달산 川柯交 교가천
山川君 군천산 山隱灵 영은산 大津 대진
川濮佳沐 초탄천
山井僧 승정산 山谷草 초곡산 竜化
竜谷 용사곡 용화
山無中 중무산 山水三 삼수산
임원산 山院臨 임원리
峴 와현
해리
川 옥원
마귀천 川紋麻
山欣未 말흔산
山凡陳 진범산 山頭牛 우두산 山谷可 가곡산
山丘通 통구산 사립산 山笠簑 山非宿 숙비산
直峴 직치 山屏白 백병산 불거사 山方三 삼방산
山介石 석개산 佛等 山王遠安 안일왕산

172　오십천(五十川)은 하천을 오십 번 건너야 상류로 갈 수 있다고 해서 붙여진 이름이다.

죽서루(竹西樓)는 관동팔경의 하나로 조선 태종 때 삼척부사 김효손(金孝孫)이 중건하였다.

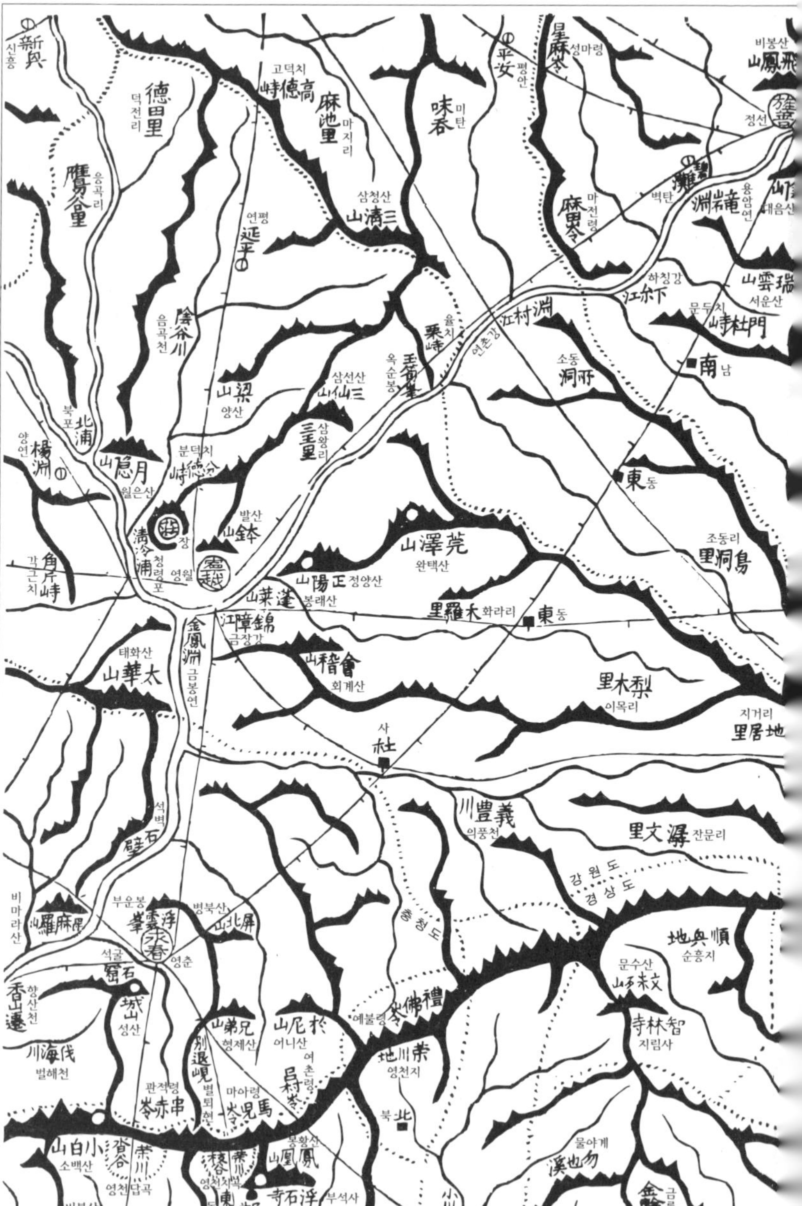

14-4

청령포(淸泠浦)는 1457년 세조에 의해 노산군(魯山君)으로 강봉된 단종이 유배된 곳이다.

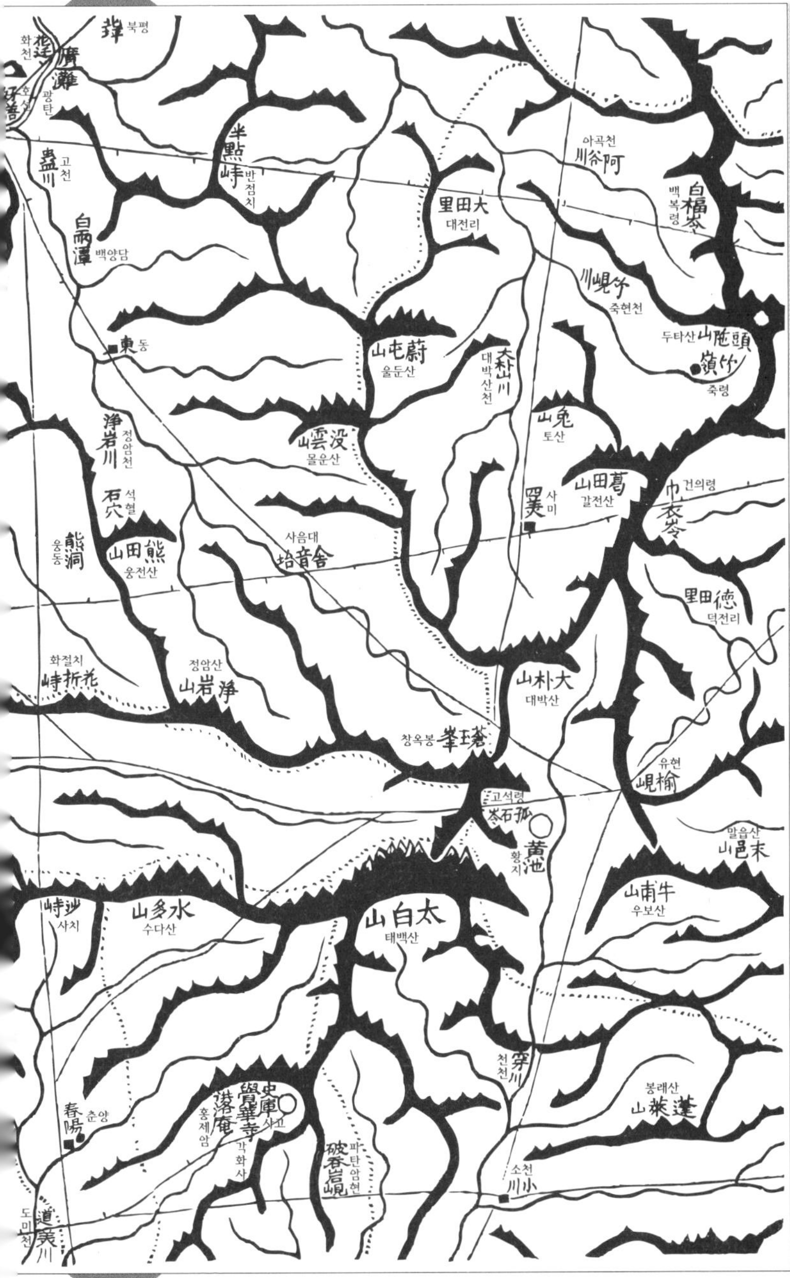

韓
북평

廣灘
광탄

花梁
화천
環城

盛川
고천

半點峙
반점치

白鳩潭
백양담

阿谷川
아곡천

白楮嶺
백복령

竹峴川
죽현천

大田里
대전리

東
동

淨岩川
정암천

蔚屯山
울둔산

森山川
대박산천

竹嶺頭山
두타산
죽령

두타산

兎山
토산

浄岩川
정암천

石穴
석혈

山田熊
웅전산

没雲山
몰운산

사음대
洽音舍

山田葛
갈전산

沙未
사미

巾衣嶺
건의령

熊洞
웅동

德田里
덕전리

花折峙
화절치

浄岩山
정암산

大朴山
대백산

창옥봉
峯玉蒼

榆峴
유현

沙峙
사치

水多山
수다산

太白山
태백산

泰石孤
고석령

黃池
황지

牛甫山
우보산

末邑山
말음산

春陽
춘양

史庫
홍제암

覺華寺
각화사

破香嶺
파탄암령

孕川
천천

蓮荷山
봉래산

小川
소천

道溪川
도마계천

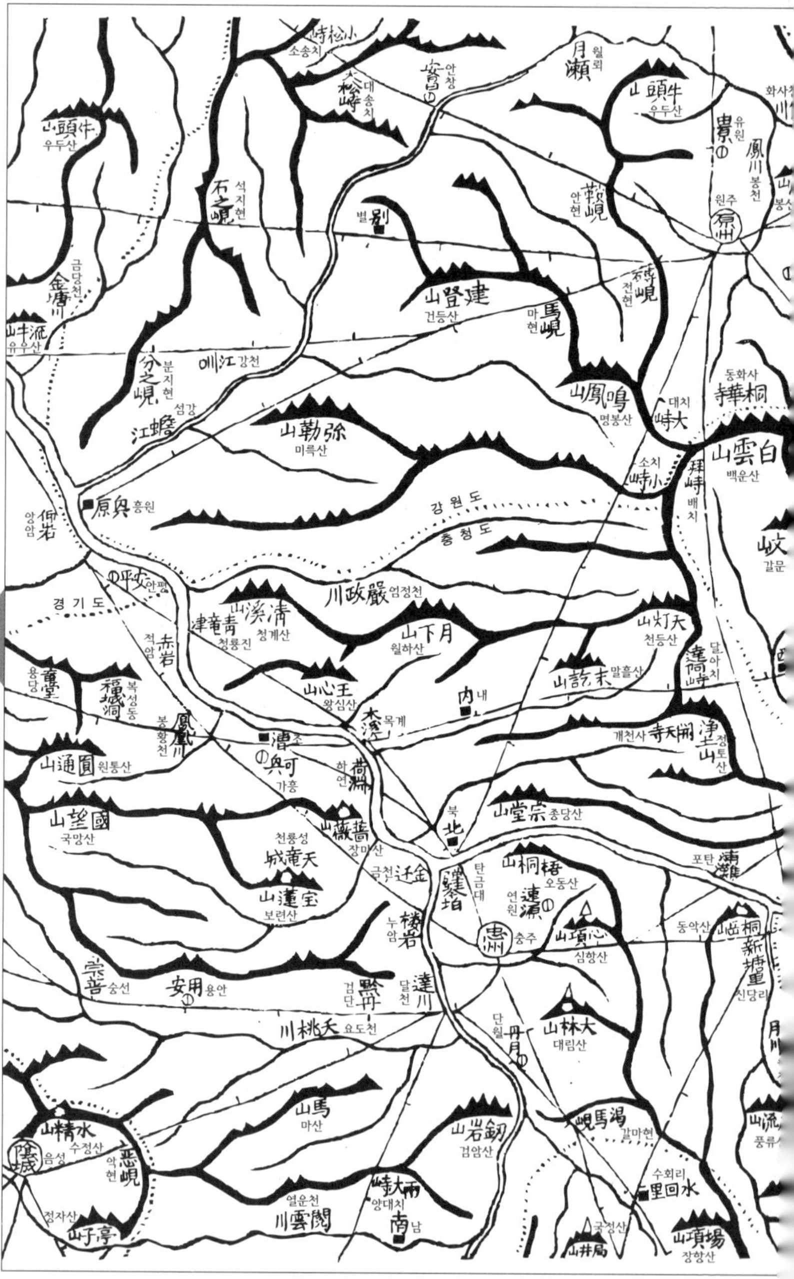

176　남한강, 섬강 합수 지점에 있는 흥원(興原)창은 영서 지방의 세곡을 운송하던 곳이다.

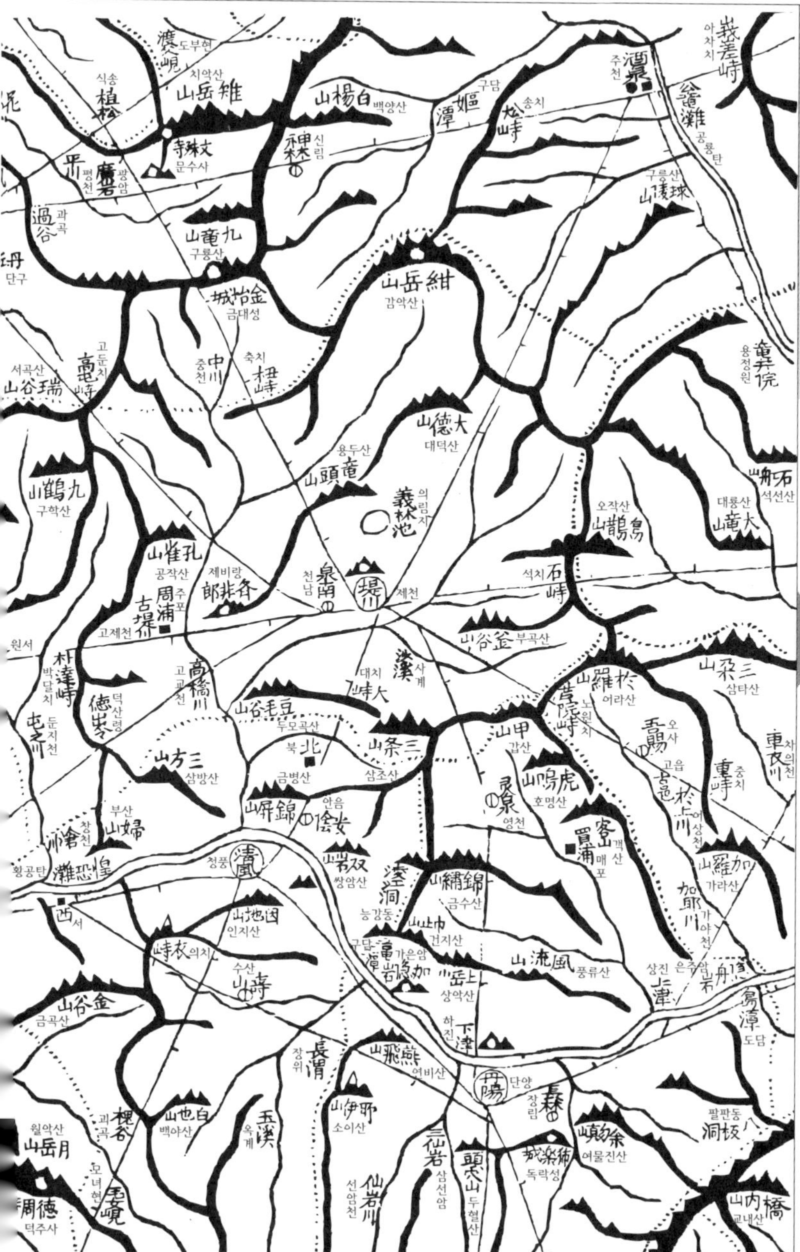

의림지(義林池)는 삼한시대의 저수지로, 충청도 지방 별칭인 '호서(湖西)'가 유래된 곳이다.　177

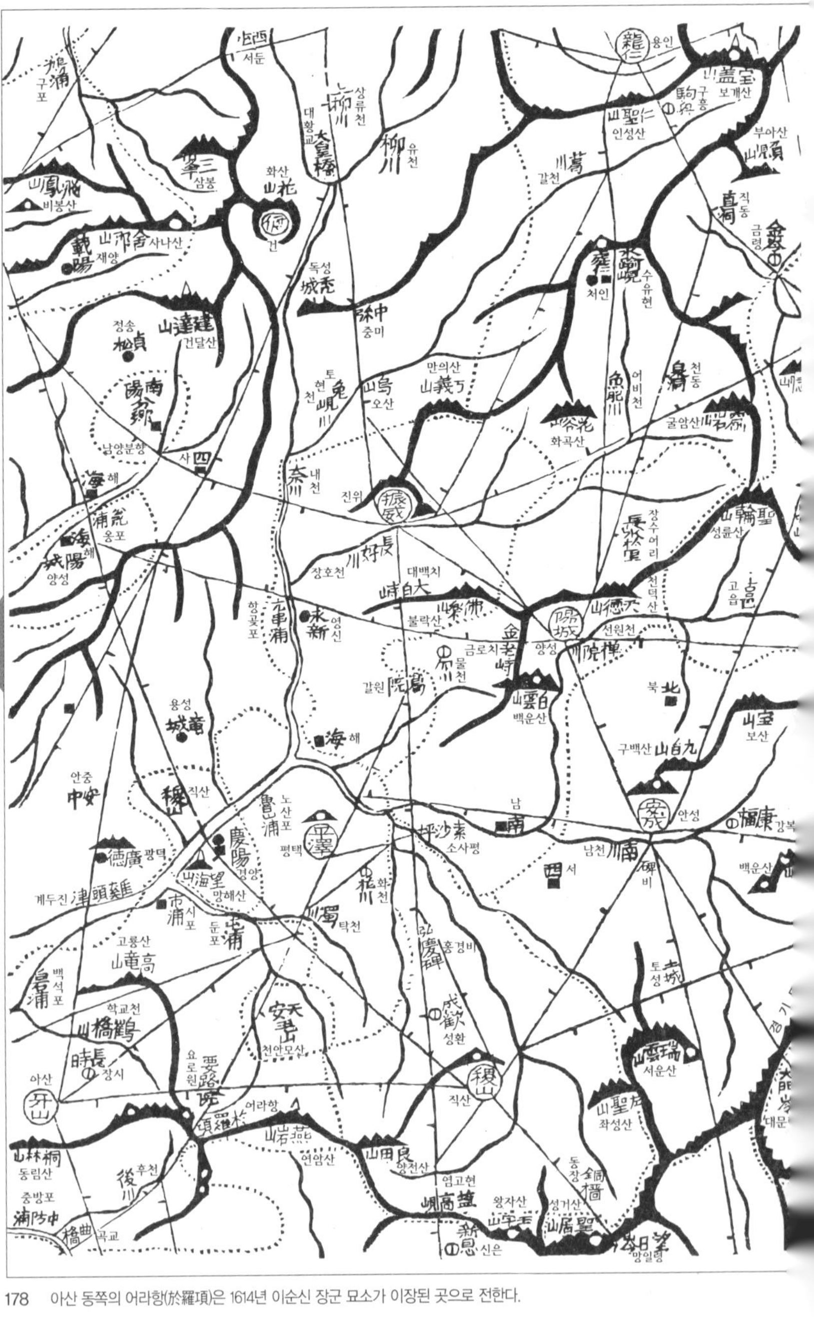

아산 동쪽의 어라항(於羅項)은 1614년 이순신 장군 묘소가 이장된 곳으로 전한다.

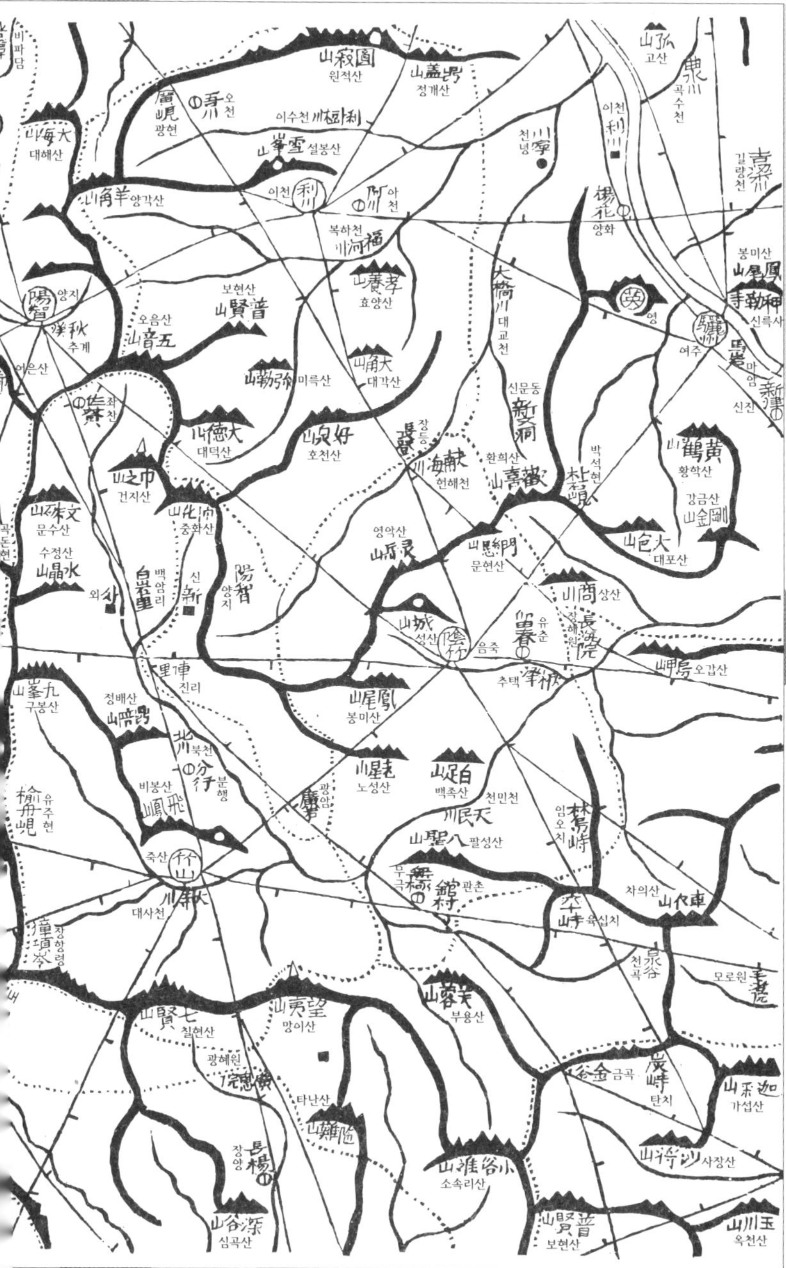

山寃圓 원적산
山盖吾 정개산
山孙 고산
屛峴 병현
오천 ①川五
川四利 이수천
山峯雪 설봉산
川寧 천녕
利 이천
①川阿 아천
川河福 복하천
①華 양화
山角羊 양각산
①陽智 양지
溪秋 추계
오음산
山音五 오음산
山賢普 보현산
山考養 효양산
大橋川 대교천
山鳳飛 봉미산 寺勒神 신륵사
驪 여주
麻巖 新
新川 신천
山勒弥 미륵산
山角大 대각산
新洞 신문동
山鶴黃 황학산
강금산 山金剛 강금산
山海大 대해산
①竹 죽화천
山德大 대덕산
山好狐 호산
川海獻 헌해천
환희산
山喜歡 환희산
川商 상산
山倉大 대포산
山巾之 건지산
山化中 중화산
陽智 양지
영역산
山嶽靈 문현산
川長 장원
院長 장원
山角烏 오각산
山文本 문수산
수정산
山水晶 수정산
①新 신암리
백암리
山城 석성산
陰竹 음죽
車里 진리
山鳳尾 봉미산
羊州川 추택천
山峯九 구봉산
山陰陰
정배산
州北川 북천
山分飛 비봉산
비봉산
山喜老 노성산
山足白 백족산
천민천
川民天 천민천
임오리
林葛峙
榆舟峴 유주현
廣 광주
죽산 竹
川釜大 대사천
山星八 팔성산
무극
鎭 판촌
山代車 차의산
卒峴 육십치
車峴 육십치
泉水谷 천수곡
毛老院 모로원
山賢七 칠현산
칠현산
山夷望 망이산
山笒芙 부용산
金谷 금곡
炭峙 탄치
山迦加 가섭산
院惠光 광혜원
난탄천
山難陁
山楊長 장양
小俗谷山 소속리산
山賢普 보현산
山沙長 사장산
山川玉 옥천산
山谷深 심곡산

칠현산(七賢山)은 한남금북정맥의 끝 지점이고, 한남정맥과 금북정맥이 시작되는 곳이다.   179

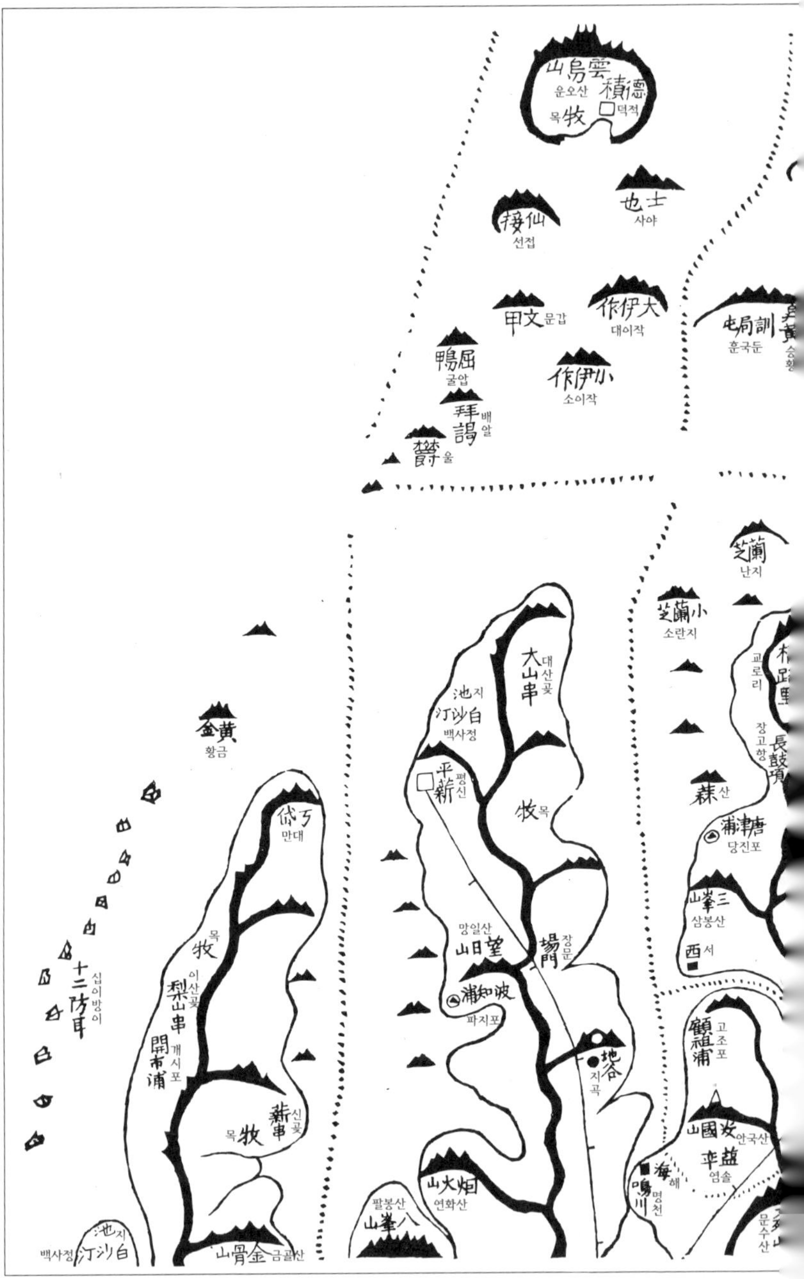

山島雲積德
운오산
牧 목
□덕적

也士
사아

接仙
선접

甲文
문갑

作伊大
대이작

屯局訓
훈국둔

鴨屈
굴압

作伊小
소이작

拜謁
배알

蔘
울

芝蘭
난지

芝蘭小
소란지

金黃
황금

木[?]里
교로리

大山串
대산곶

長鼓項
장고항

池沙白
백사정

蔘
삼산

伐万
만대

平新
평신

牧목

浦[?]唐
당진포

山峯三
삼봉산

牧목

山日望
망일산

場門
장문

西서

梨山串
이산곶

浦知波
파지포

開布浦
깨시포

谷
지곡

鎭浦禧
고조포

十二防耳
십이방이

新串
신곶

牧목

山國安
안국산

海
해

辛盬
염솔

池沙白
백사정

山火炬
연화산

山峯八
팔봉산

山骨金
금골산

180　십이방이(十二防耳)는 섬들이 바다에 떠 있는 병선(兵船)처럼 보여 오랑캐를 막아 냈다고 한다.

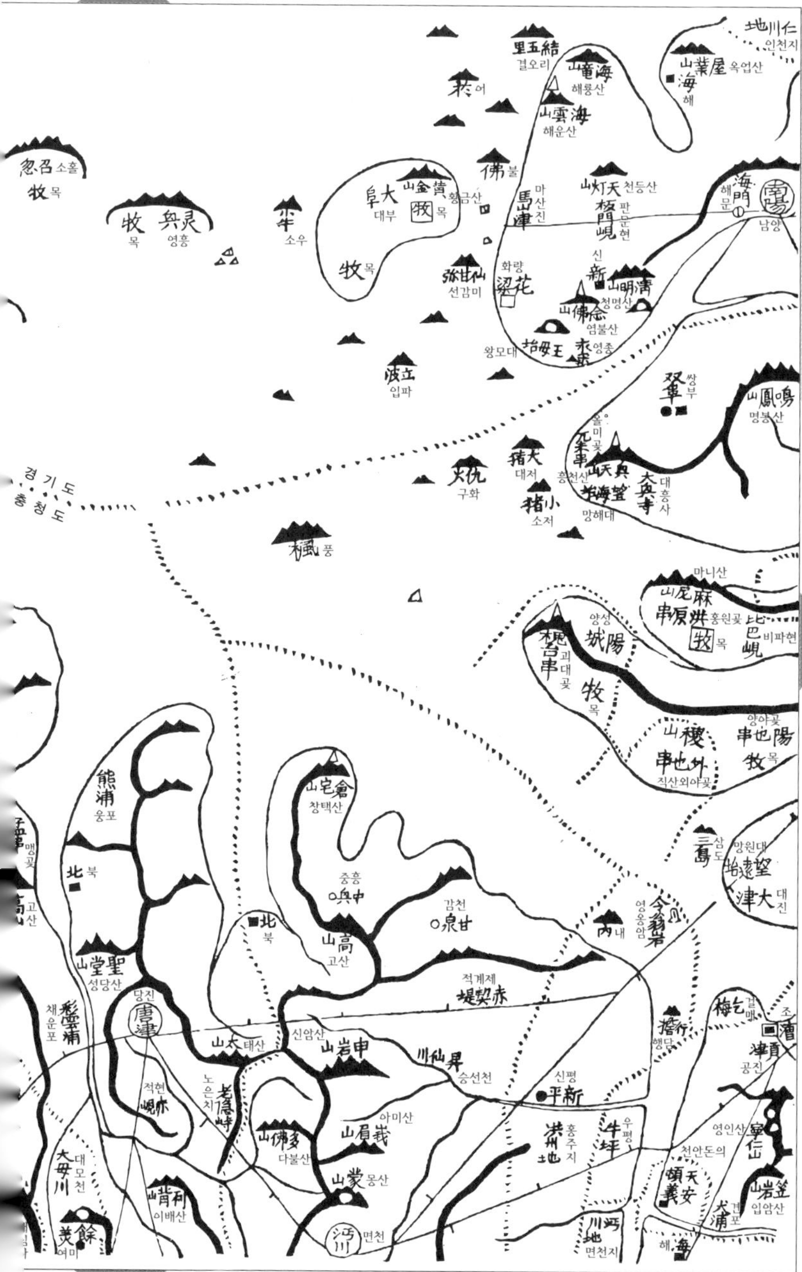

아산만의 영옹암(令翁岩)은 높이가 1백 척으로, 마치 수군을 지휘하는 장군의 모습처럼 보인다.   181

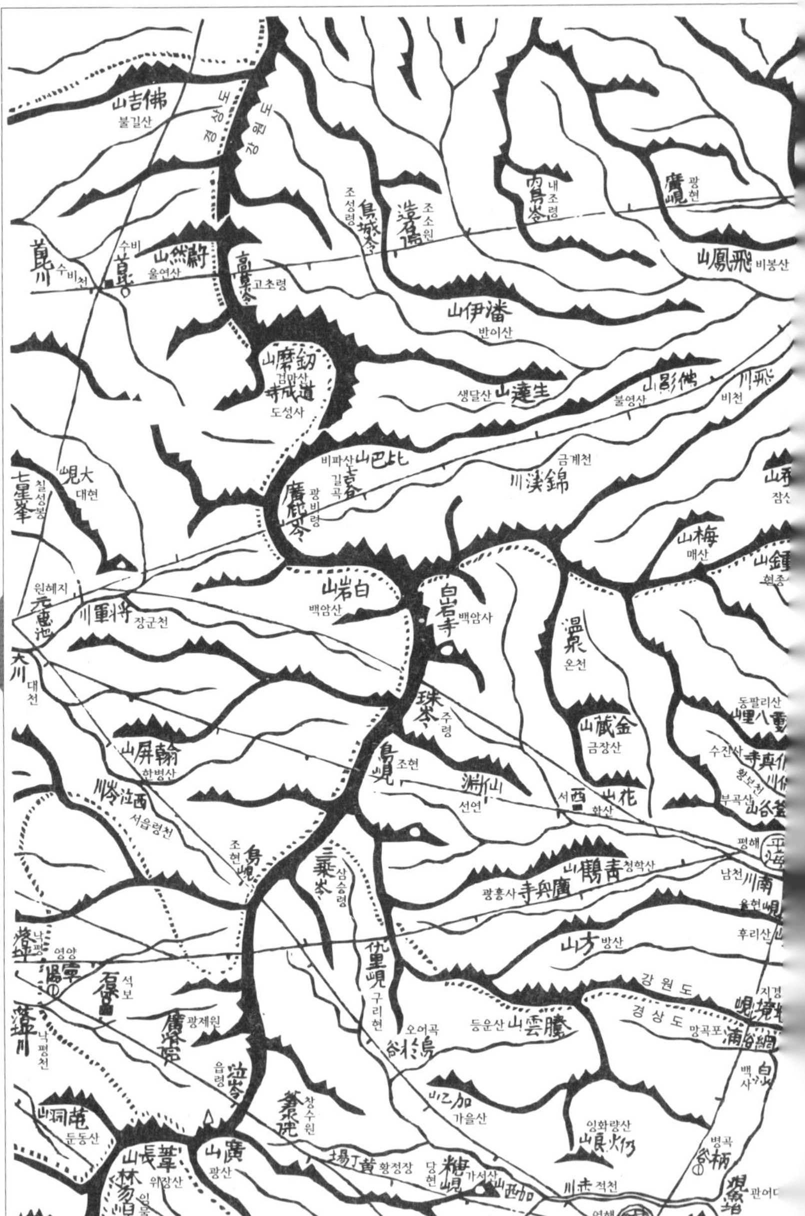

山吉佛
불길산

山然蔚
울연산

萬川
수비 수비천

高英山
고초령

烏城峴
조성령

조소원
내조원

鳥石
造石

廣峴
광현내

山鳳飛
비봉산

山伊潘
반어산

山劫
釜磨
도성사

생달산 山達生
불연산

山影佛
비전

川飛
비천

七星峯
칠성봉

峴大
대현

比巴山
비파산
길의

廣
庇
광비장

금계천

川溪錦
금계천

山秀
장산

山梅
매산

山鍾
혁촌

山岩白
백암산

皂
岩寺
백암사

溫泉
온천

원혜지
元竜池

川軍將
장군천

珠
주령

東八里山
里八東

大川
대천

山屛翰
학병사

島峴
조현

山蔵金
금장산

수진사
水津寺

寺興佛
불흥사

부곡포
부곡령
山谷釜

川冷注西
서유령천

서읍령

淵山
선연

山花
화산

평해
平海

三�〭本
삼승령

烏峴
조현

山鶴青
청학산
팽흥사 寺廣
팽흥사

南川川
남천
율현峴

九里峴
구리현

山方
방산

후리산

石堡
석보

廣濟院
광제원

오여곡

읍령

山雲騰
등운산
망곡포

강원도
경상도

峴境
지경

南谷浦

落川
낙평천

送3烏

낙
평
당

茶
장수원

川加
가을산

백
사

山洞屯
둔동산

山廣
광산

場丁黃
황정장
당현
가시산

잎화랑산
山良炤

병
조
参柄紫
판어도

山長葦
위장산
林易峴
이을현

山糖
峴
가실산

川赤箭
적전천

영해
寧海

山明明
명월산

묘곡천 川谷猫

山海東
동해산

　　울연산(蔚然山) – 백암산(白岩山) – 위장산(葦長山)으로 이어지는 산줄기는 낙동정맥이다.

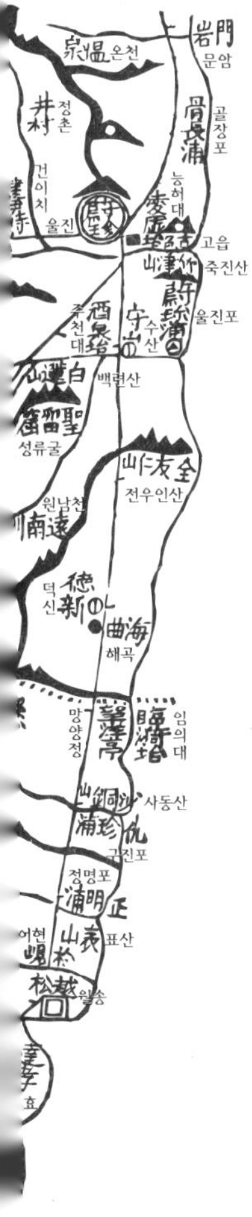

岩門 문암
泉溫 온천
井村 정촌
건어지
書界行 울진
骨長浦 골장포
陵虛代 능허대
울진
鰉珍浦
山 고읍
죽진산
酉泉 대치
守山 울진포
白雷 백령산
성류굴
山仁友全 전우인산
順遠 인남천
德新山 덕신
曲海 해곡
望洋亭 망양정
임의대
臨溟塲
山銅 사동산
浦珍 강진포
浦明正 정명포
山表 표산
峴松越 월송
어현 孝

울진(蔚珍)은 조선시대에는 강원도에 속했다가 1963년 경상북도 관할이 되었다.　183

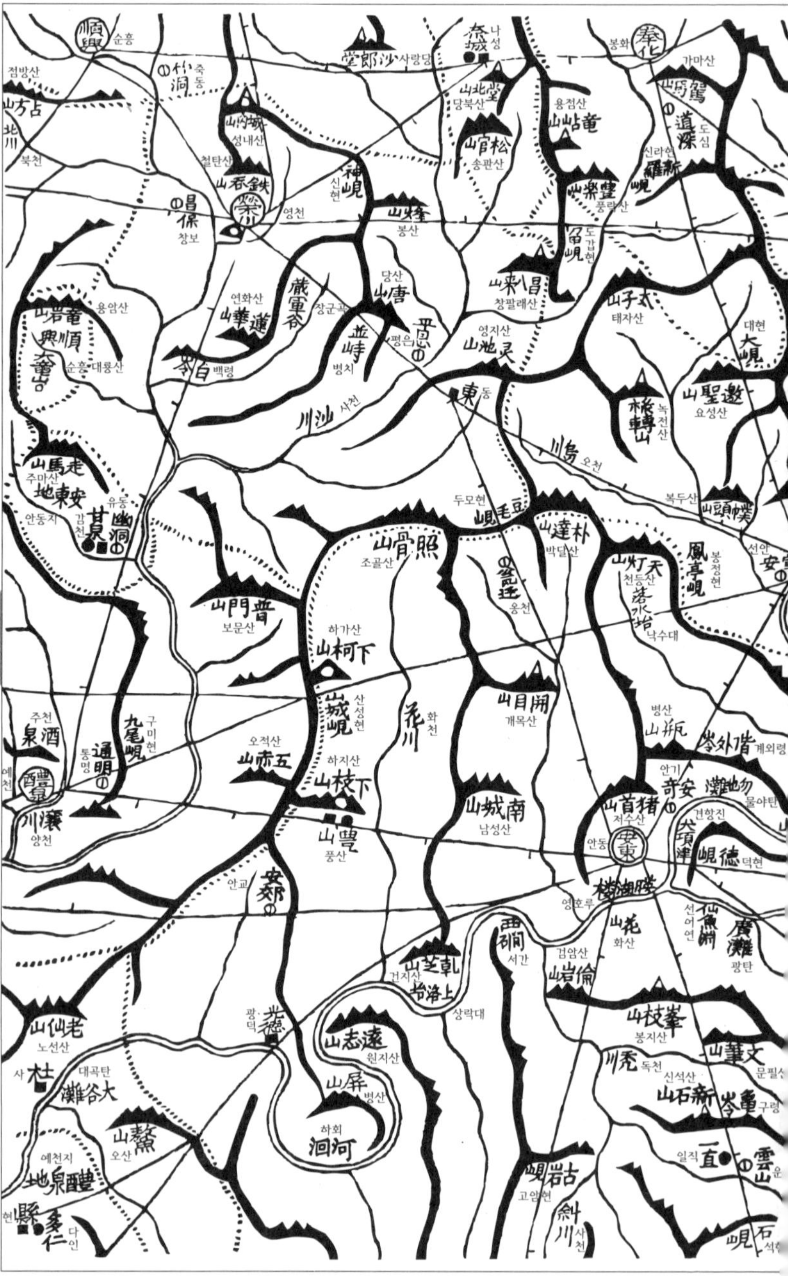

안동의 견항진(犬項津)은 조선시대 하운(河運)의 중심지로, '개목나루'라고 불렸다.

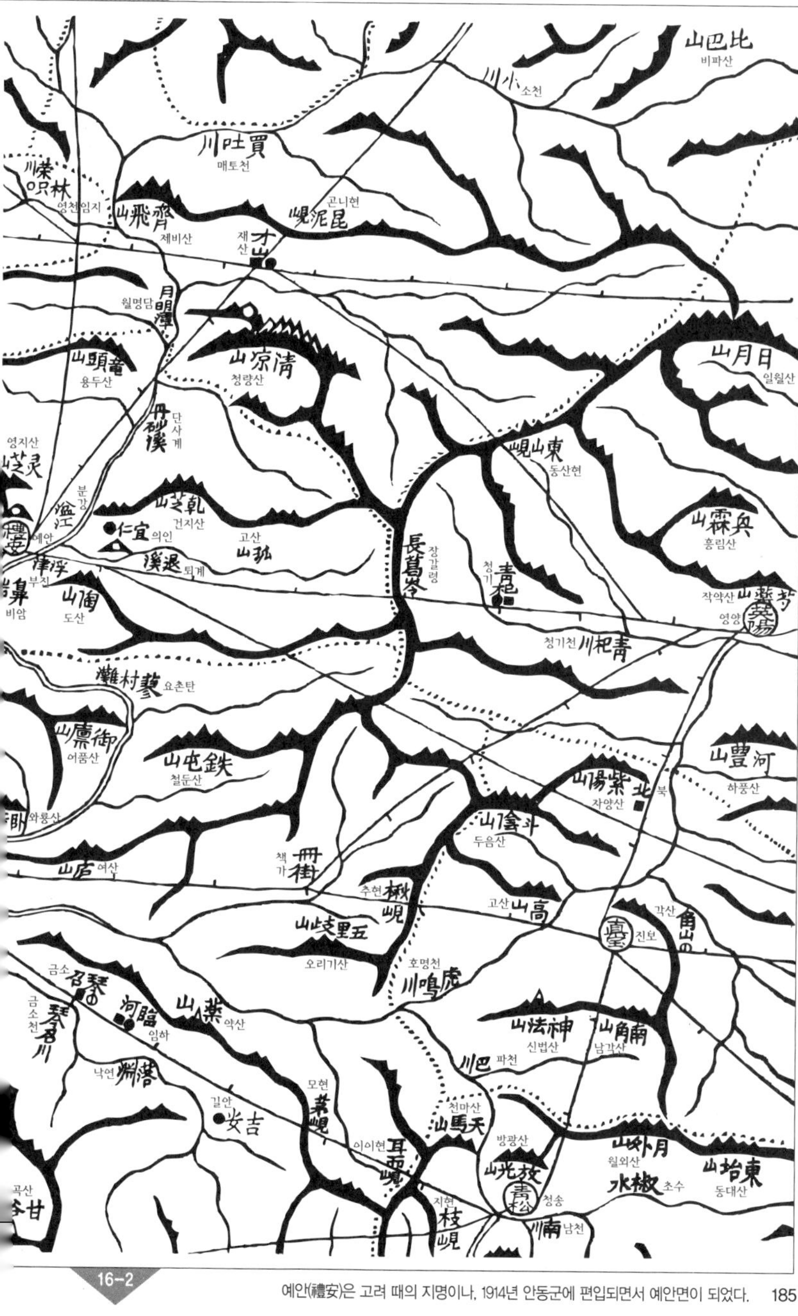

山巴比 비파산

川小 소천

川土買 매토천

峴泥昆 곤니현

재산

川榮只林 연체임지

山飛霅 제비산

月明潭 월명담

山頭龍 용두산

山凉淸 청량산

山月日 일월산

砂溪 단사계

峴山東 동산현

영지산

溢江 예안

乾芝山 건지산

仁宜 의인

山孤 고산

溪退 퇴계

長葛令 장갈령

青 청기

山霖興 흥림산

山芍藥 작약산 영양

津浮 부진

山陶 도산

川祀青 청기천 청기천

비암

灘村蝥 요촌탄

山豊河 하풍산

山鷹御 어응산

山屯鐵 철둔산

山紫北 자양산 북

山廬 여산

山숨斗 두음산

冊街 책가

山高 고산

臺 각산 진로

峴楸 추현

山走里五 오리기산

川鳴虎 호명천 호명천

召琴 금소

河臨 임하

山紫 약산

山法神 신법산

山角南 남각산

금소천

川澄琴 금양

川惜洛 낙연

峴茅 모현

川巴 파천

天馬山 방광산 청송 천마산

月外山 월외산

山外月

山岾東 동대산

峴耳 이이현

安吉 길안

光孝 청송 광효

水椒 초수

고산 �甘 甘

枝峴 지현

川南 남천

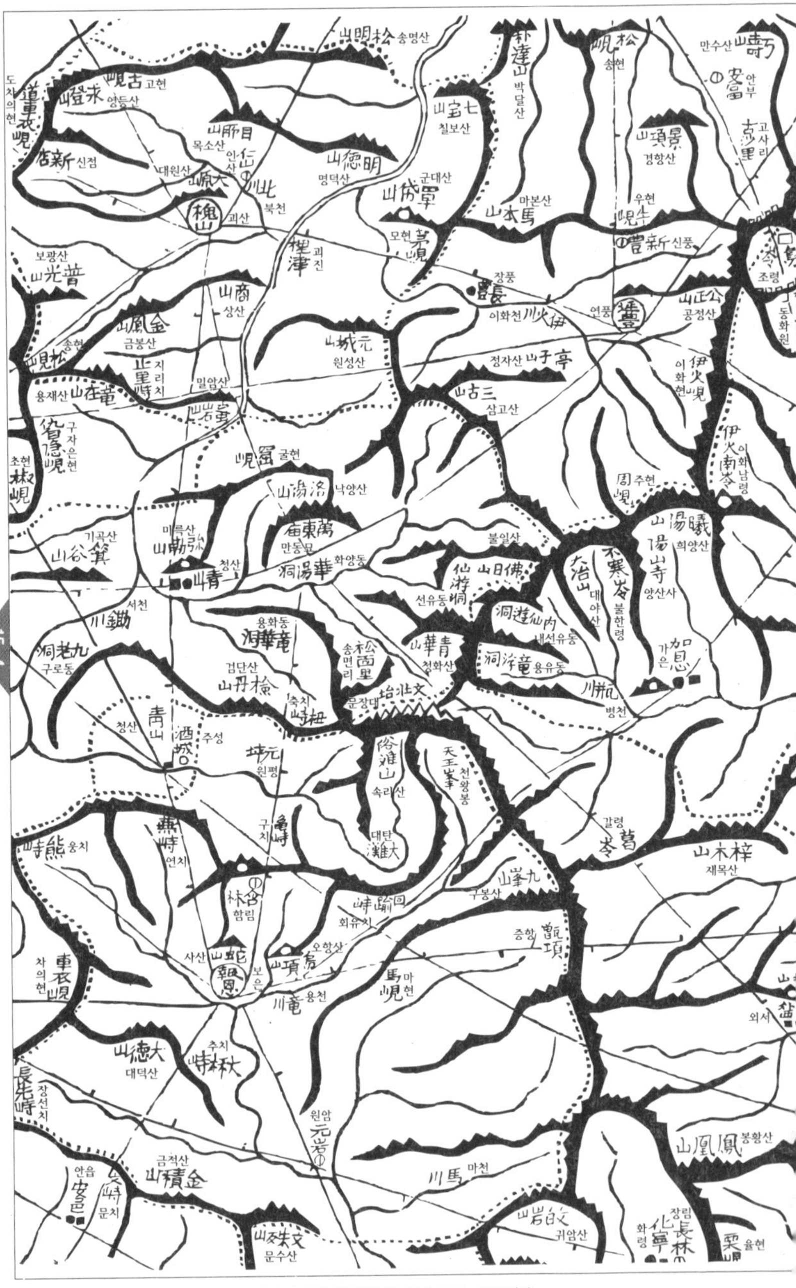

희양산 양산사(陽山寺)는 옛 문헌에 따라 봉암사(鳳巖寺)를 달리 부르는 이름이다.

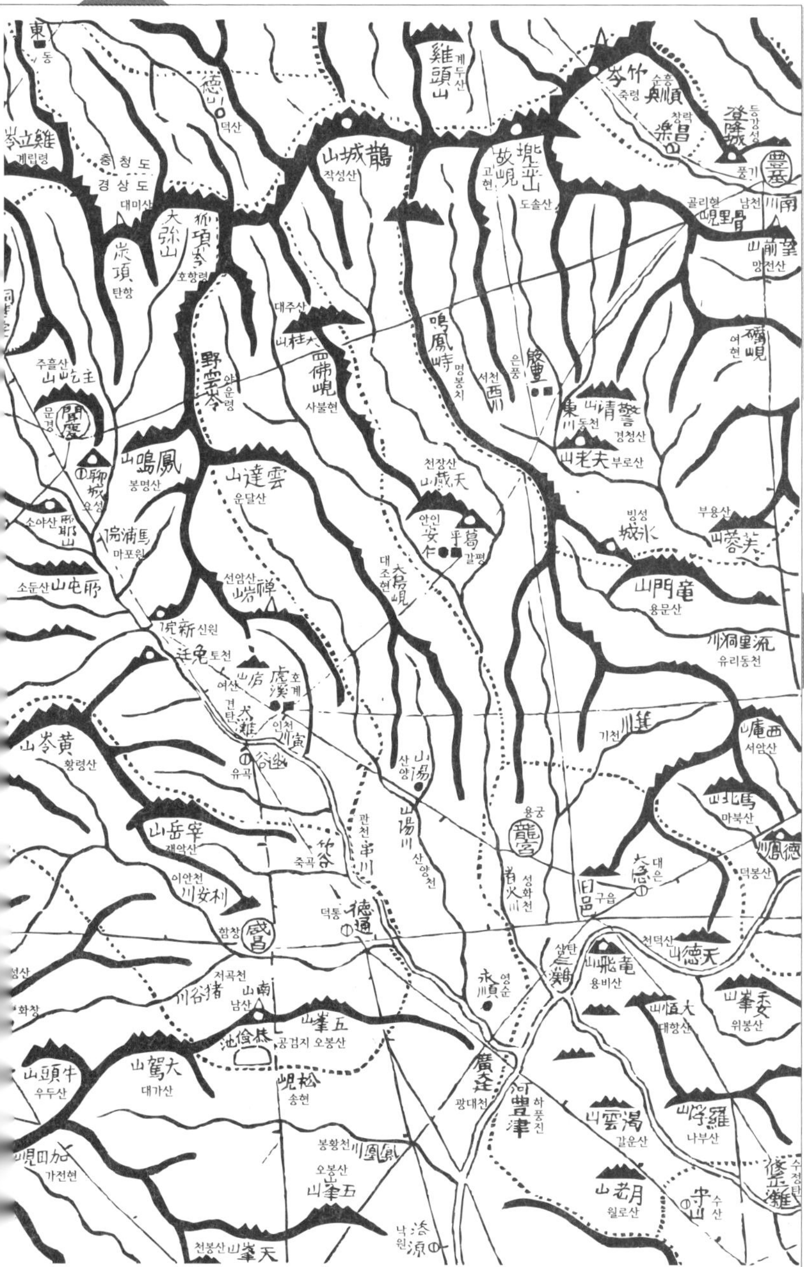

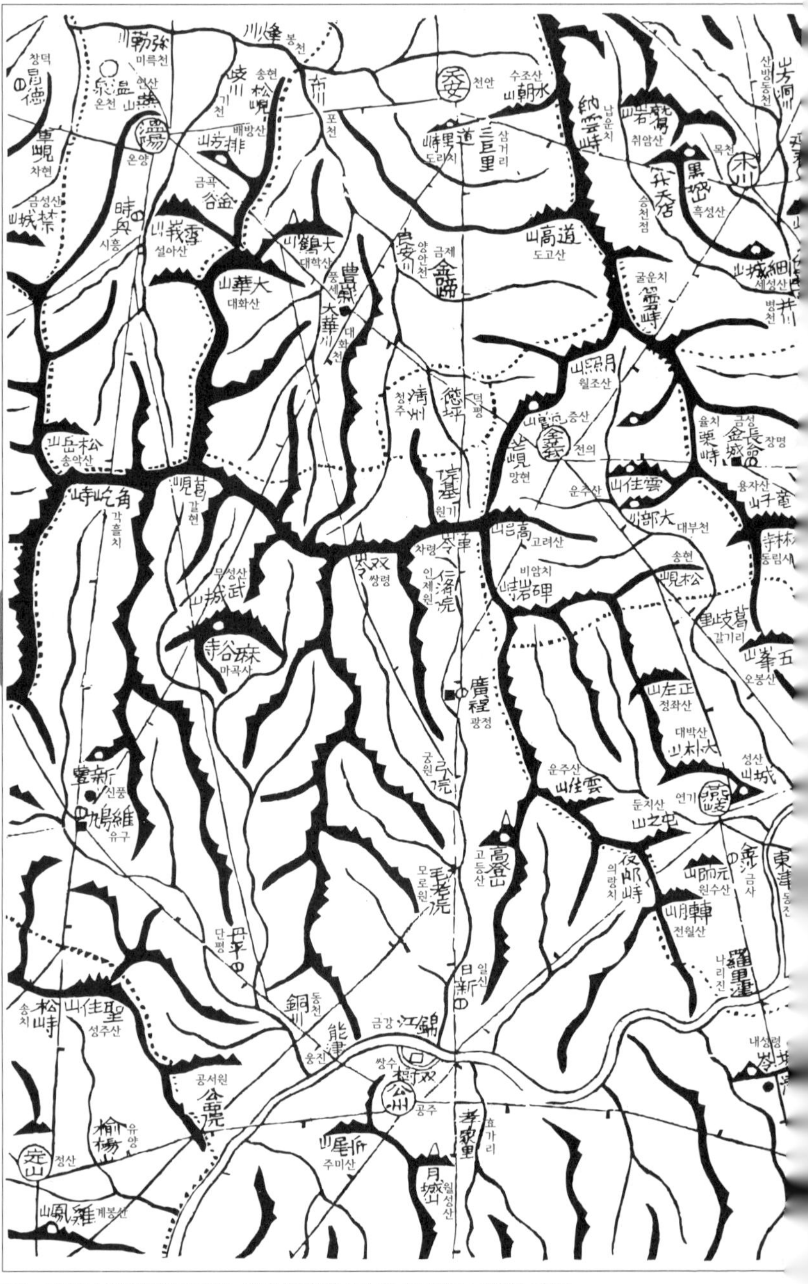

공주 쌍수성(雙樹城)은 백제 때는 '웅진성(熊津城)', 고려 때는 '공산성(公山城)'이라 불렸다.

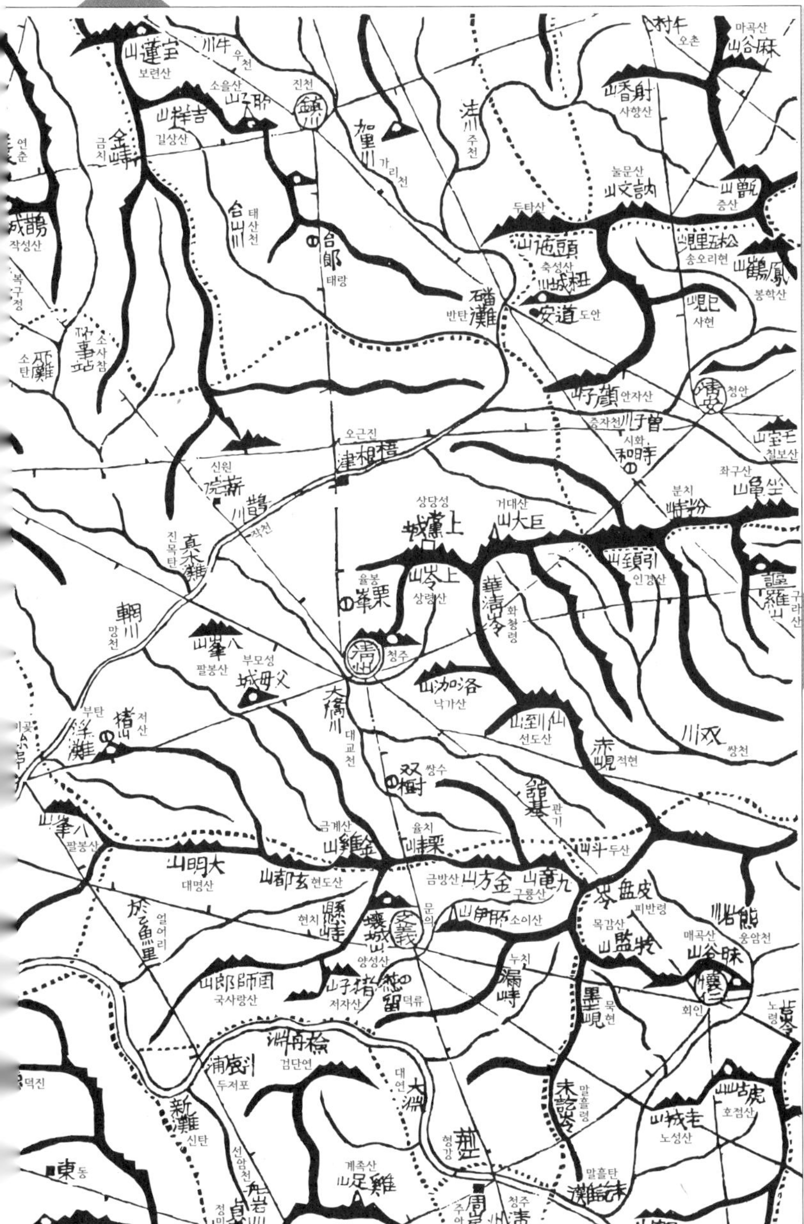

상당성(上黨城)은 백제 때 토성이었으나, 조선 숙종 때 석성으로 개축되었다.

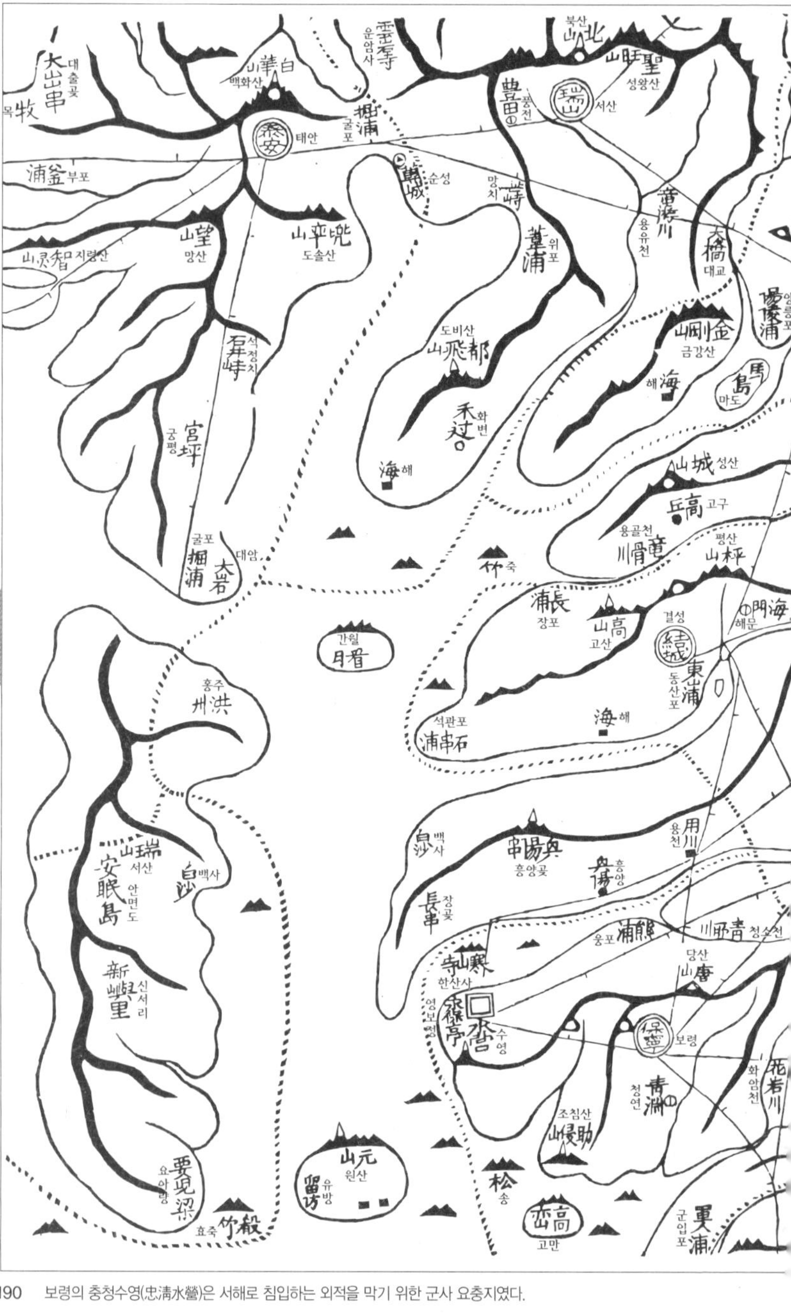

大出串 대출곶
牧 목

浦釜 부포

山望 망산

山靈智 지령산

大山串

白華山 백화산
雲巖寺 운암사

泰安 태안

汩浦 굴포

山平兜 도솔산

石峴 석정치

宮坪 궁평

掘浦 굴포
大弗 대불

豊田 풍전
서산

北山 북산
聖眼山 성왕산

城 순성
망치
崎 위포
葦浦

黃浦川
용유천

大橋 대교

楊懷浦 양화포

山飛都 도비산

禾迁 화변
海 해

山剛金 금강산
海 해

島馬 마도

山城 성산
岳高 고구

川骨龍 용골천
山枰 평산

浦長 장포
山高 고산

續 결성
東浦 동산포

海門 해문
해문

浦串石 석관포

月晉 간월

州洪 홍주

山瑞
安眠島 서산 안면도

沙 백사

新峴里 신서리

要兒院 요아원

竹殷 효죽

山元 유방
留坊

沙 백사
長串 장곶

串陽興 흥양곶
岳興 흥양

用川 용천

浦熊 응포
川靑 청송천

寺山寒 한산사
山唐 당산

栗亭 영보정
水營 수영

營 보령

靑淵 청연

花岩川 화암천

山助 조침연
山劻

松 송

高串 고만

軍浦 군입포

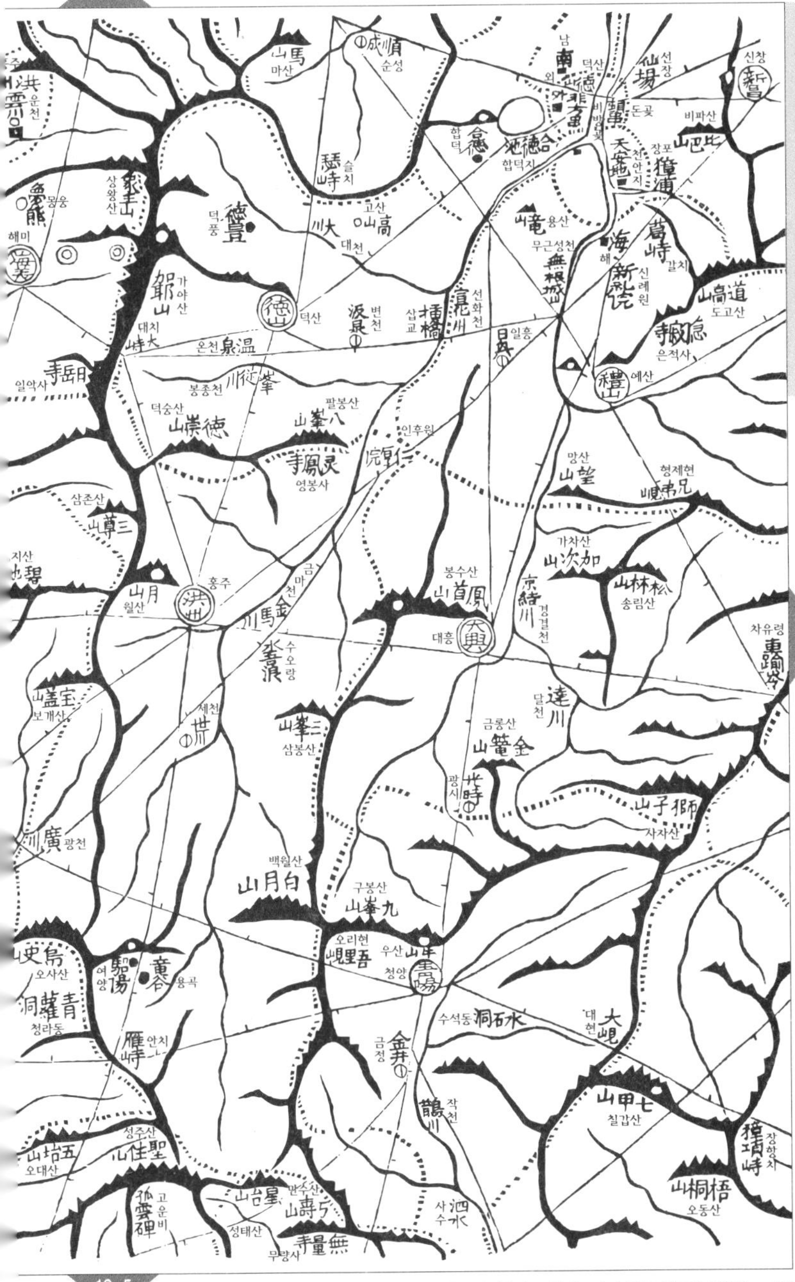

합덕지(合德池)는 후백제 때 축조된 저수지로, 현재는 폐지되어 농경지가 되었다.　191

파도지(波濤只)는 오랜 기간 육지가 파도에 잠식된 것으로, 현재는 육지화되었다.

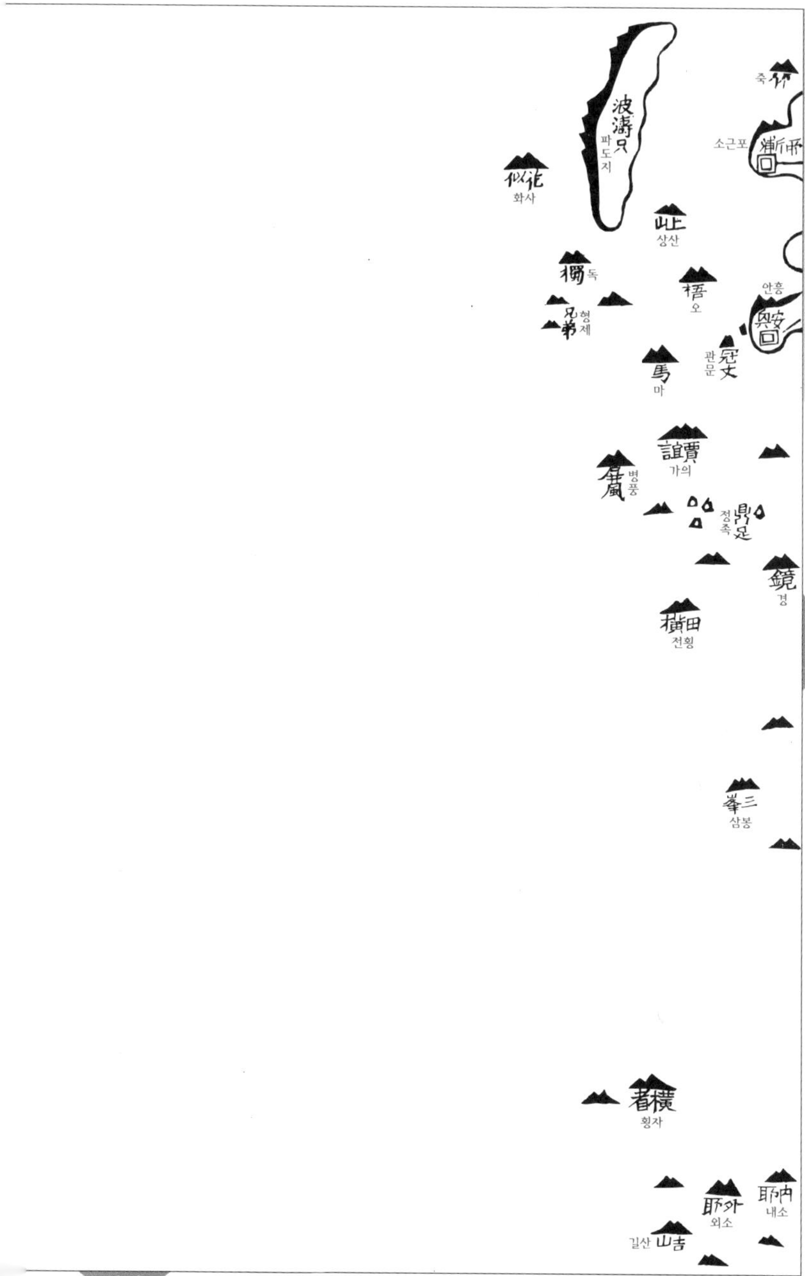

波濤只
파도지

似花
화사

此
상산

축

소근포 新所
소근포

獨
독

吾
오

안흥
安
안흥

兄弟
형제

판문 冠文
판문

馬
마

誼賈
가의

屛
병풍

정축

鼻요

鏡
경

橫田
전횡

15-5

峰三
삼봉

積著
횡자

耶內
내소

耶외
외소

길산 山吉

안흥(安興)은 물살이 거센 안흥량(安興梁)을 피해 일찍이 발달한 역사 깊은 항구이다.   193

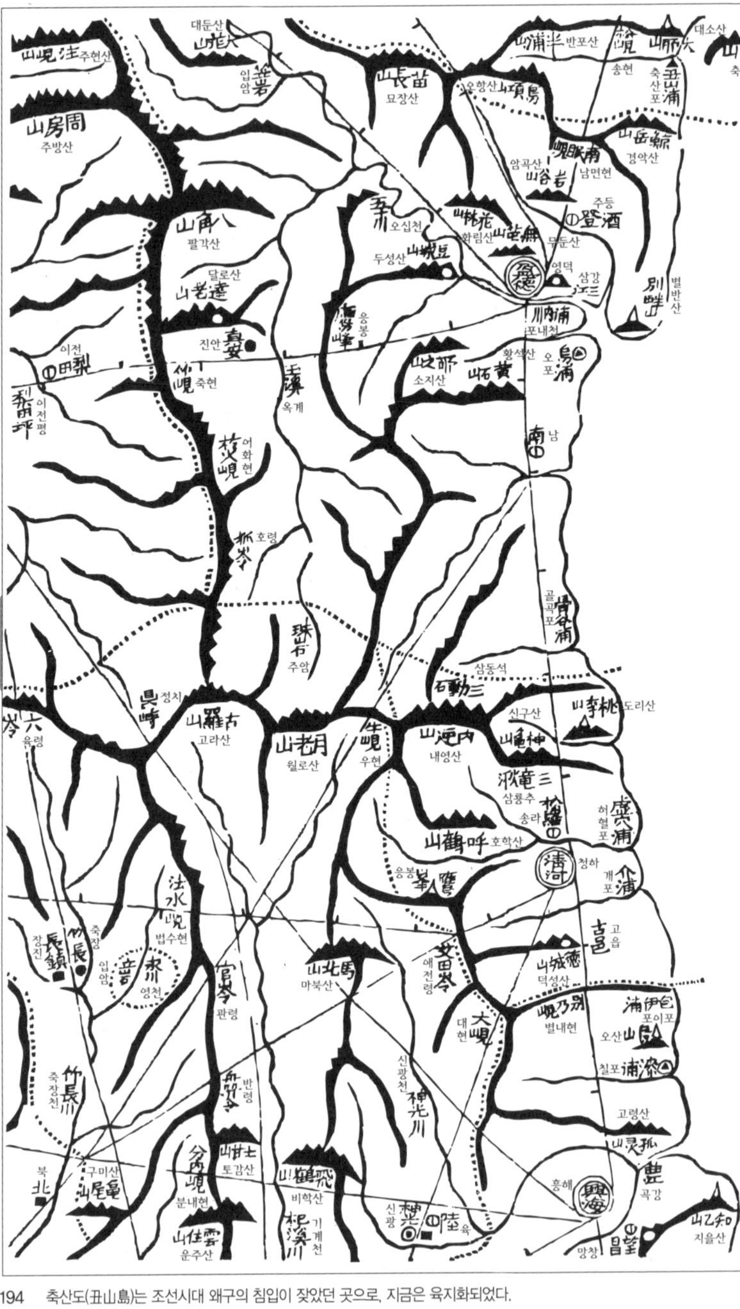

축산도(丑山島)는 조선시대 왜구의 침입이 잦았던 곳으로, 지금은 육지화되었다.

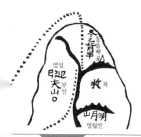

동을배곶(冬乙背串)은 조선시대 목장이 있던 곳으로, 현재는 '호미곶(虎尾串)'으로 불린다. 195

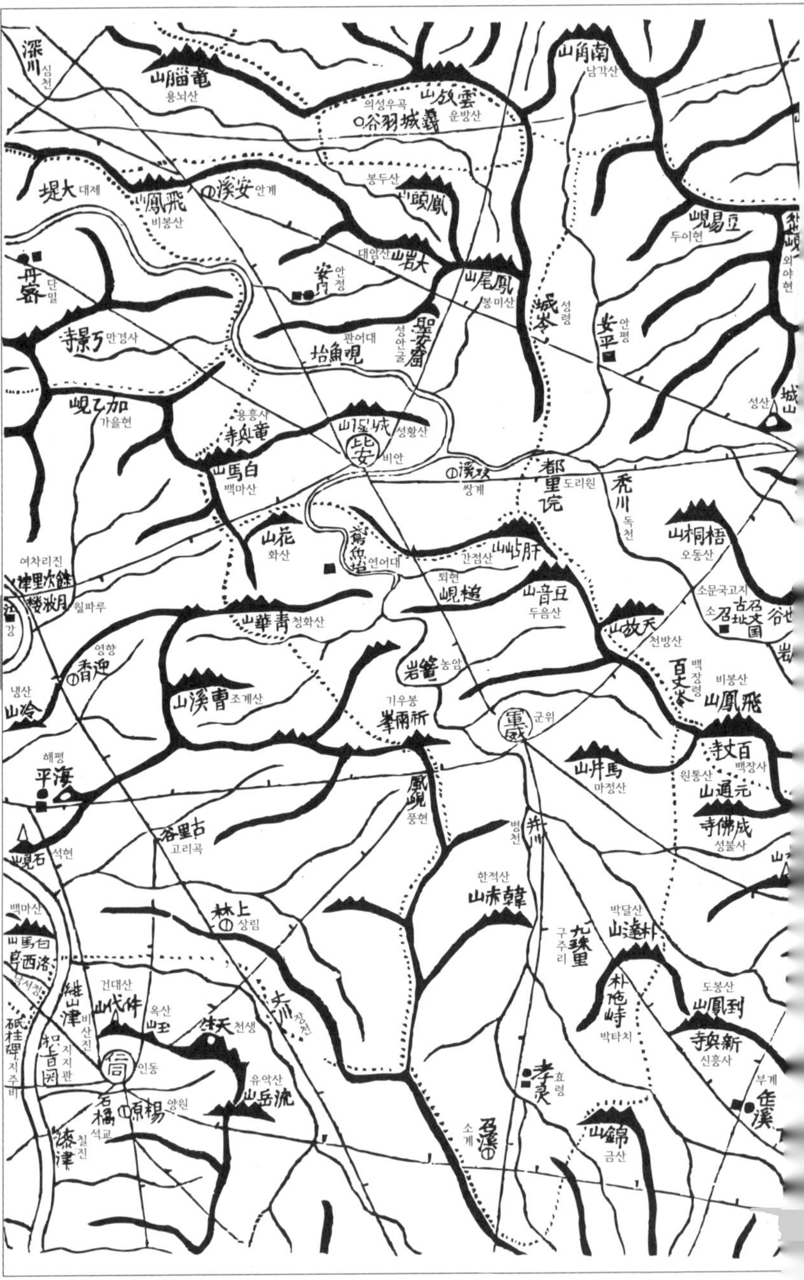

深川 심천
山腦龍 용뇌산
山角南 남각산
谷羽城義 의성우곡
山放雲 운방산
堤大 대제
山鳳飛 비봉산
溪安 안계
봉두산
山頭鳳 봉두산
峴易立 두어현
城外 외야현
丹密 단밀
安內 안정
山岳大 대악산
山尾鳳 봉미산
安平 안평
城山 성산
寺景万 만경사
관어대
城安比
城山 성산
峴乙加 가을현
寺龍興 용흥사
비안
山都城 성황산
比安
溪雙 쌍계
都里院 도리원
禿川 독천
山梧桐 오동산
山馬白 백마산
山花 화산
연어대
山尖肝 간점산
소문국고지
古召文國
召谷
어차리진
建川汰鐵
溪漆 일무루
山華靑 청화산
退峴 퇴현
峴槌
山音斗 두음산
山放天 천방산
白嶂嶺 백장령
冷山 냉산
靑遊 청유
山溪曹 조계산
岩籠 농암
峯雨所 기우봉
軍威 군위
夏笒
山鳳飛 비봉산
平海 해평
山見石 석현
古里洛 고리곡
鳳峴 풍현
山井馬 마정산
寺文百 백장사
山元通 원통산
寺成佛 성불사
白馬山 백마산
山西洛
井川 병천
山韓赤 한적산
박달산
山轍九 구주리
山浦
朴施峴 박타치
山鳳到 신흥사
寺換新 신흥사
雄津
山代件 옥산
天生 천생
仁同 인동
梯津
石福 석교
原楊 양원
山岳流 유악산
李榮 효령
召澤 소계
山錦 금산

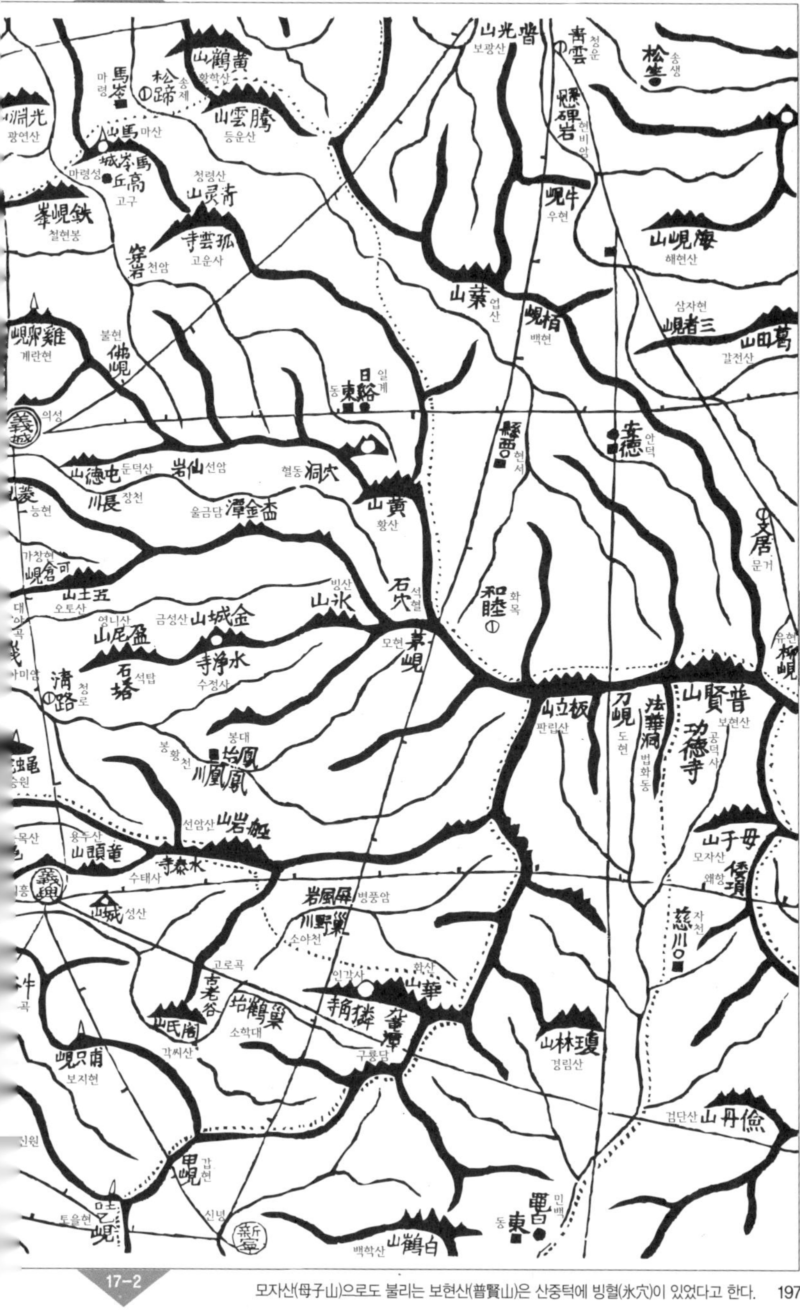

普光山
보광산

青雲
청운

松生
송생

照硯岩
조현비?

牛峴
우현

海峴山
해현산

三者峴
갈천산 田鳶山

黃鶴山
학학산

馬蹄
마령 ①

騰雲山
등운산

馬城
마산
高丘
마령성 고구

靑靈山
청령산

奇靈山
기령산

孤雲寺
고운사

萊山
엽산

栢峴
백현

驛嶹
현서

安德
안덕

文居
문거

鐵峴峯
철현봉

佛峴
불현 鷄卵峴
계란현

義城
의성

德屯山
둔덕산

岩仙
선암

洞穴
혈동

黃山
황산

和睦 ①
화목

柳峴
순흥?

長川
장천

盃金潭
을금담

石穴
석혈

能賢峴
능현

五土山
오토산

氷山
빙산

茅峴
모현

板立山
판리사?

刀峴
도현

普賢山
보현산 公德山
공덕사?

法華洞
법화동

貧尼山
비니산

金城山
금성산

淸路 ①
청로

石塔
석탑

水淨寺
수정사

母子山
모자산 倭項
왜항

龜獨
승원

鳳川
봉황천

봉대

鳳凰川
봉황천

慈川
자천
자척

頭嶺山
용두산

선암산

蛇岩山
선암산

義興
의흥

城山
성산

森水寺
수태사

鳳岩川
병풍암
소야천 ①

牛谷
곡

鶴巢山
학소대

高老谷
고로곡

氏闐
각씨산

擂擂?
이가사?
구룡당? 華山
화산

瓊林山
경림산

甫只峴
보지현

甲峴
갑현

土坮峴
토을현

所串?

倫丹山
검단산

東軍
인마
동

白鶴山
백학산

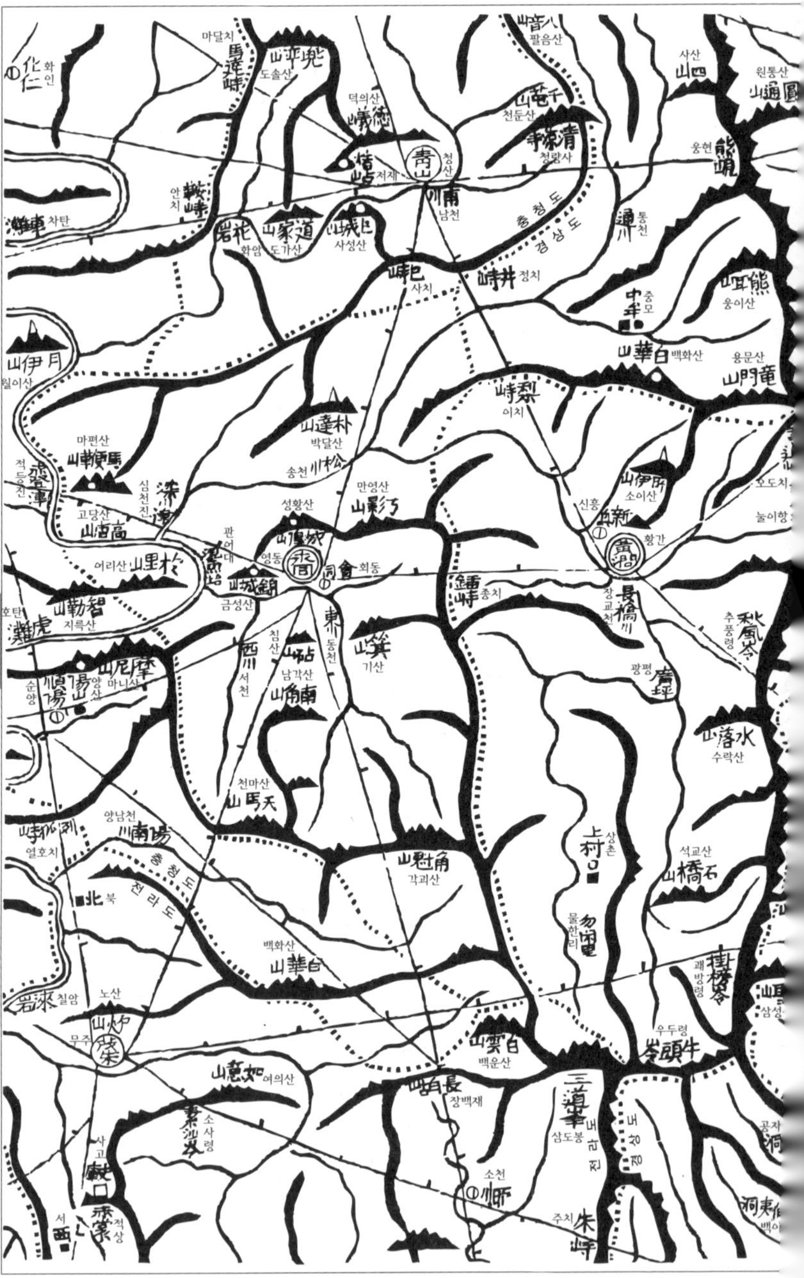

추풍령(秋風嶺)은 영남 지방과 중부 지방을 잇는 중요한 고개로, 임진왜란 때 요충지였다.

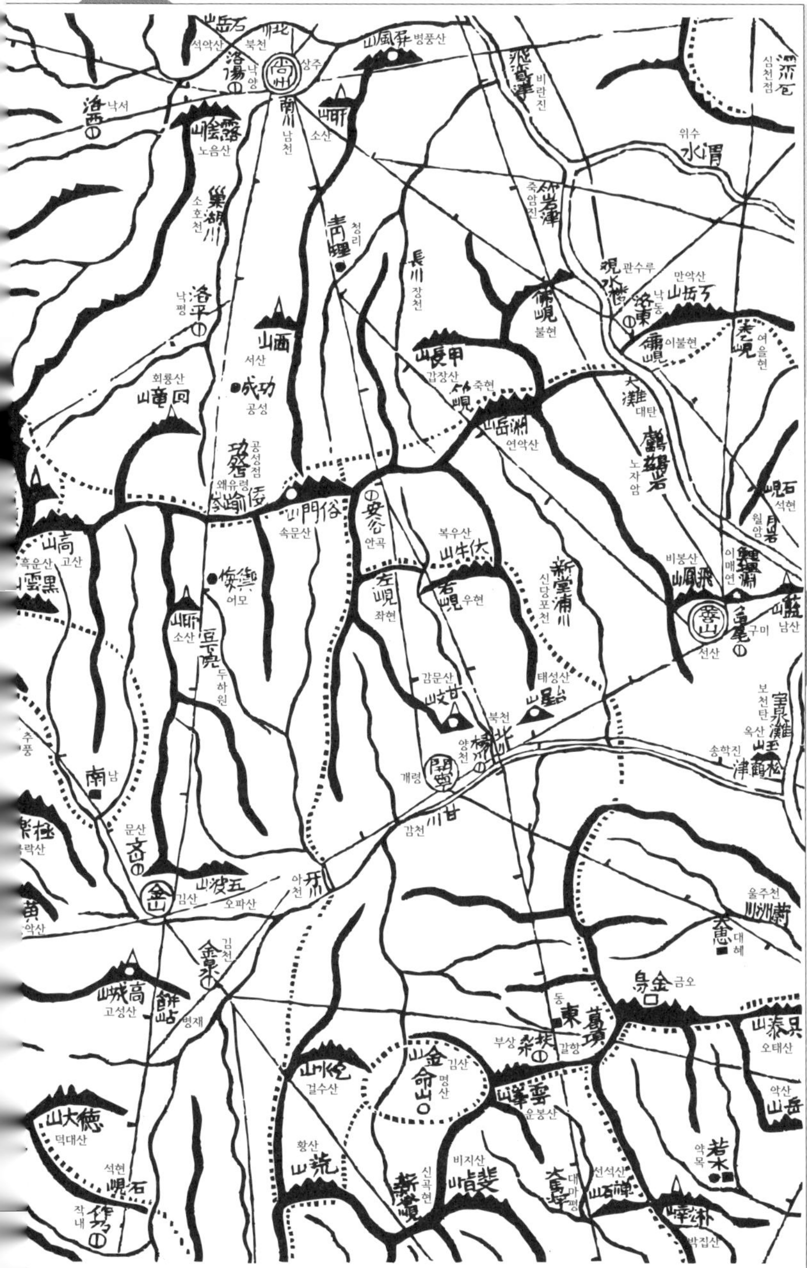

황악산에 어태(御胎)가 봉안되어 군으로 승격된 김산(金山)은 1914년 '김천(金泉)'으로 바뀌었다. 199

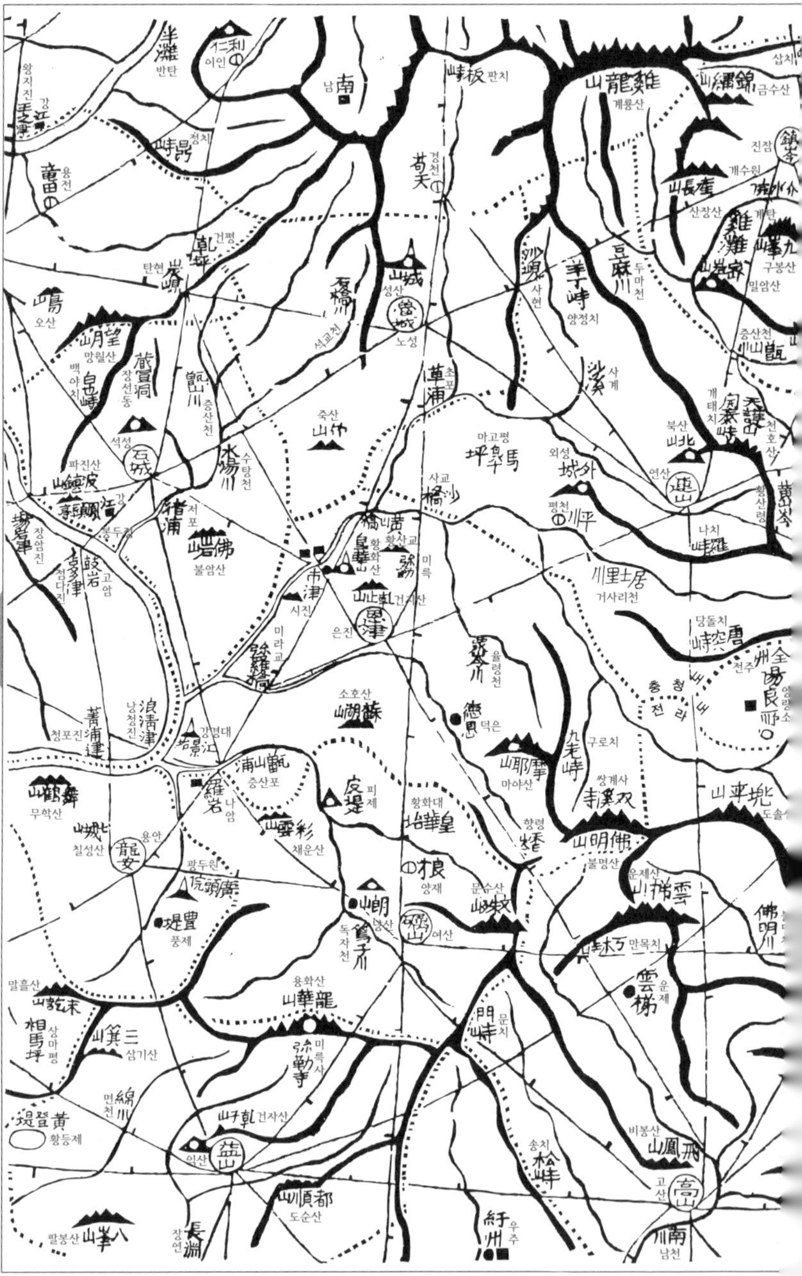

황등제(黃登堤)는 벽골제(碧骨堤), 눌제(訥堤)와 함께 호남 3대 저수지의 하나였다.

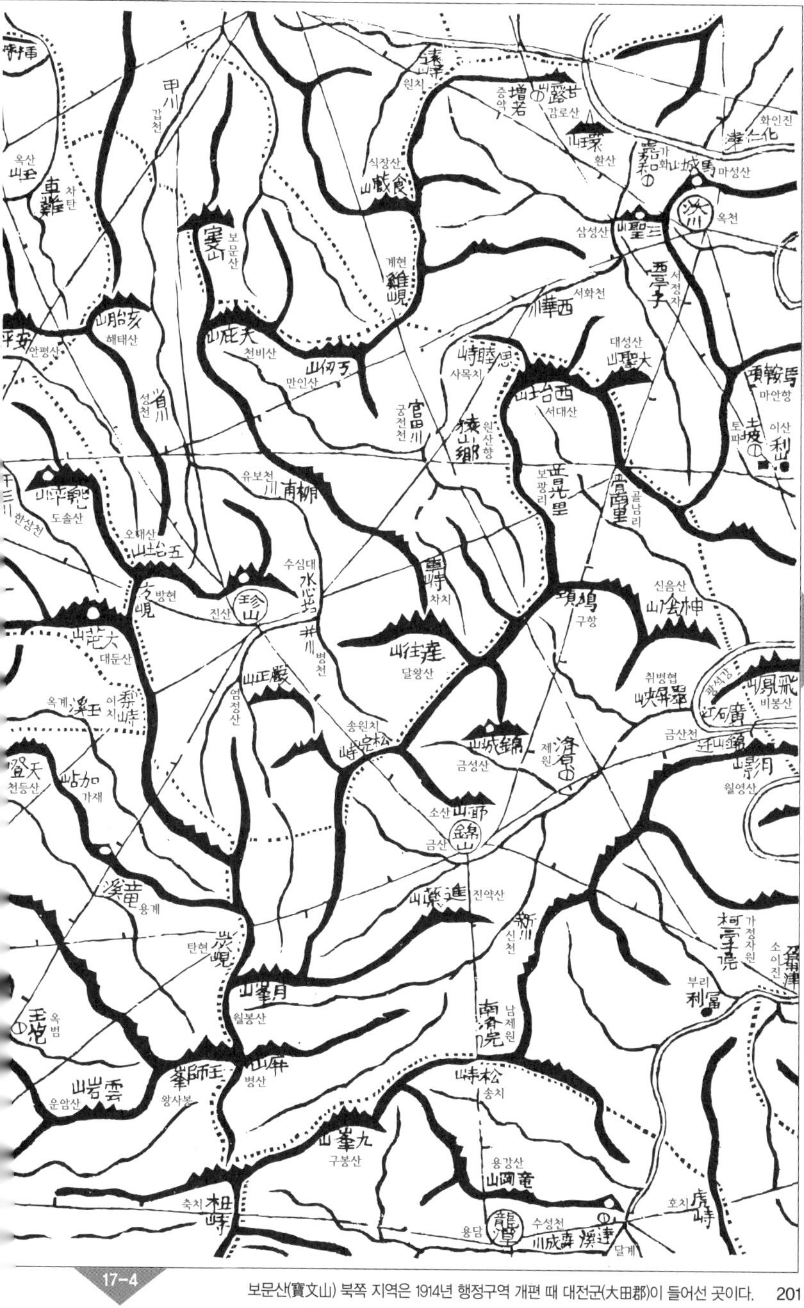

流 유
邑女 여읍

道古 고도

前 눌
代草於 어초대

籽孝 효자미

木 목
疏 소

月 월
六 육

栗 율

人 인

毛不 불모

栗 율

青 청

勇 말응
末鷹 말응

音兒央 흥아음

鹿 녹

竹 죽

海 해
청연포

峯玉 옥미봉
대건

天川

羅波 파라

石大 대석

浦淵淸 청연포

竹立 입죽

山達通 통달산
미조포

紇遣浦 웅천포

熊川浦 웅천포

岩蕭 팡암
梁馬 마량

羅次巨 거차라

黄竹 황죽

漆枝山 칠지산

串屯都 도둔곶
迎馬 마랑

山牙月 월아산

長背串 장배곶

栖冬 동백

刀帛 오도

並 병

尾河 하미

茅 모

烟 연

樟 장

牙項 아항

竹 죽

嶺 노형

浦川 서천포

岩若 섬암

召也開 개야소

食莫 오식

山

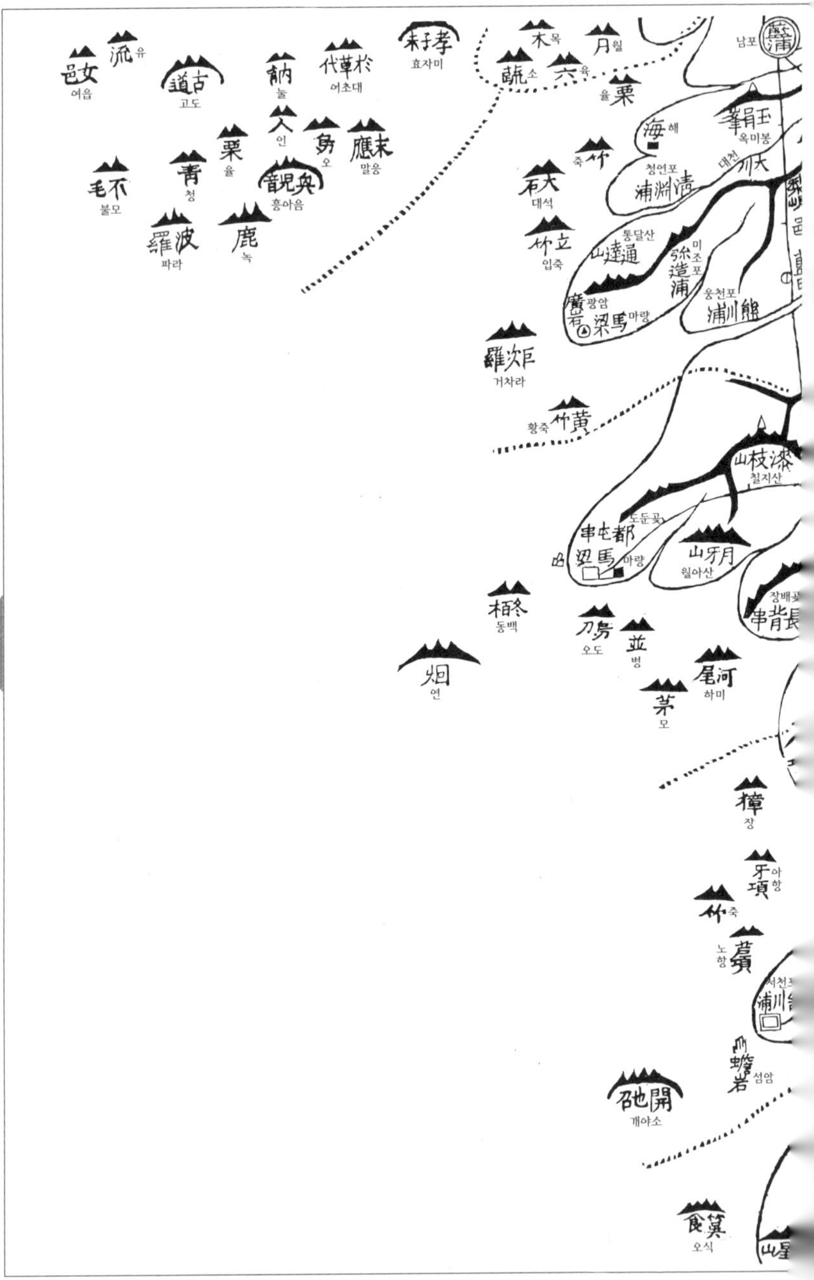

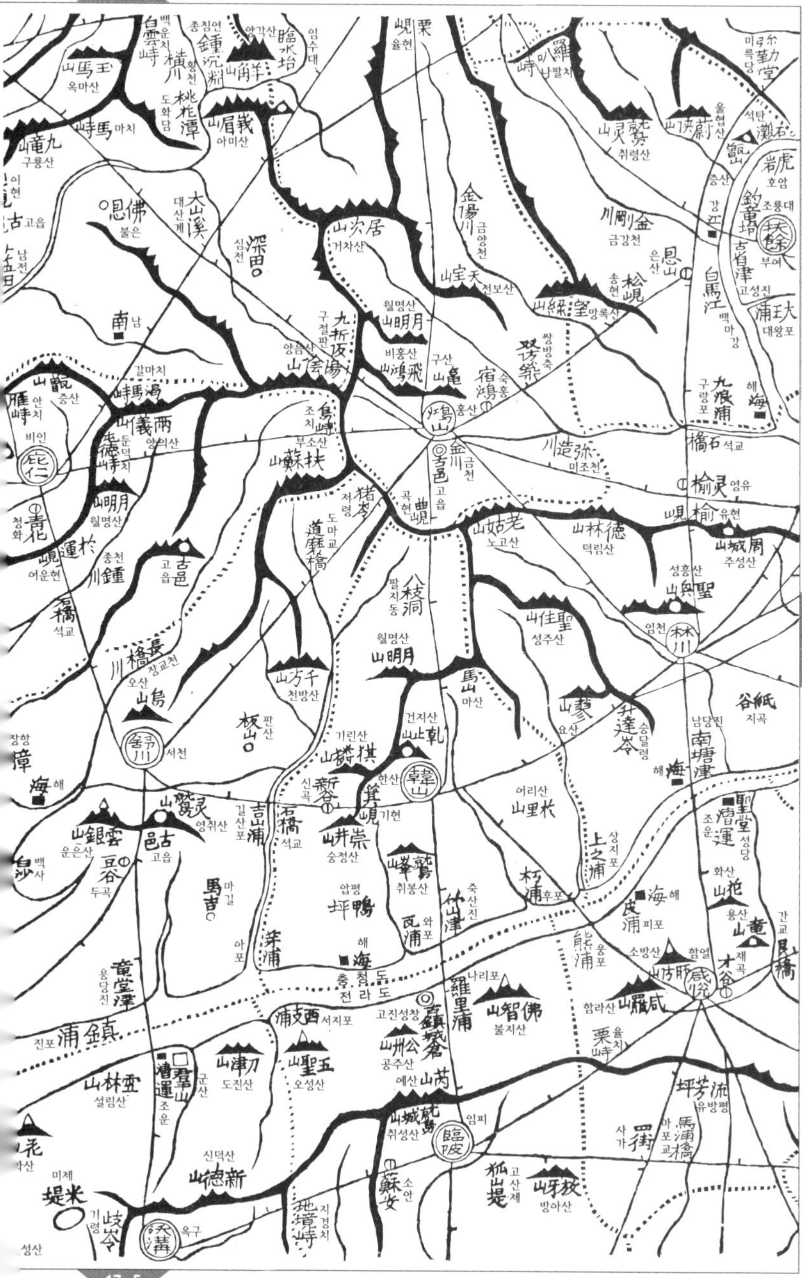

백마강(白馬江)은 금강의 한 구간으로, '백제에서 가장 큰 강'이라는 뜻에서 유래되었다.　203

어청도(於靑島)는 조선시대 충청도에 속했으나, 지금은 전라북도 가장 서쪽의 섬이다.

時插
삽시

次麻
마차

安外
외안

青祚
어청

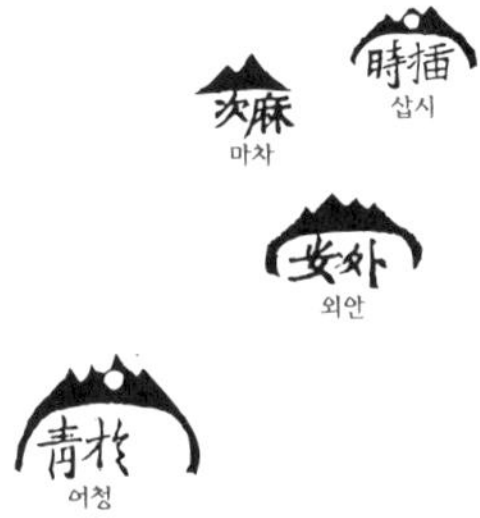

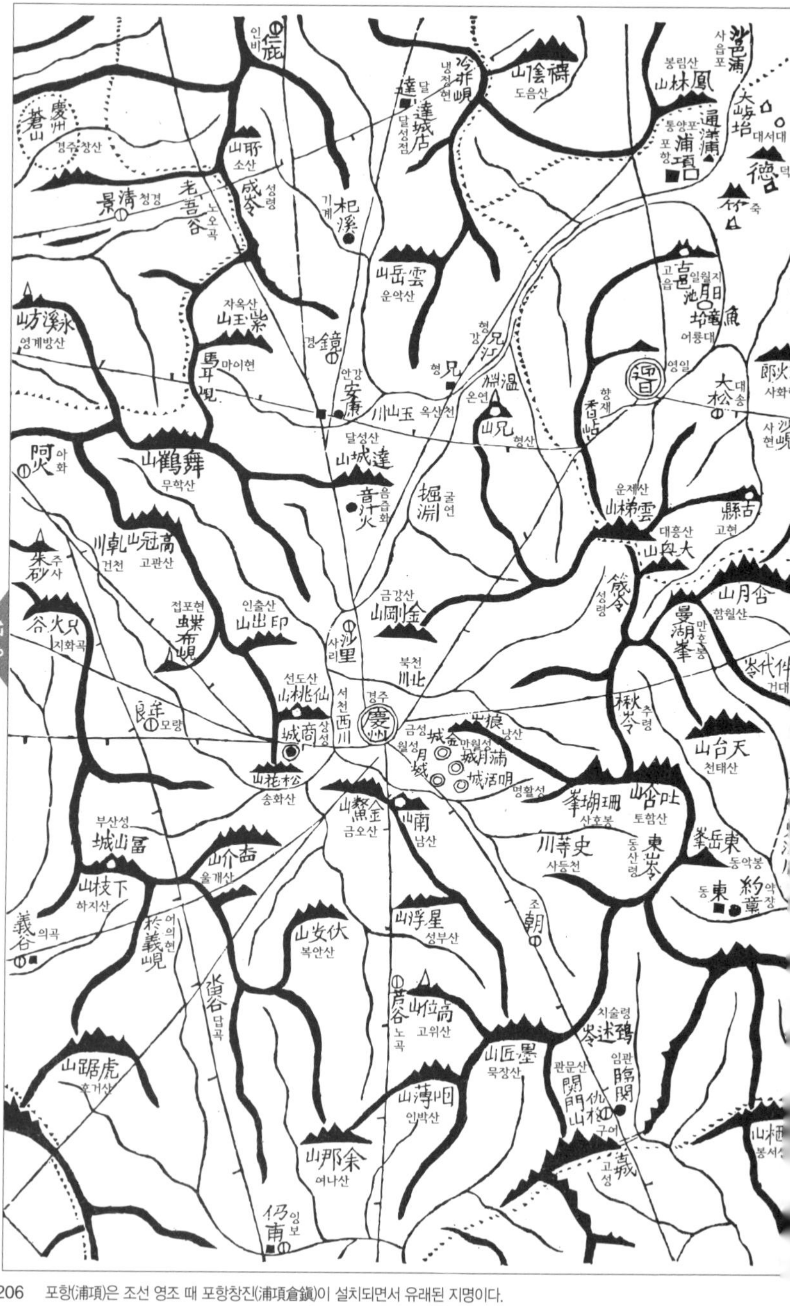

山礛 음즙산
鳳林山 봉림산
通浦 포항포
大岾培 대석대
浦項 포항항
德谷 덕곡
燕岾 연령현
達城店 달성점
景清 경청장산
慶州 경주
邢山成岑 소산성령
杞溪 기계
馬兒峴 마이현
雲岳山 운악산
紫玉山 자옥산
古邑池 고읍일일지
月堀魚 월굴어룡대
郎火沙 사화령
大松 대송
安康 안강
玉山川 옥산천
兄江 형강
溫 온천
兄山 형산
향제
縣古 고현
岊溪永 영계방산
阿火 아화
鵠舞山 무학산
達城山 달성산
堀淵 굴연
雲梯山 운제산
大向山 대흥산
月含山 함월산
曼河峰 만호봉
朱砂 주사
高冠山 고관산
軋川 건천
虫蝶布峴 접주현 인출산
金剛山 금강산
印出山
笒嶺 성현
岱代伐 거대
谷火只 지화곡
仙桃山 선도산 서천
慶州 경주
月城城 월성금성
北川 북천
秋岑 추령
天台山 천태산
商城 상성
花十山 송화산
南山 금오산
珊瑚峰 사호봉
吐峴谷 토함산
活城明 성활명
富山城 부산성
介嵒山 울개산
史等川 사등천
東岑 동악령
東岳山 동악산
下枝山 하지산
不義峴 어의현
복안산 伏安山
星浮山 성부산
朝川 조천
東約章 동약장
義谷 의곡
沓谷 답곡
高位山 고위산
筬述峴 치술령
虎踞山 호거산
匠墨山 묵장산
開閂山 판문산
臨関岑 임관령
伊南 임보
薄田山 인박산
봉서산 柄山
邢山 어나산
古城 고성

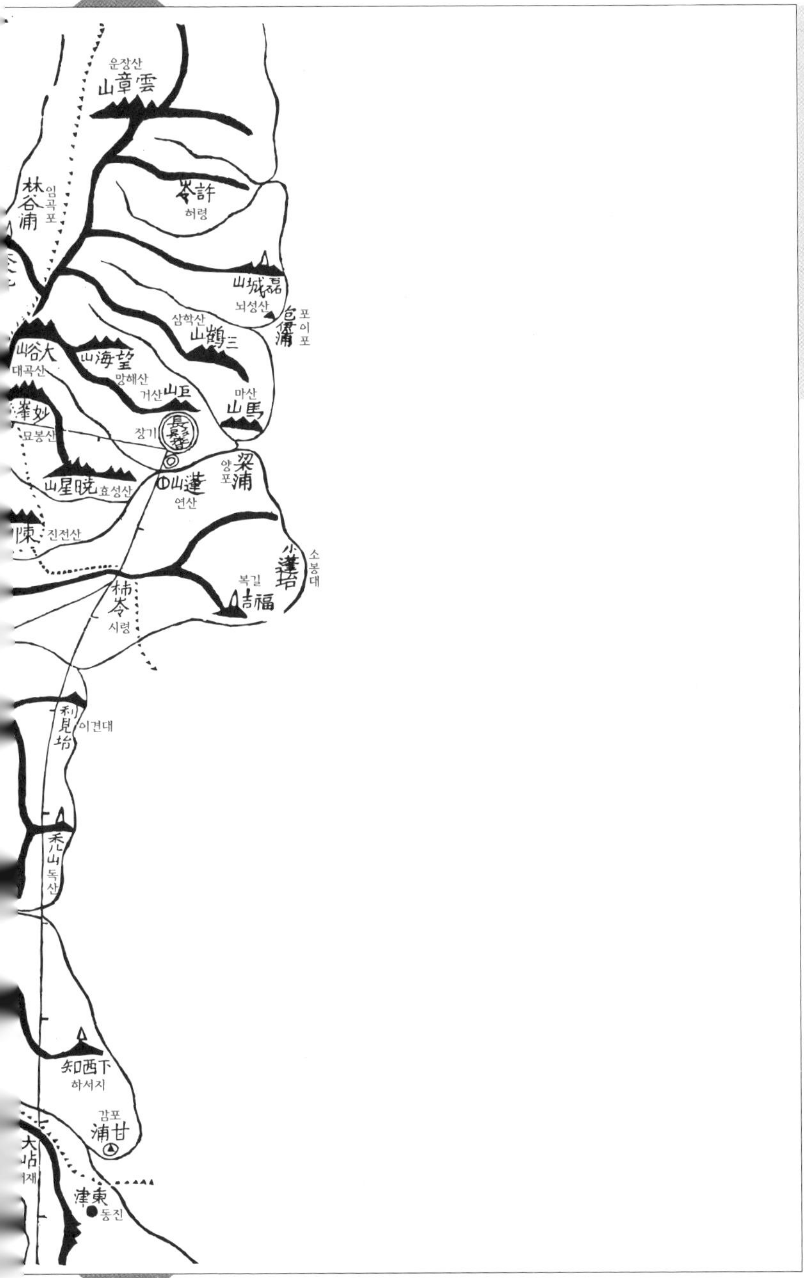

雲章山
운장산

許嶺
허령

林谷浦
임곡포

磊城山
뇌성산

官浦
포이포

三瞬山
삼학산

大谷山
대곡산

望海山
망해산
거산

巨山

馬山
마산

妙峯
묘봉산

長鬐
장기

曉星山
효성산

蓮山
연산

梁浦
양포

陳田山
진전산

小蓬埓
소봉대

柿岾
시령

福吉
복길

利見坮
이견대

禿山
독산

下西知
하서지

甘浦
감포

大岾
대제

東津
동진

〈대동여지도〉의 이견대(利見臺)와 감포(甘浦)는 위치가 다르게 표시되어 있다.　207

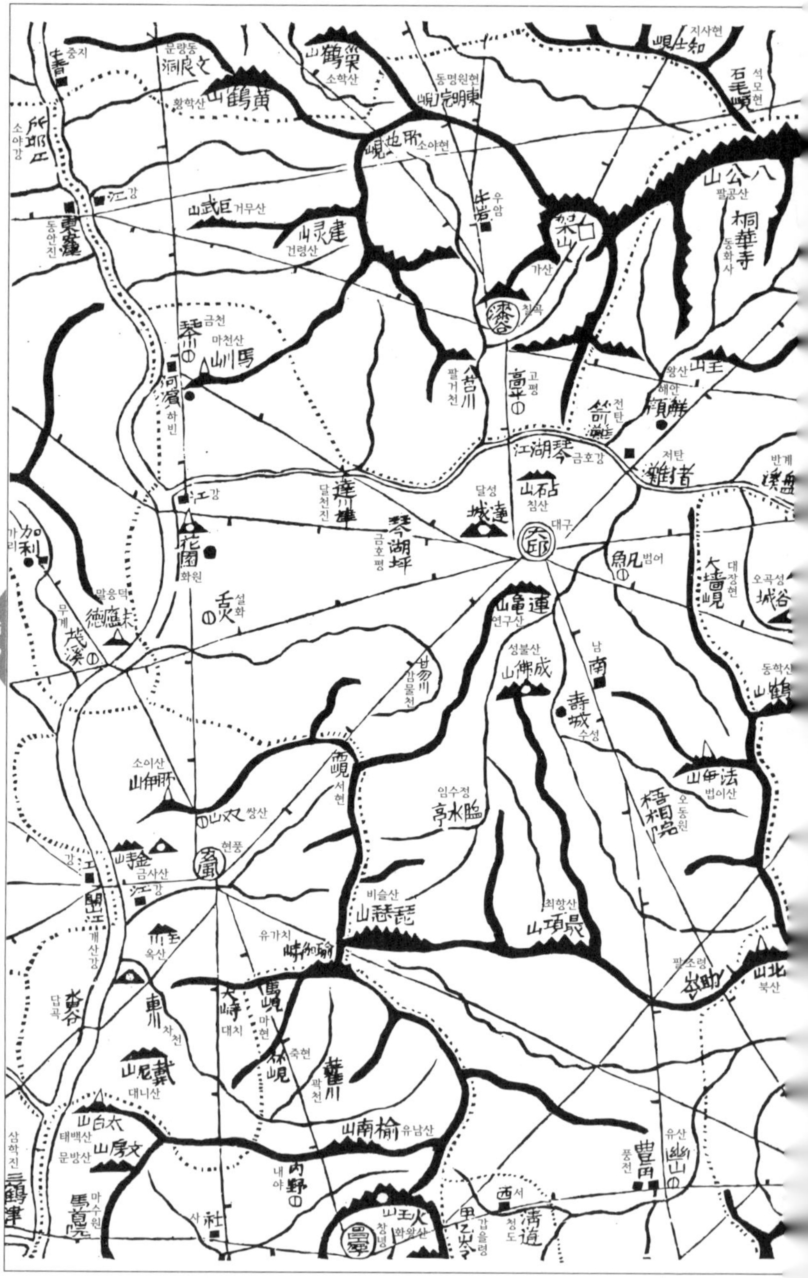

가산산성(架山山城)은 임진왜란 이후 외침에 대비해 세운 성곽으로, 관아도 마련되었다.

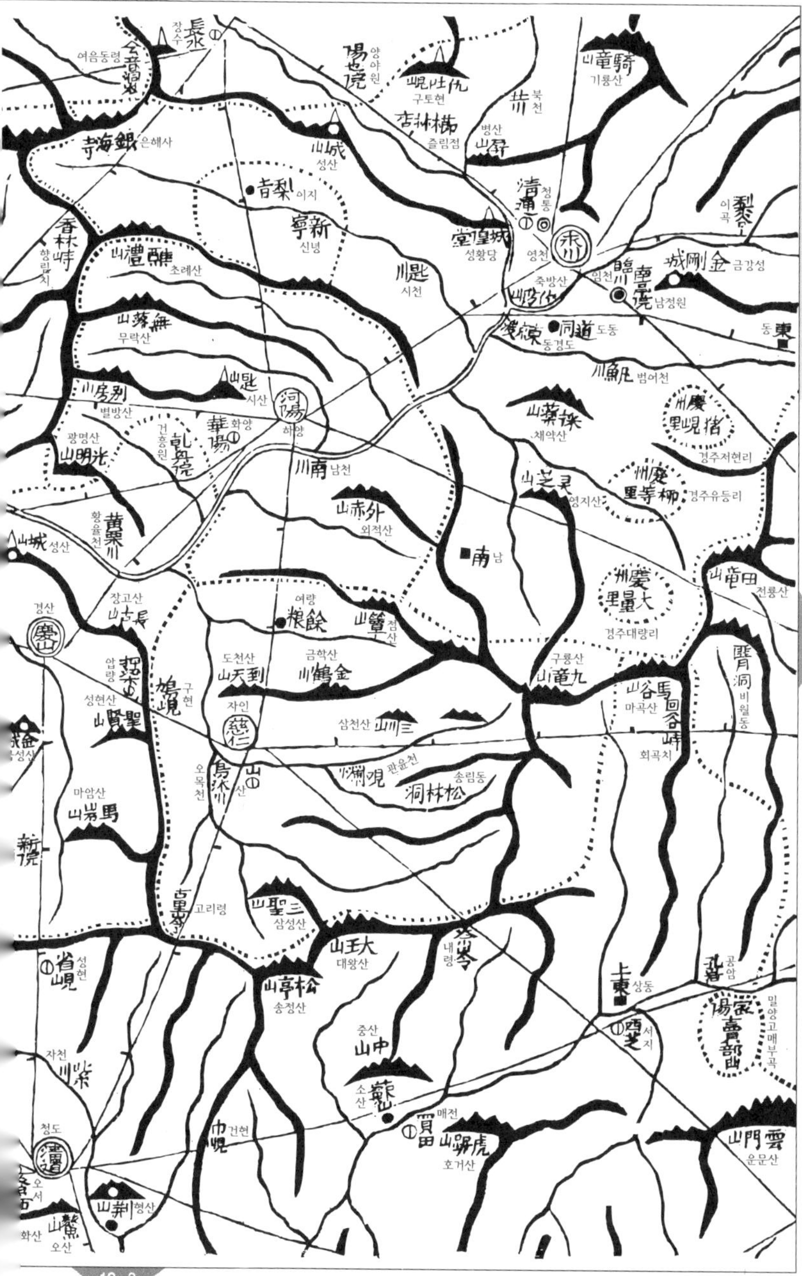

영천(永川) 남쪽 남천과 북천이 합류되는 동경도(東京渡)는 옛날 경주(동경)로 건너가던 나루터였다. 209

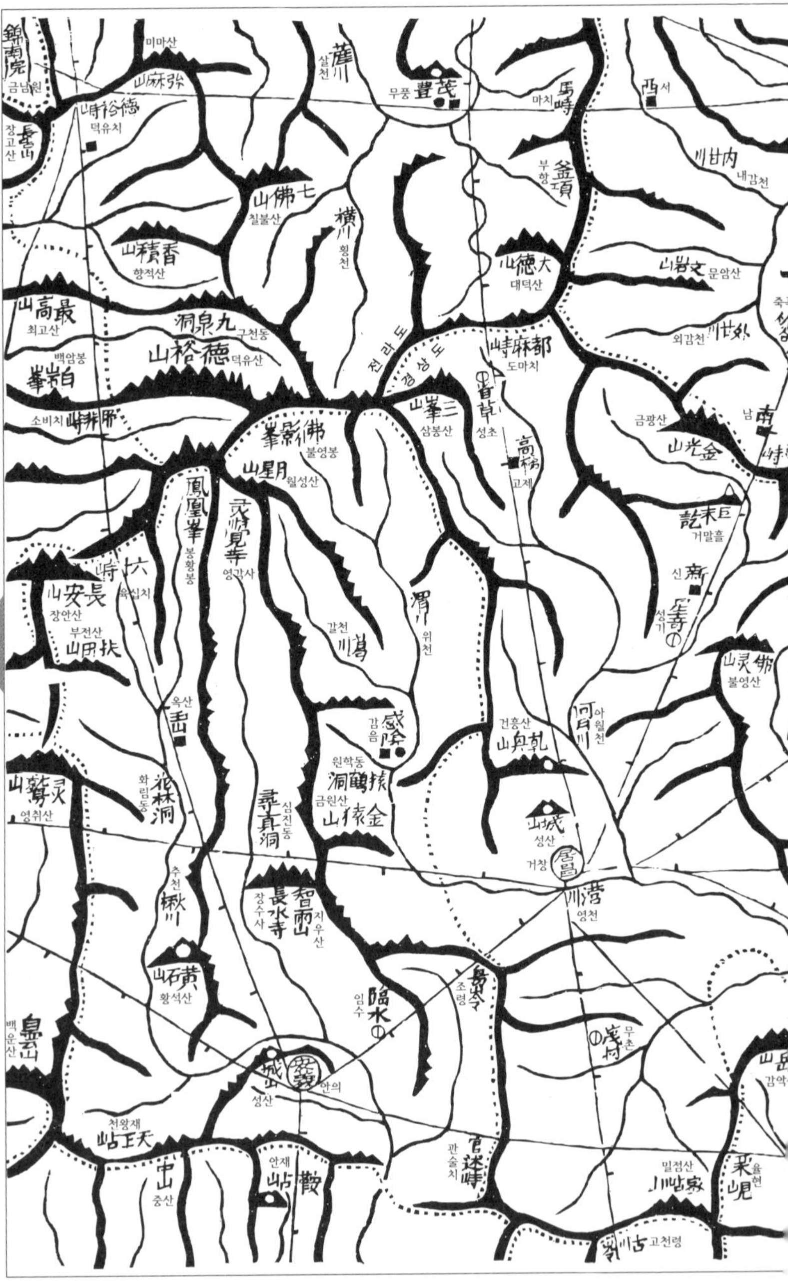

육십치(六十峙)는 조선시대 전라도와 경상도를 잇는 고개로 지금은 '육십령'으로 불린다.

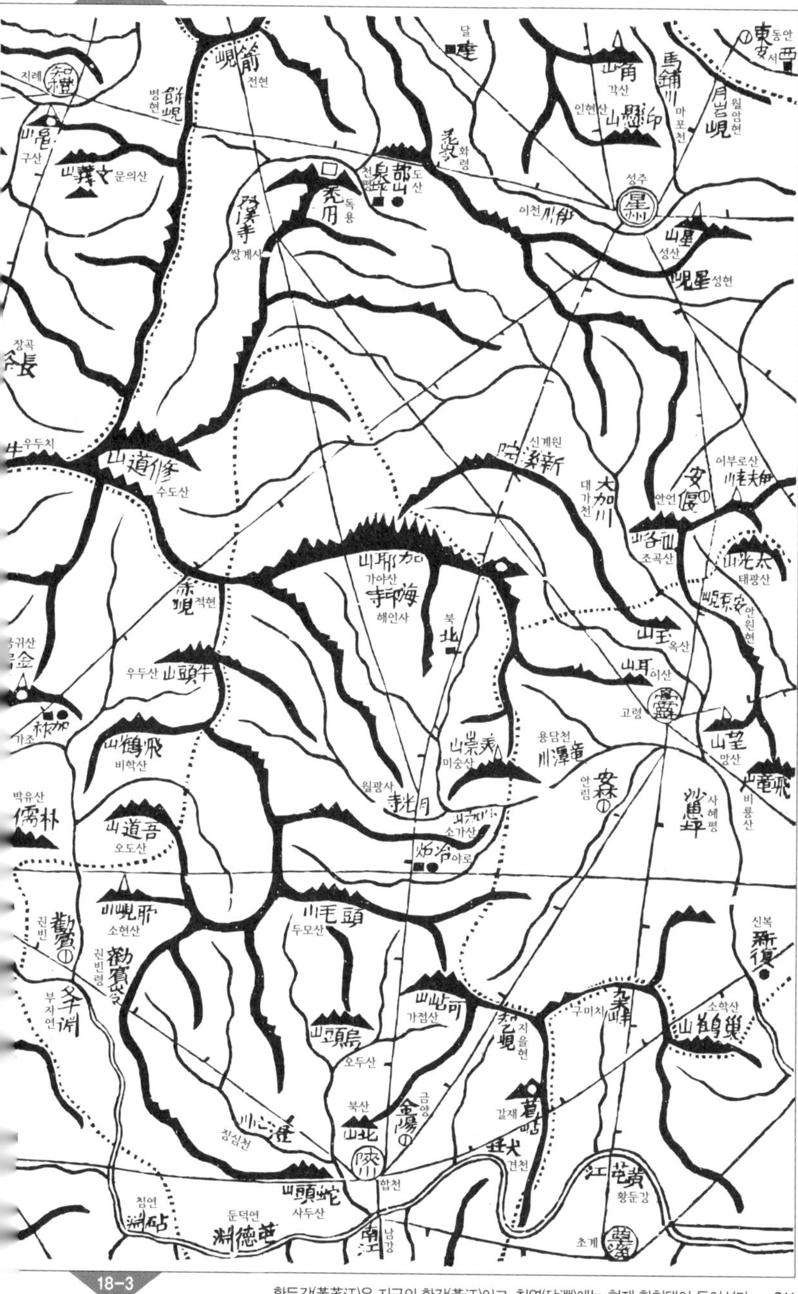

달

지례 주천 ○
구미

龜 구산

山葬文 문의산

장곡 長

生 우두치

山道修 수도산

적현 赤峴

金 귀산
가조 茄

山鶴飛 비학산

朴유림 박유산

山道吾 오도산

勸 권빈 ①
진빈

勸賓 진빈령

①
부지
연 淵

峴箭 전현

餠峴 병현

山 도산 都
독용 秀用
왕계사

峴箭

峴 新 신계원

이천천 伊川川

山角 각산
인현산 인현

海印寺 해인사 加耶山
가야산

北 북

山景美 미숭산
월광사

寺北月 월광사

山頭牛 우두산

山巴加 가점산

川毛頭 두모산

峴小 소현산

山頭鳥 오두산
오두산

北山 북산

川心正 정심천

山頭蛇 사두산
둔덕연

淵砧 침연
침연

淵德芼

合川 합천
합천

金陵 ①
금양

北 북

南 남

東 동
안서 西
東

馬銷川 마소천

山印恩
각산 각현
인현산 안포진

星州 성주
성주

山星 성산

峴星 성현

大加川 대가천
안언

山谷助 조곡산

山光太 태광산
태광산

安 안
이부로산

峴安 아원현

山玉 옥산

山耳 이산

高 고령 ①

山望 망산

山龍飛 비룡산
사혜평

沙�018坪

安 안림 ①

新復 신복

山鎭□ 소학산

쌍 書現 직을현
무미치

山蒼
직을현

峴犬 견천

江 황둔강
황둔강

草溪 초계

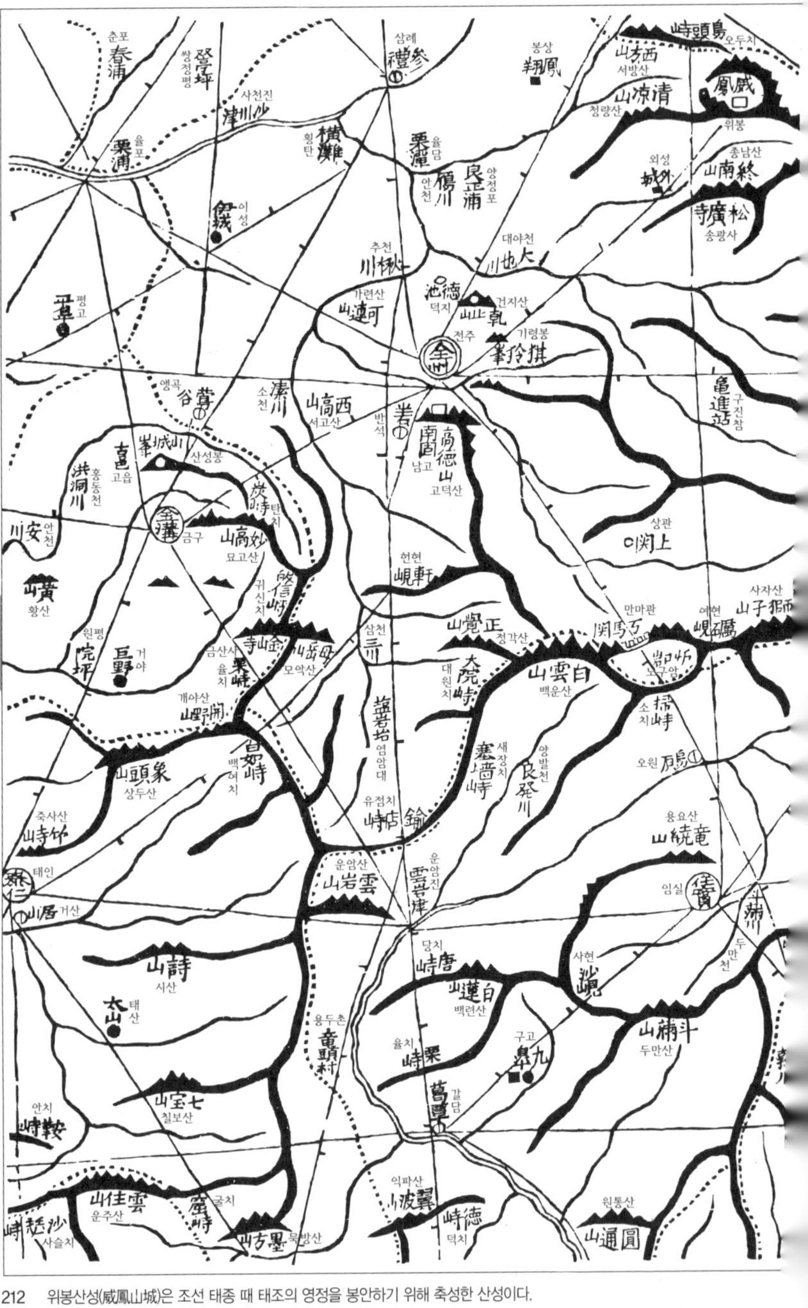

위봉산성(威鳳山城)은 조선 태종 때 태조의 영정을 봉안하기 위해 축성한 산성이다.

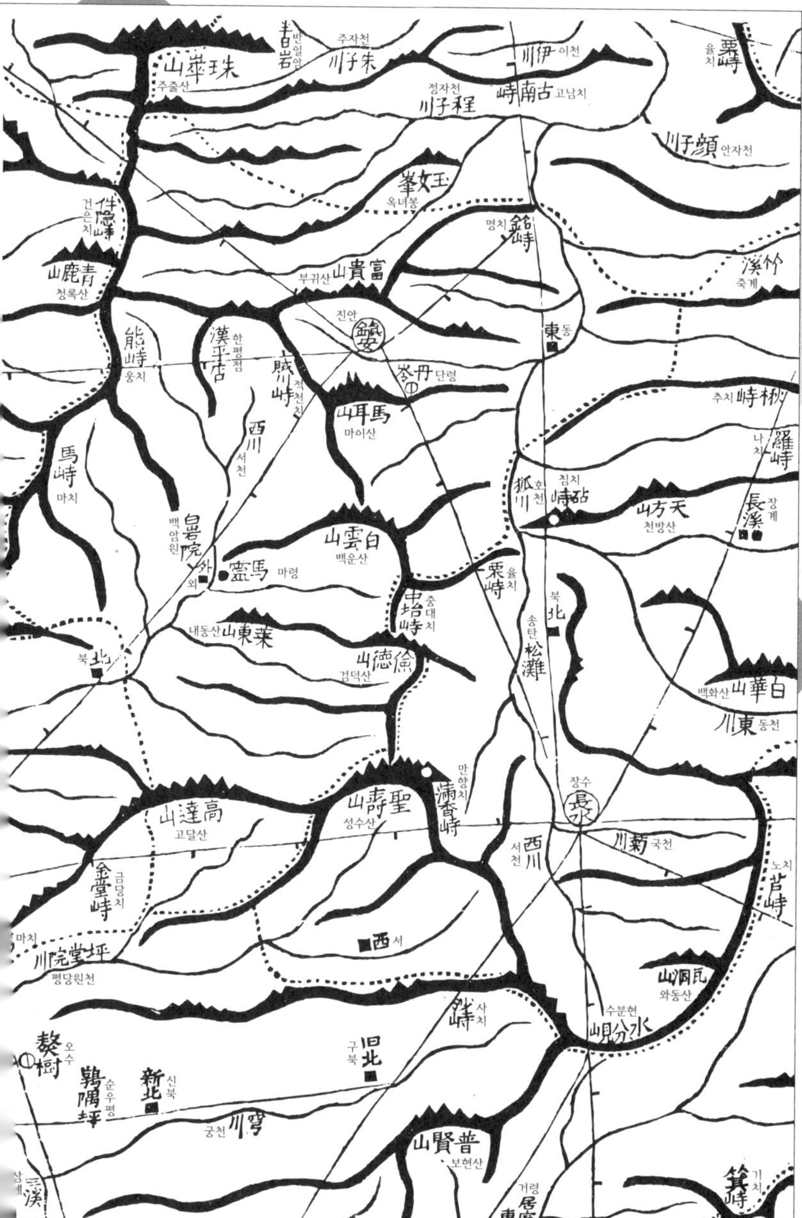

珠崒山 주출산
甘岩 감암
朱子川 주자천
伊川 이천
栗峙 율치

정자천
程子川 정자천
古南峙 고남치

頹子川 안자천

玉女峯 옥녀봉
伴雲峙 건운치
鎰峙 명치
竹漢 죽계

靑鹿山 청옥산
富貴山 부귀산

熊峙 웅치
漢平古 한평집
鎭 진안
東 동

賊川峙 적천치
丹峯 단령
追峙 추치
楸峙 추치
羅峙 나치

西川 서천
馬耳山 마이산
長溪 장계

馬峙 마치
皇岩院 백암원
狐川 호천
진치
天方山 천방산

白雲山 백운산
栗峙 율치

馬靈 마령
北 북
東萊山 내동산
申岾峙 중대치
松灘 송탄
北 북
白華山 백화산
東川 동천

徐德山 건덕산

高達山 고달산
聖壽山 성수산
毒香峙
長水 장수

金堂峙 금당치
西川 서천
菊川 국천

馬峙 마치
西 서
瓦洞山 와동산
茅峙

堂坪院川 평당원천
沙峙 사치
水分峴 수분현

獒樹 오수
鶉陽坪 순우평
北比
新北 신북
雲川 궁천
普賢山 보현산
箕峙

漢狸山 이산
東 동
流峙 유치

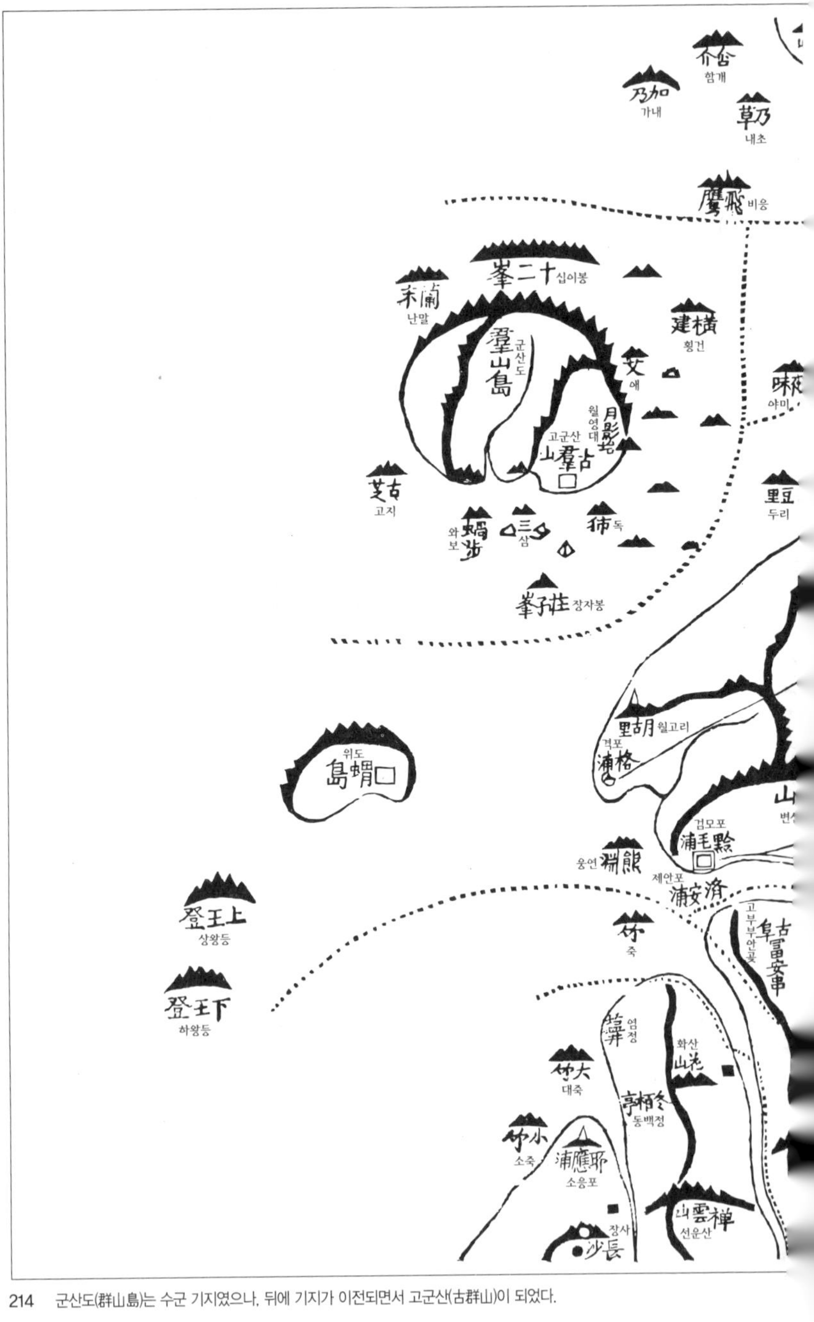

介峇 함개
乃加 가내
草乃 내초
鷹飛 비응
峯二十 십이봉
禾亇 난말
建橫 횡건
羣山島 군산도
文 애
嘅帋 아미
月影 헐영대
山羣古 고군산
里豆 두리
芝古 고지
蝎步 와보
三戈 삼
祔 독
峯子莊 장자봉
里古月 월고리
島蝐口 위도
浦格 격포
山 번
浦毛黔 검모포
瀬飡 웅연
제안포
浦安濟 고부부안꽃
阜富安事 古
登王上 상왕등
竹 죽
登王下 하왕등
犇 염정
山花 화산
竹大 대죽
亭栢冬 동백정
竹小 소죽
浦雁耶 소응포
장사
山雲禅 선운산
少長

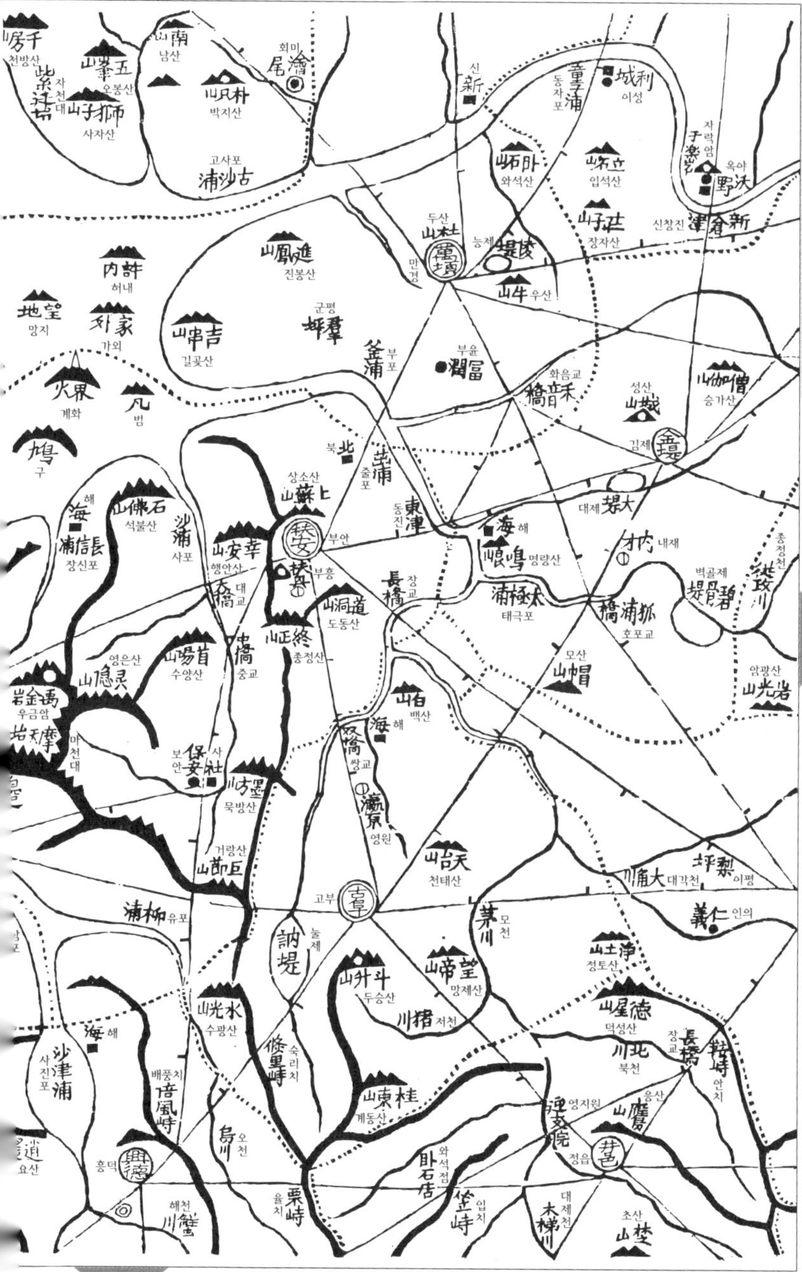

만경(萬頃)과 김제(金堤)의 드넓은 땅은 노을이 지지 않는다는 김제·만경평야이다.　215

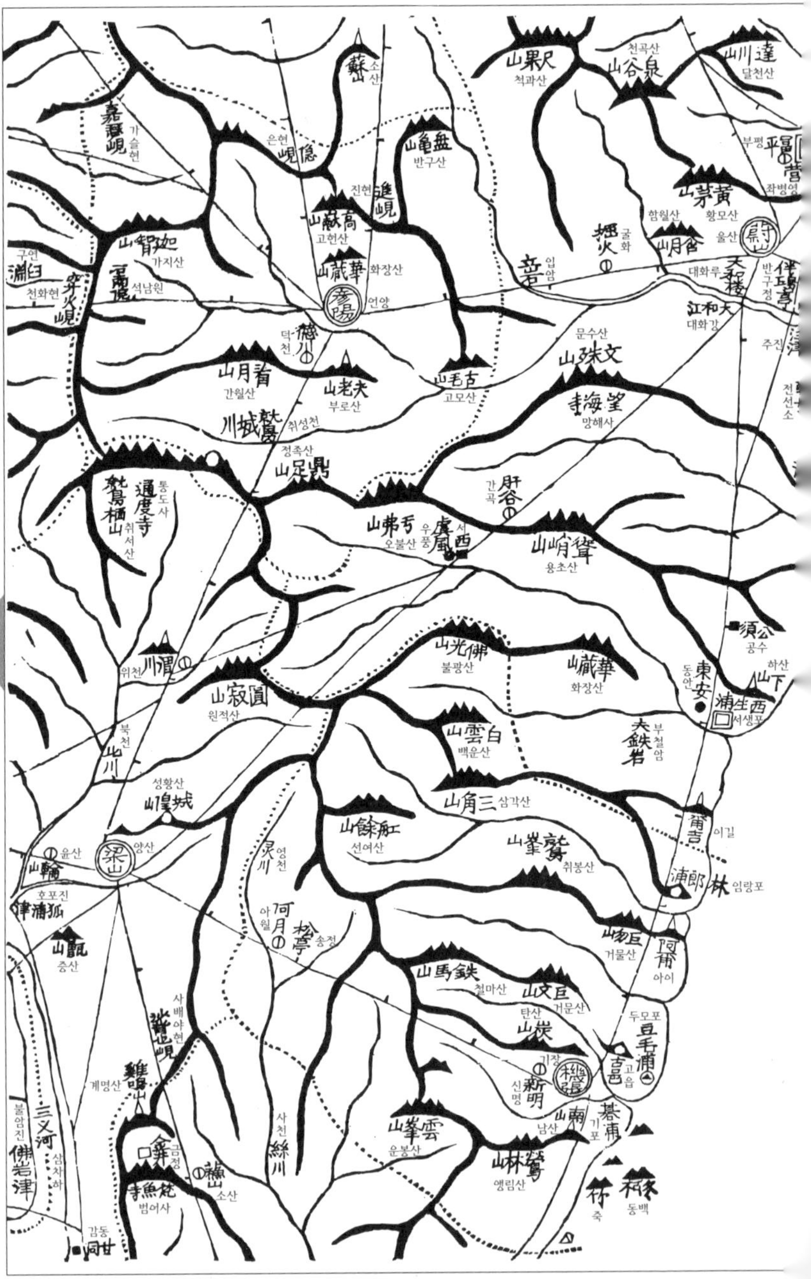

山尺果 척과산
山谷泉 천곡산
山川達 달천산
蘇 소산
山盆 반구산
山月舍 율산
平 부평
[ ]
嘉露峴 가슬현
隱峴 은현
進峴 진현
山獻高 고헌산
山黃 황모산
左兵營 좌병영
山腎如 가지산
南白 석남원
山華藏 화장산
音 임양
굴화
山月舍 율산
[ ] 울산
伴鷗亭 반구정
山獻華 화장산
[ ] 언양
天 천화루
天和江 대화강
대화강
浿 천화현
구연
山月肩 간월산
德川 덕천
山老夫 부로산
山毛古 고모산
山珠文 문수산
전선소
주진
望海寺 망해사
川城歡 환성
위성천
山旲足 정족산
肝谷 간곡
通度寺 통도사
鷲捿山 취서산
山弓弗 오불산
虞 우
風西 서풍
山峭聳 용초산
須公 공수
하산
山下 하산
川潤 윤천
위천
山光佛 불광산
山藏華 화장산
東安 동안
부철암
浦西生 서생포
山寂圓 원적산
山雲白 백운산
夫失金岩 이길
北川 북천
嶋城 성황산
山角三 삼각산
莆乙 이길
城嶋 양산
梁山
山鍮 윤산
山餘仙 선여산
山峰鷲 취봉산
林郎浦 임랑포
津浦狐 호포진
호포진
山甑 증산
靈川 영천
河月 아월
아월천
松亭 송정
山巨物 거물산
河毛
아이
山馬鐵 천마산
山丘文 건문산
두모포
山炭 탄산
山毛豆 두모포
고읍
新明 신명
機張 기장
雞鳴峴 계명산
歡喜峴 사배야현
三叉河 불암진
佛岩津
山 금정산
金
口井 금정
梵魚寺 범어사
絲川 사천
사천
山峰雲 운봉산
山林櫻 앵림산
南 남산
기포
基甫 동백
桥 죽
世同 감동
世同
嵩小 소산

216   삼차하(三叉河)는 낙동강 하류의 세 갈래 물길을 이르는 말로, '삼분수(三分水)'라고도 한다.

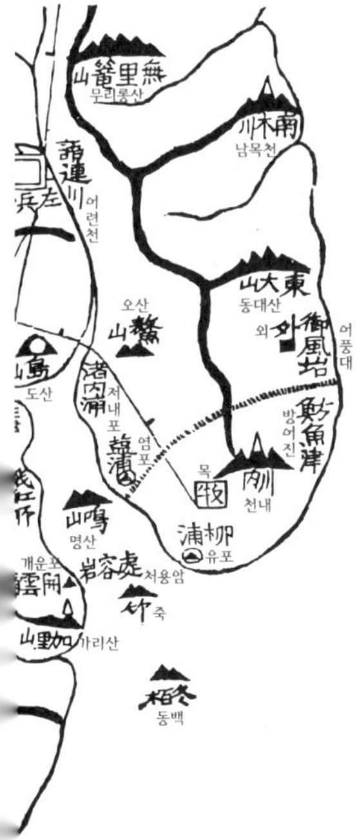

무리룡산
남목천
어련천
동대산
오산
외
어풍대
도산
저내포
염포
방어진
목
천내
유포
명산
개운포
처용암
죽
가리산
동백

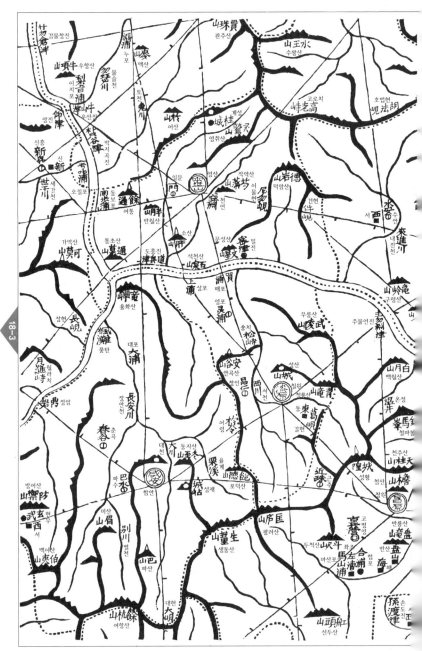

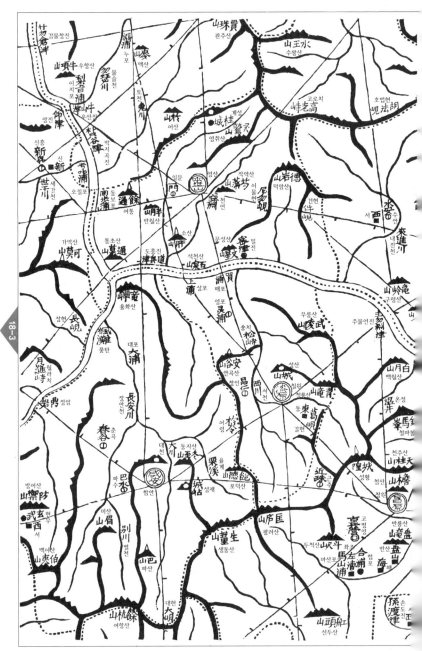

甘勿倉浦
검물창진

山項牛
우항산

梨旨浦津
이지포진

山峯
맥산

蒲
누포

勿禁川
물노천

兎川
토천진

牛山津
우산진

山珠貫
관주산

山王水
수왕산

峙老高
고로치

胡法峴
호법현

杜谷津
두곡진

山城
어산

城桂
계성

山鷲靈
영취산

德岩山
덕암산

山岩德
덕암산

件峴
건현

西
수

來進川
내진천

新浦
신흥 新 신
世斤川 세근천

南黍浦
동보 여통

山
門 일문

山城
영산 작악산

山芳萊
물금현 이물현

嶺峴
지현

山嶺龜
구령산

山
多勿緖津
주물연진

伽莫山
가막산

山草通
통초산

道迻津
도흥진

山所
소산

津文勿
문성산

岩隱石
석천산

岩津
밀진
석천산

浦貿
매포

山
峯龍
용화산

猛灘
풍탄

松山
송지 송산
송산

山陵武
무릉산

浦靈
영포

長峴
장현

月繼山
월라치

岩忠
정암

大浦
대포

長安川
장안리천

山合安
안곡산

山城昌
창의산
일림

山竜
신룡산

東嶋峴
동 갈현

山月白
백월산

牛馬峯
철마봉

山桂天
천주산

春谷
춘곡

大川
대천

山秀東
동지산

粟溪
율계

山館德
포덕산

近珠
근주

陸城
성황 첨산
성황

山�樅

昌
창

山房防
방어산

武玄西
서

山眉
미산

別川
별천

山巴
파산

城岾
성재

山庶匡
광려산

山生鼙
생동산

山斗
두척산
마산포

馬左漕浦
합포 합

山竜盤
반용산
반산

山杻餘
여항산

大峴
대현

山頭舡
선두산

孫渡津
손도진

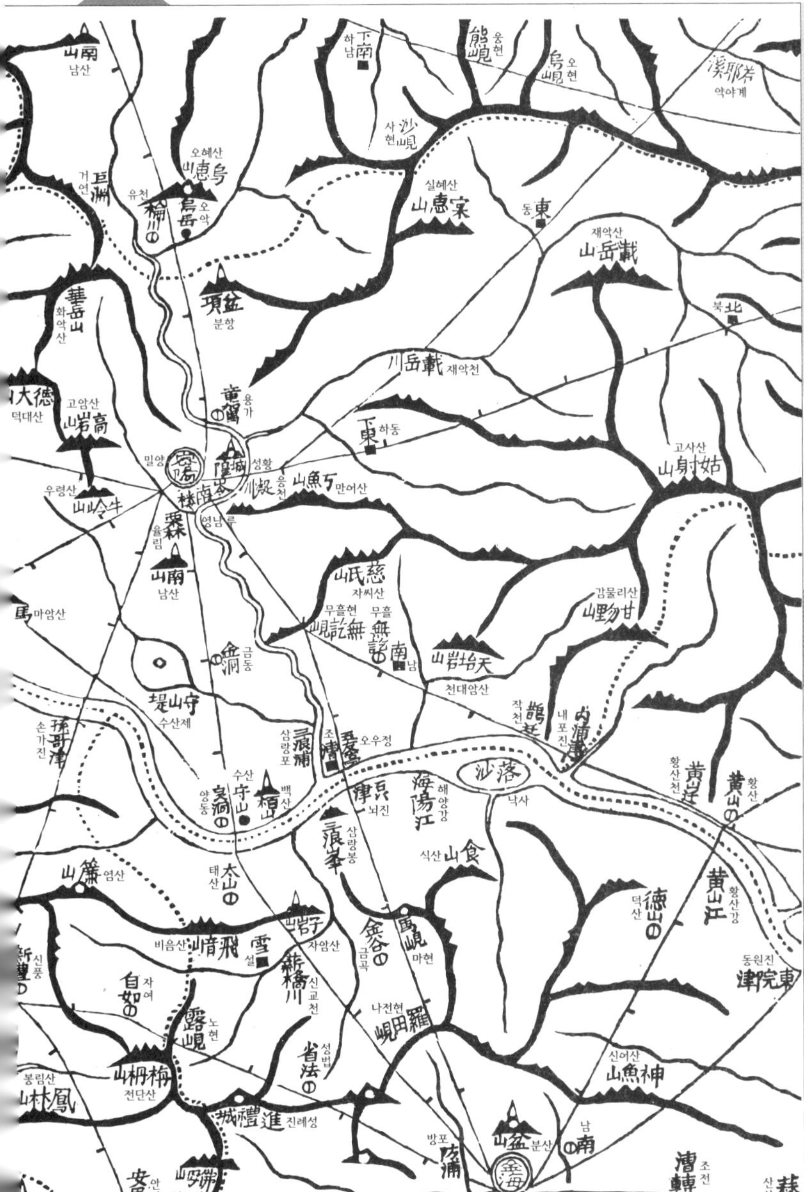

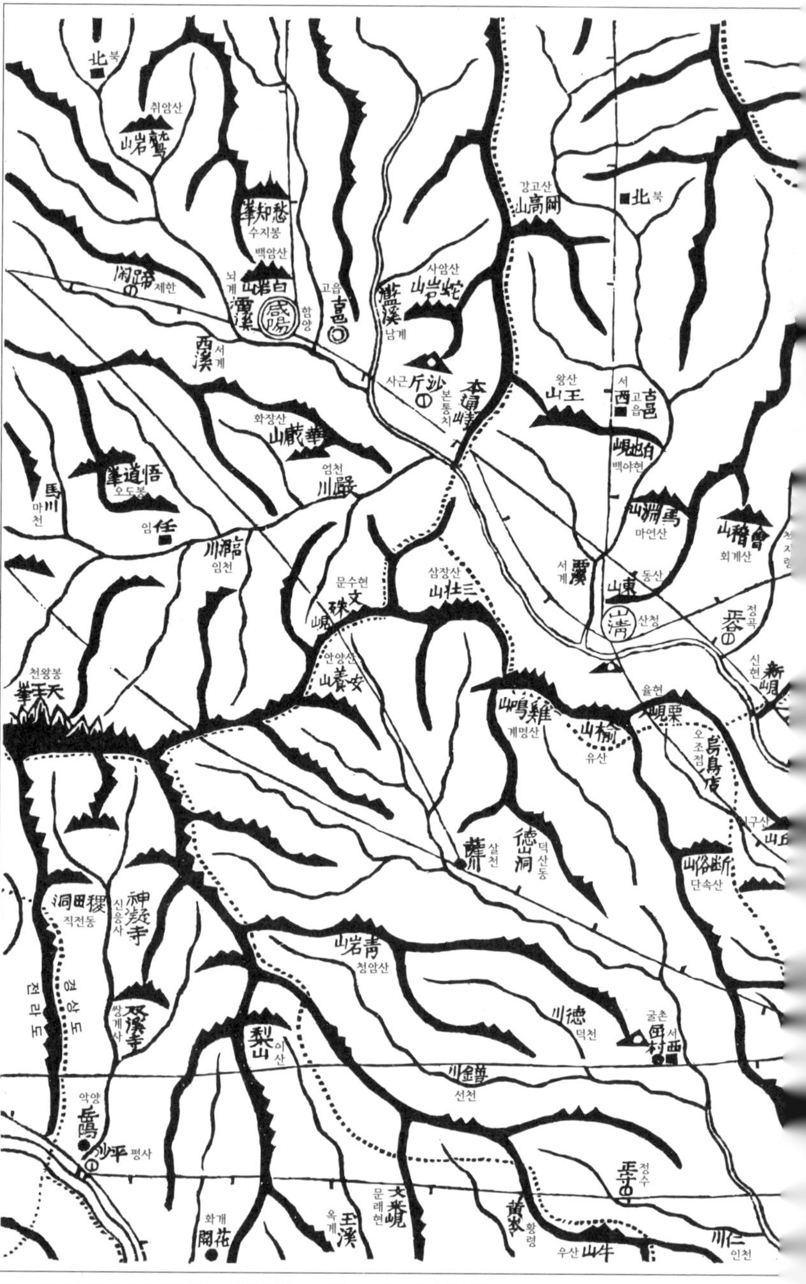

지리산에서 갈라져 황령(黃嶺) – 우산(牛山)으로 이어지는 산줄기는 낙남정맥이다.

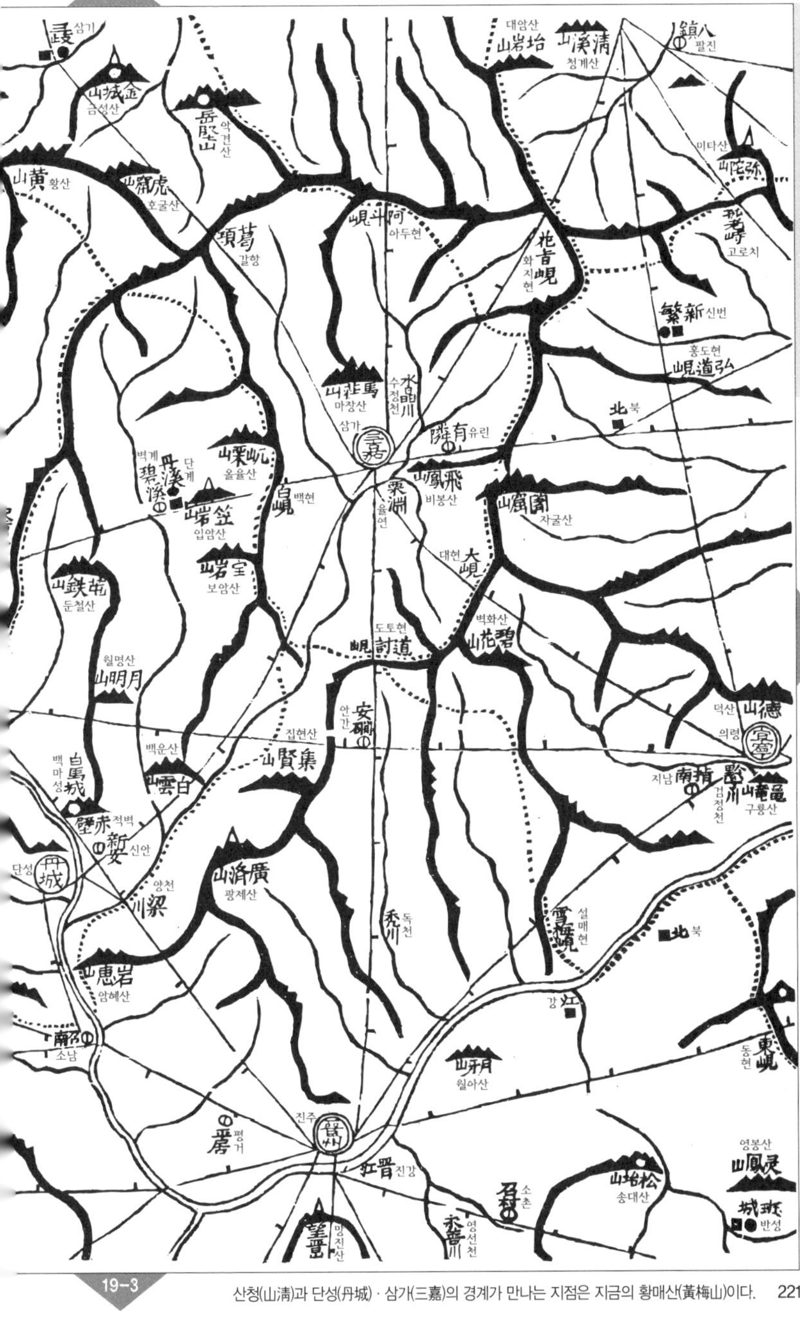

산청(山淸)과 단성(丹城)·삼가(三嘉)의 경계가 만나는 지점은 지금의 황매산(黃梅山)이다.   221

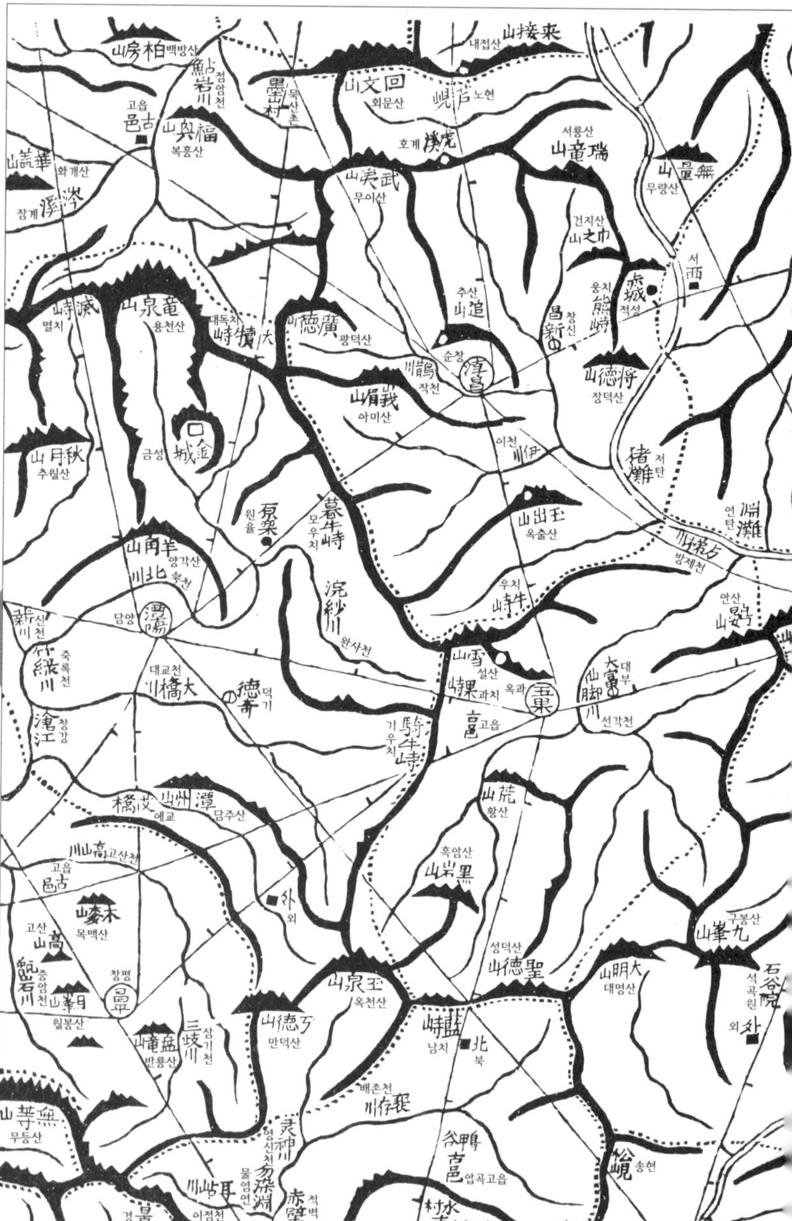

山接来 내접산

山文回 회문산 古峴 고현

山房柏 백방산
魚岩山 어암산
上井於川 상정어천
墨山村 묵산촌
邑古 고읍
山夾福 복흥산

湖溪 호계
瑞龍山 서룡산
山童瑞

山量無 무량산

山嵓華 화개산
잠계 浮溪
山武美 무이산

건지산
山之巾

西 서
赤城 적석

山泉龍 용천산
감지
峙橫大 대독치
山廣德 광덕산
추산
山追
昌新 창신
綾 주치
绫城 장신
山德將 장덕산

山月秋 추월산
금성 城金
원율 栗元
山我眉 아미산
川鶴 작천

山角羊 옥각산
川北 옥천
담양
暮牛峙 모우치

이천 川伊

山出玉 옥출산

저탄 적단
猪
灘

연대산
灘歸 귀탄

川綠 신천
녹록천
潭陽 담양
浣紗川 완사천
우치 山峯牛
방제천
川橋方

山德 덕기
川橋大 대교천

潭 담양산
山州 에교
橋艾

우치
山雪 설산
山特 과천
과천
吾東 고읍
馬牛峙 기우치

안산 山

山富大 대부
山脚 선각천
脚川

山高古 고산천
邑古 고읍
山荒 황산

山木 목맥산
고산
山高
臨石 임석
山峯月 월봉산
阜金 창평

흑암산
山岩黑

山峯九 구봉산
石谷院 석곡원
외

山泉玉 옥천산
성덕산
山德聖 성덕산
山明大 대명산

山德万 만덕산
三歧川 삼기천
山竜盆 반룡산

臨峙 남치
北 북

배촌천
川襄存

山莘無 무등산
山莘舞

山莘 검양산
川岾耳 이점천
勿染淵 물염연
赤壁 적벽

鴨古邑 압곡고읍
峴 송현
村水高 수촌고읍

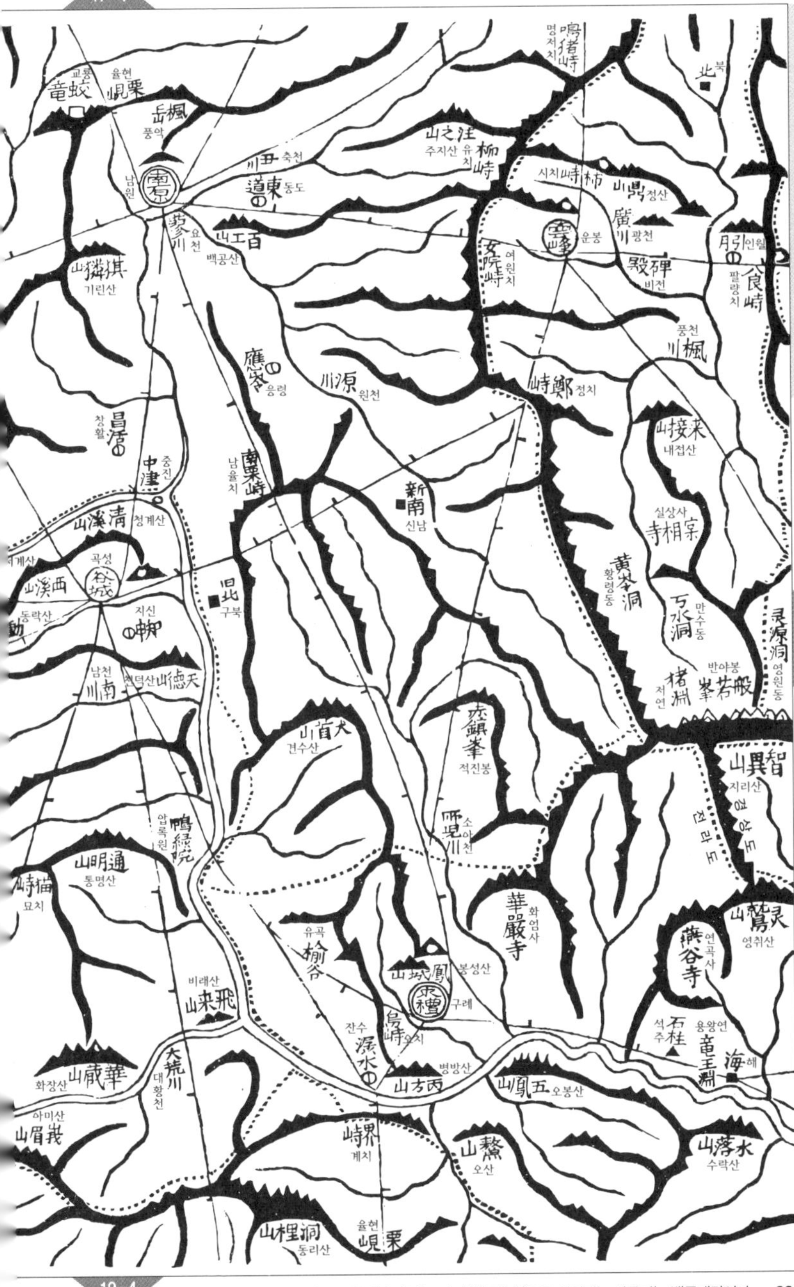

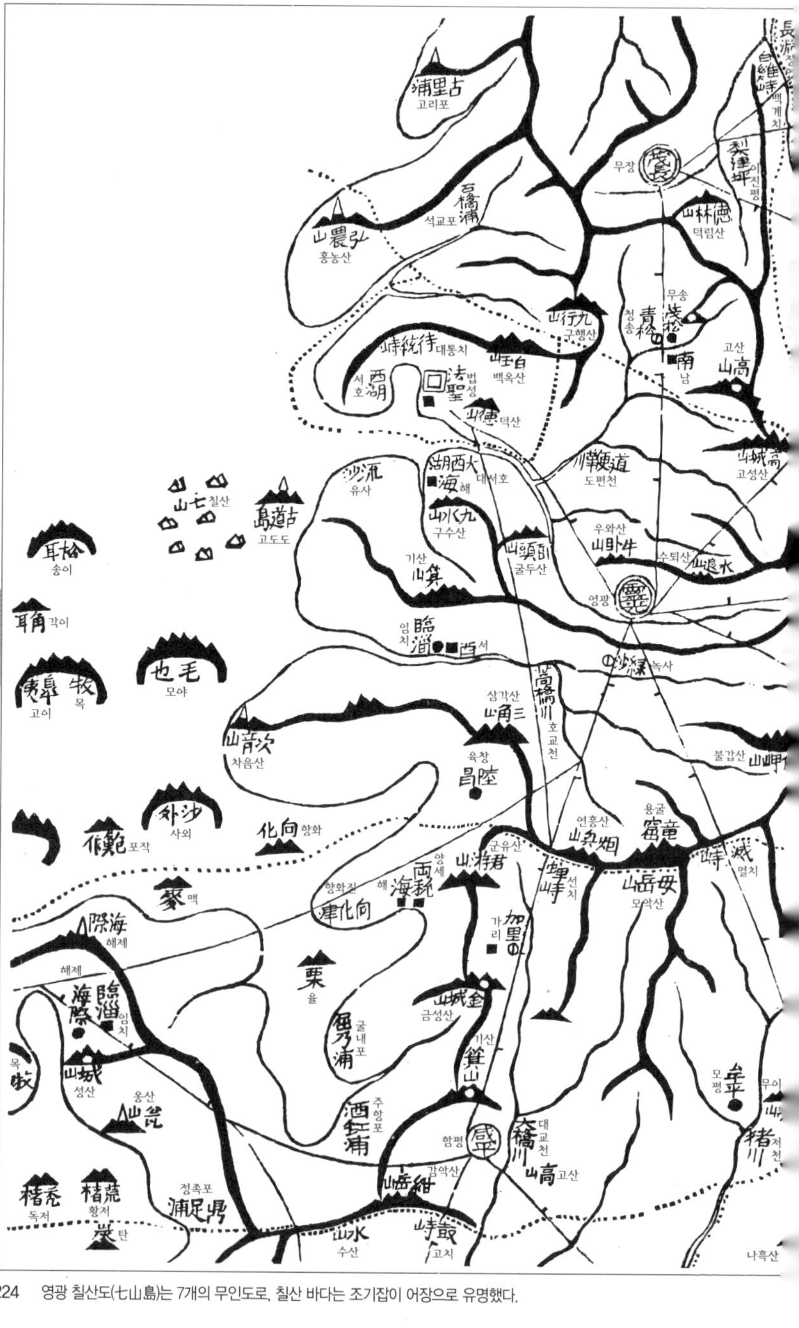

영광 칠산도(七山島)는 7개의 무인도로, 칠산 바다는 조기잡이 어장으로 유명했다.

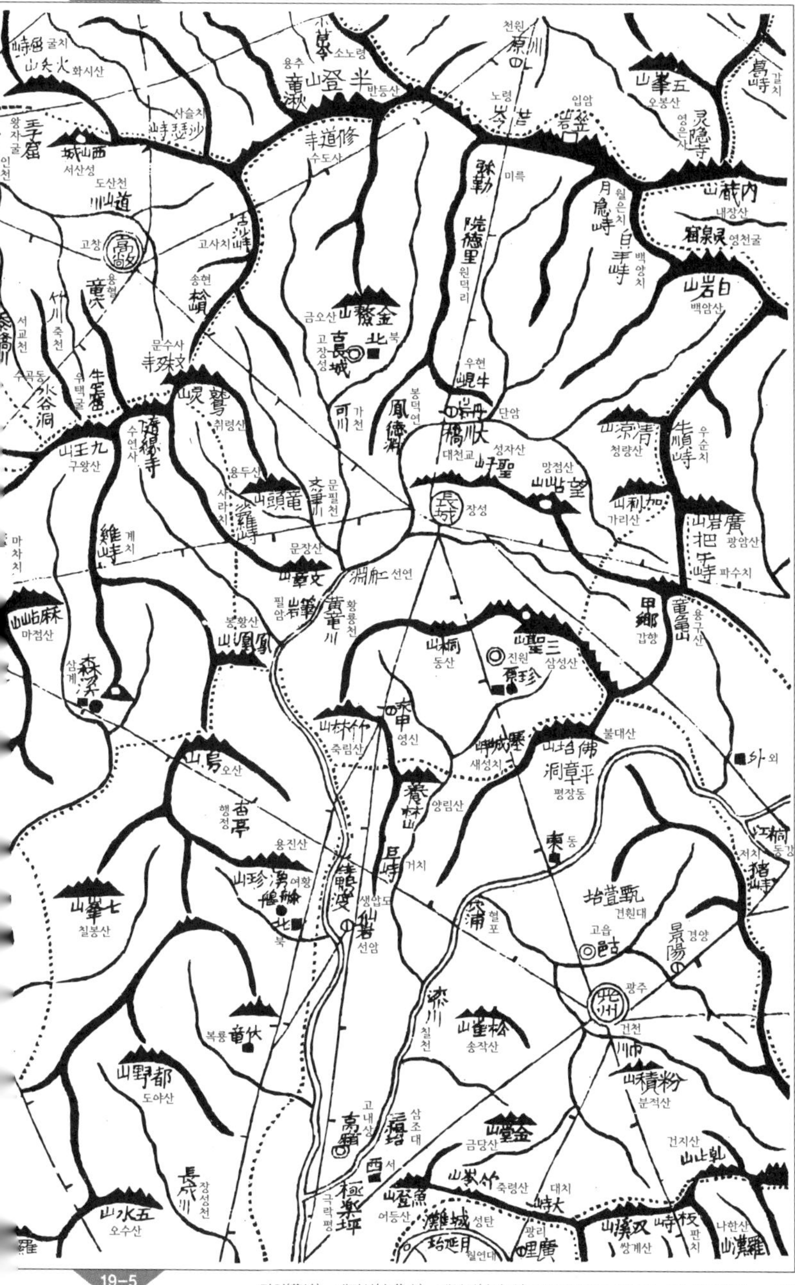

갈치(葛峙) – 내장산(內藏山) – 백암산(白岩山)으로 이어지는 산줄기는 호남정맥이다. 225

　지도(智島)는 나주목(羅州牧)에 속한 월경지(越境地)로, 수군진과 목장이 있었다.

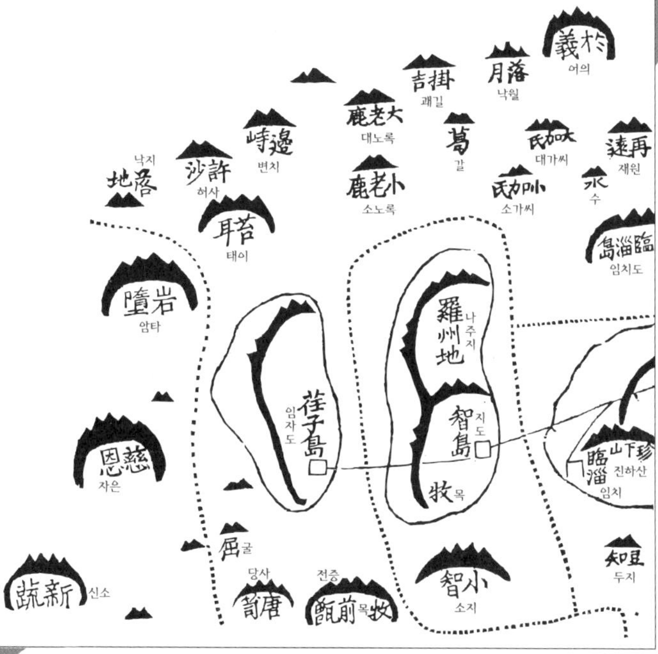

義於 어의
月落 낙월
吉掛 괘길
鹿老大 대노록
葛 갈
民加大 대가씨
遠再 재원
永 수
峙邊 변치
鹿老小 소노록
民加小 소가씨
地落 낙지
沙許 허사
耳苔 태이
島淄臨 임치도
矕岩 암타
羅州地 나주지
荏子島 임자도
智島 지도
恩慈 작은
臨淄 임치
山下珍 진하산
牧 목
屈 굴
疎新 신소
當蕩 당사
前蕩牧 목전증
智小 소지
知豆 두지

해제반도 서쪽 해안에 위치한 임치진(臨淄鎭)은 전라우수영에 속했던 수군진이다.　227

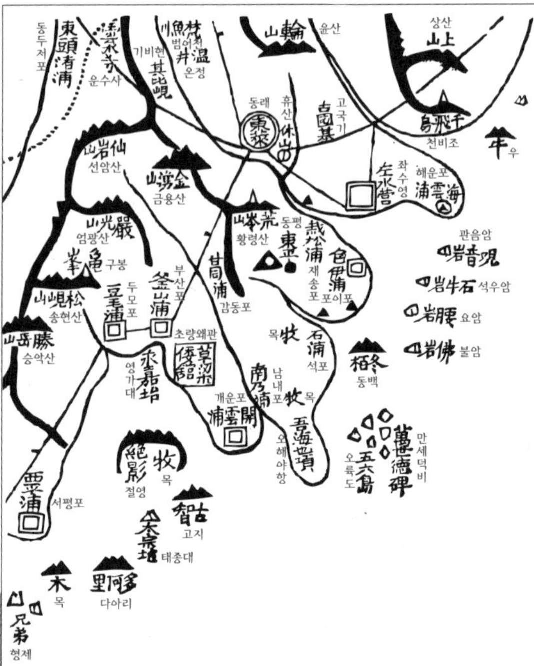

東頭有浦 동두저포
漆浦 칠포
梵魚井溫泉 범어정온정
輪山 윤산
上山 상산
운수사 기비현
井岾 정점
千飛鳥 천비조
牛 우
東萊 동래
古邑基 고읍기
유산체
고국기
海雲浦 해운포
좌수영
착수영
矢管 시관
仙岩山 선암산
金涌山 금용산
荒峯山 황령산
東平 동평
東松浦 동송포
제송포포이포
倉伊浦 창이포
巖音兒 암음아
판음암
巖牛石 암우석 석우암
巖腰 암요 요암
巖佛 암불 불암
嚴光山 엄광산 구봉
峯龜 봉구
甘同浦 감동포
牧 목
石浦 석포
稻冬 동백
釜山浦 부산포
두모포
松峴山 송현산 송현신
豆毛浦 두모포
초량왜관
倭館 왜관
영가대
南乃浦 남내포 남내포
開雲浦 개운포 오해야항
牧 목
吾海野項 오해야항
五六島 오륙도
萬海島 만해도 만세덕비
山岳勝 산악승 승악산
票浦 표포 서평포
牧 목
絶影 절영
牧 목
智岩 지암 고지
金蓮坮 금련대 태종대
里阿多 리아다 다아리
木 목
山兄弟 산형제 형제

초량왜관(草梁倭館)은 조선 중기에 설치된 일본과의 교역을 위한 공관(公館)이었다.

동래 좌수영(左水營)은 경상좌도 수군절도사가 주둔하는 주진(主鎭)이었다.

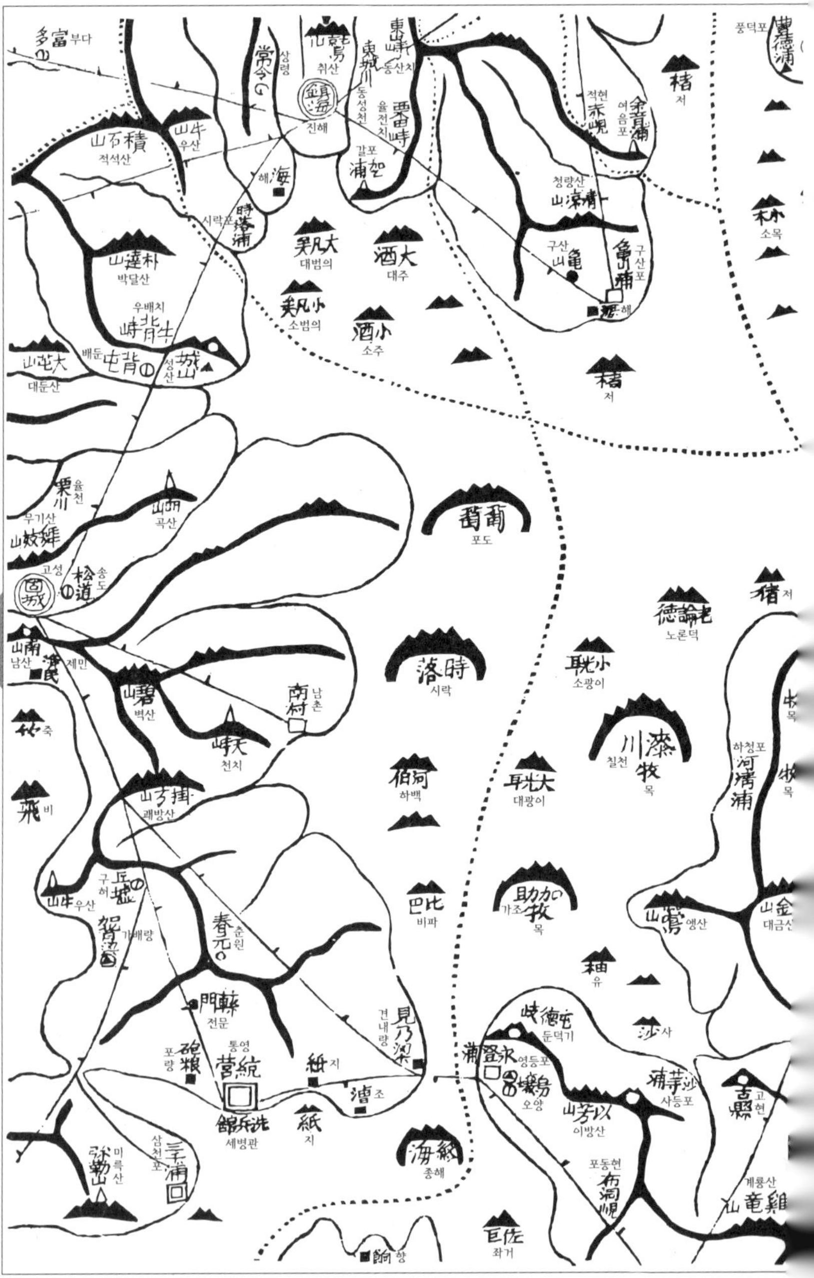

통영(統營)은 충청·전라·경상도의 삼도수군통제영(三道水軍統制營)이 있던 곳이다.

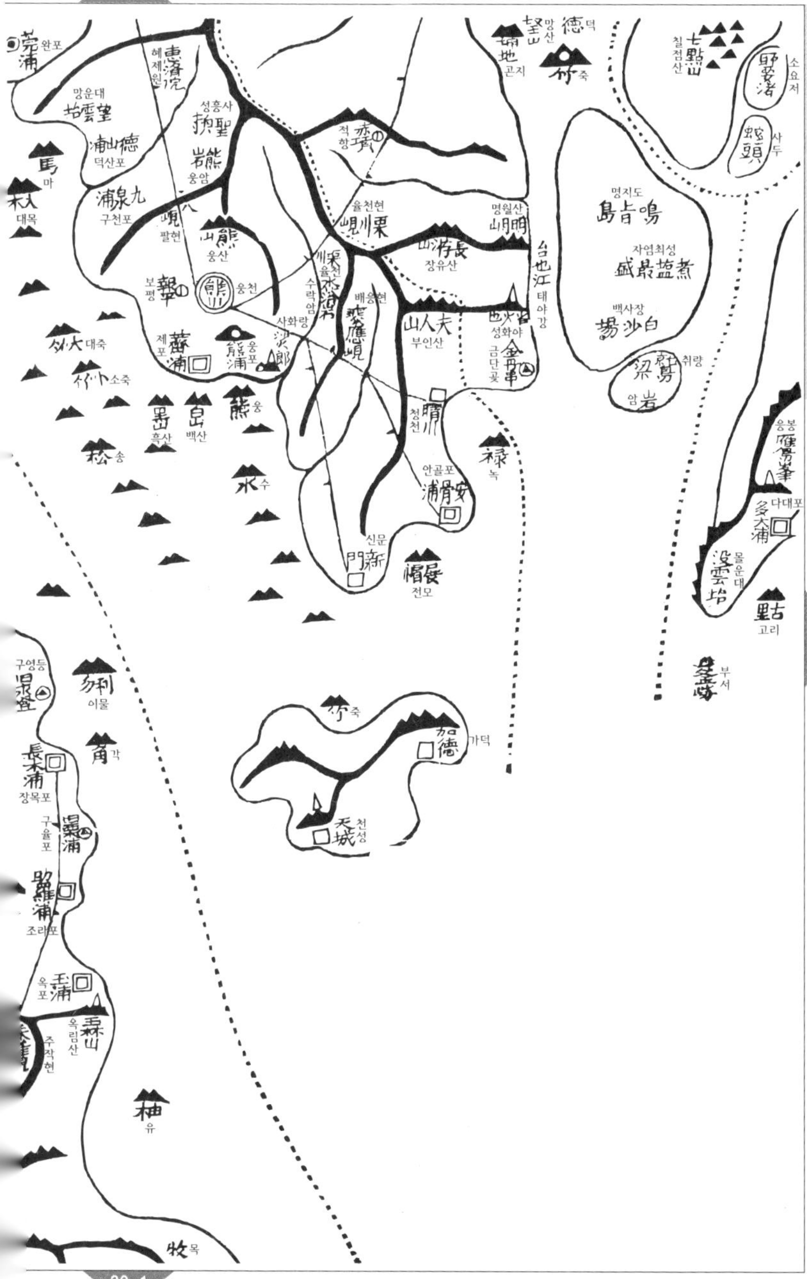

명지도(鳴旨島)에 써진 '자염최성(煮鹽最盛)'은 가마솥에 바닷물을 끓여 소금을 만드는 방식이다.

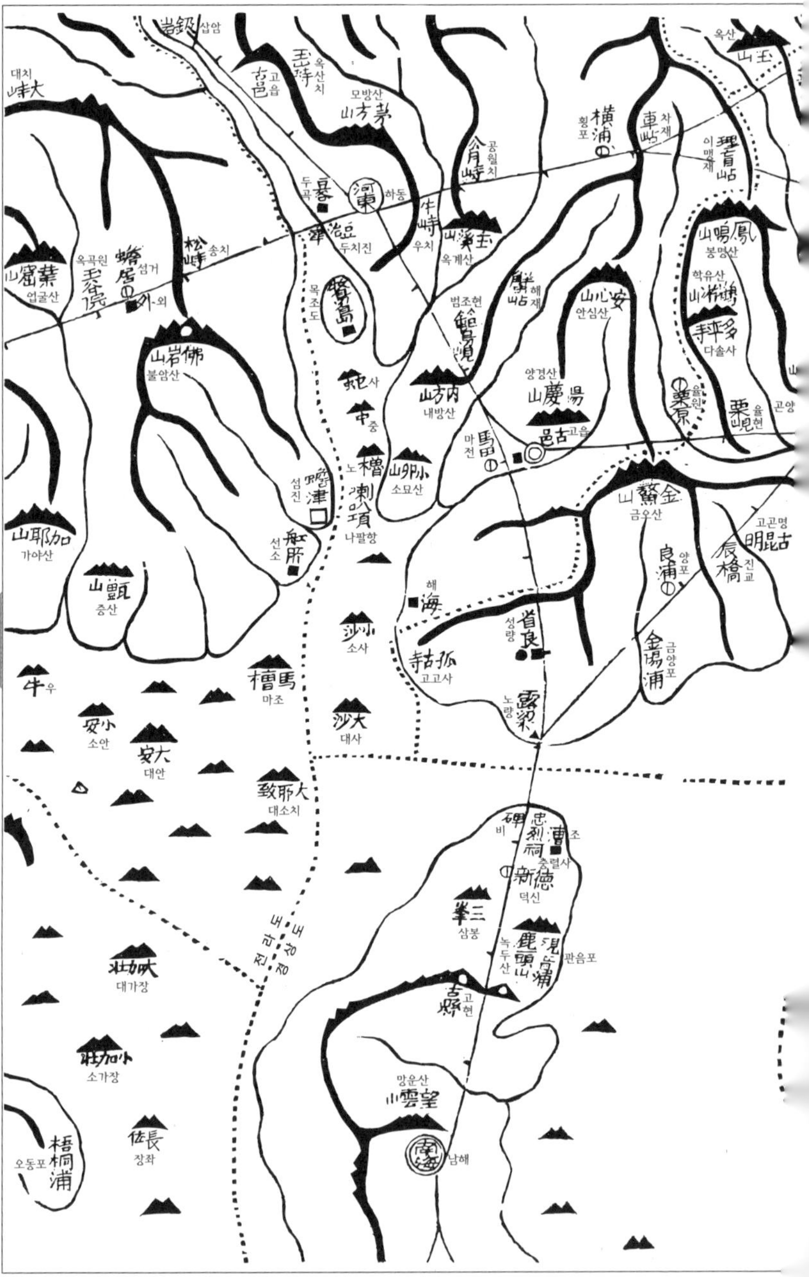

岩鉐 삼암
대치 山峙大
玉峴 옥현치
古邑 고읍
모방산 山方茅
今峴 금현치
공월치
橫浦 횡포
車峴 차재
옥산 山玉
河東 하동
두곡 龍岩
松峙 송치
牛峴 우치
옥계산 山玉
鳳鳴山 봉명산
학유산
섬거 蟾居 외
碧寶峴 벽보치
이맹재
葉窟山 언굴산
玉谷院 옥곡원
범조현
山心安 안심산
山涕浦
蛇島 사도
목조도 목조진
蛇中 사중
內方山 내방산
양경산
山慶鼎
多率寺 다솔사
佛岩山 불암산
섬진 露津
선소 船所
櫓刺項 노잣항 나팔항
山卯小 소묘산
마전
古邑 고읍
栗院 율원
곤양
金鰲山 금오산
고곤명 진교
明昆古
辰橋 진교
山耶加 가야산
甑山 증산
해 海
首良 성량
良浦 양포
양곡원 금양포
金陽浦 금양포
牛 우
沙小 소사
古狐寺 고고사
노량 露梁
小安 소안
大安 대안
馬槽 마조
沙大 대사
致耶大 대소치
忠烈祠 충렬사 조비 충렬사
新德 덕신
三峯 삼봉
鹿頭山 녹두산 판음포
見乃浦
大加莊 대가장
古峴 고현
小加莊 소가장
望雲山 망운산
南海 남해
梧桐浦 오동포
佐長 장좌

19-4

232   노량(露梁) 앞바다는 정유재란 때 이순신 장군이 왜군을 크게 무찌른 곳이다.

18-3

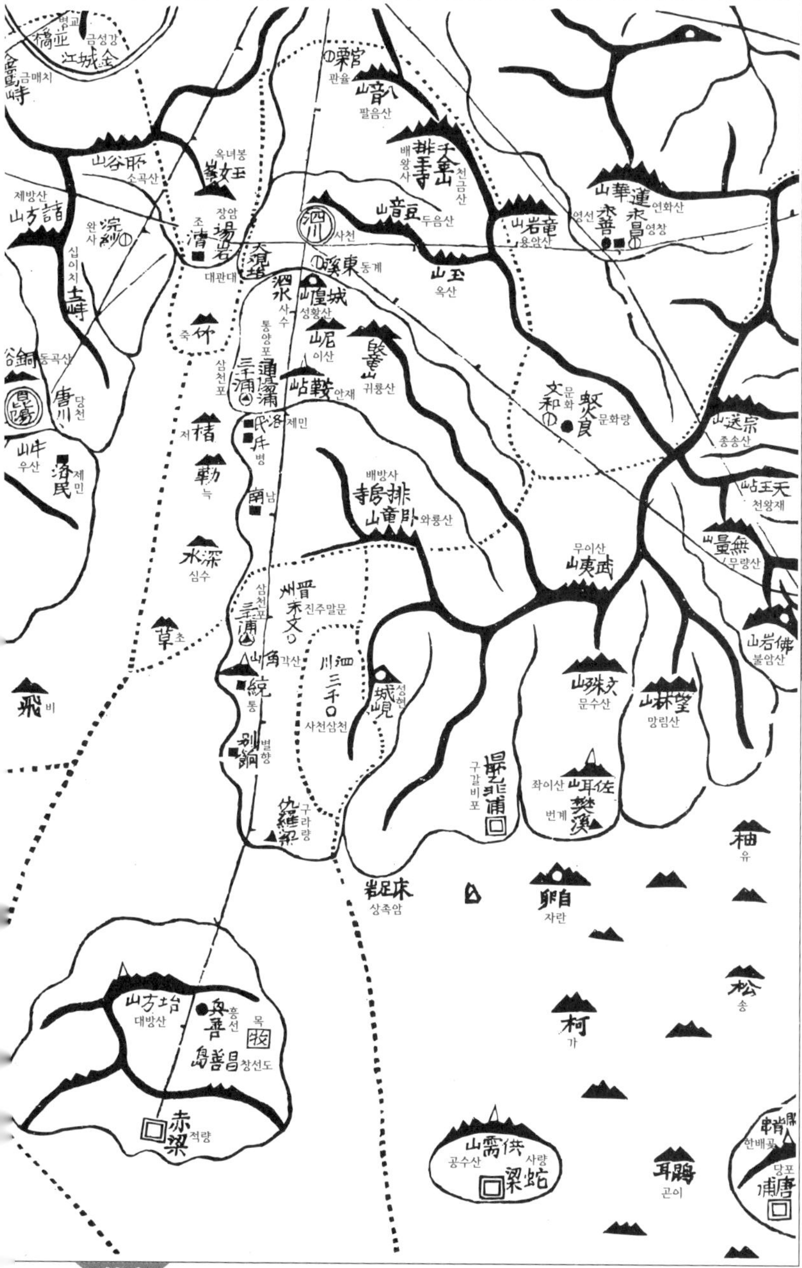
금성강
금매치
소곡산
옥녀봉
제방산
완사
장암
조
십이치
대관대
죽
동곡산
당천
우산
제민
관율
팔음산
배왕사
천금산
사천
두음산
동계
성황산
사수
통양포
이산
삼천포
안재
귀룡산
옥산
용암산
영선
연화산
영창
문화
문화량
저
병
늑
남
심수
초
비
배방사
와룡산
삼천포
진주말문
각산
통
별향
사천삼천
성현
구라량
구갈비포
무이산
종송산
천왕재
무량산
불암산
문수산
망림산
좌이산
번계
유
상족암
자란
대방산
흥선
목
창선도
적량
송
가
공수산
사량
곤이
한배곶
당포

19-2

20-2

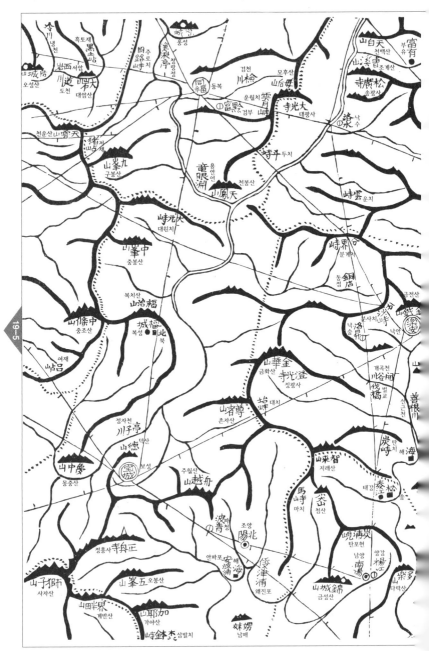

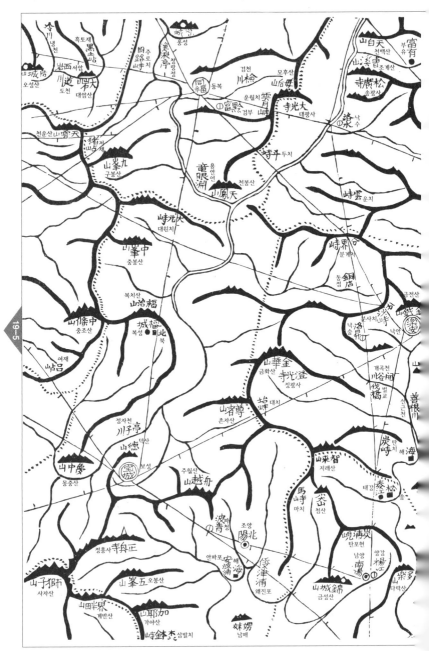

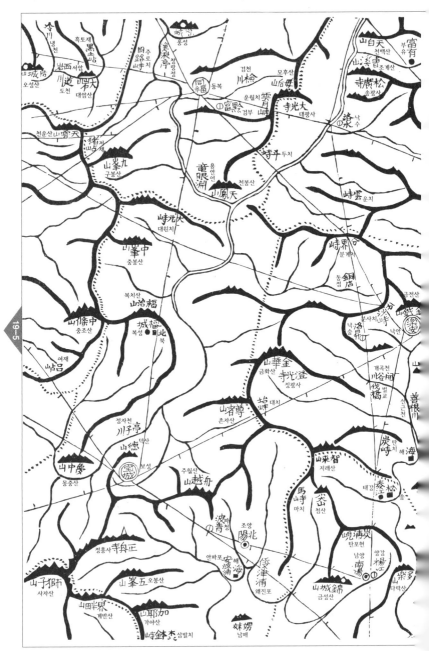

19-5

234   주로치(周路峙) – 사자산(獅子山) – 백운산(白雲山)으로 이어지는 산줄기는 호남정맥이다.

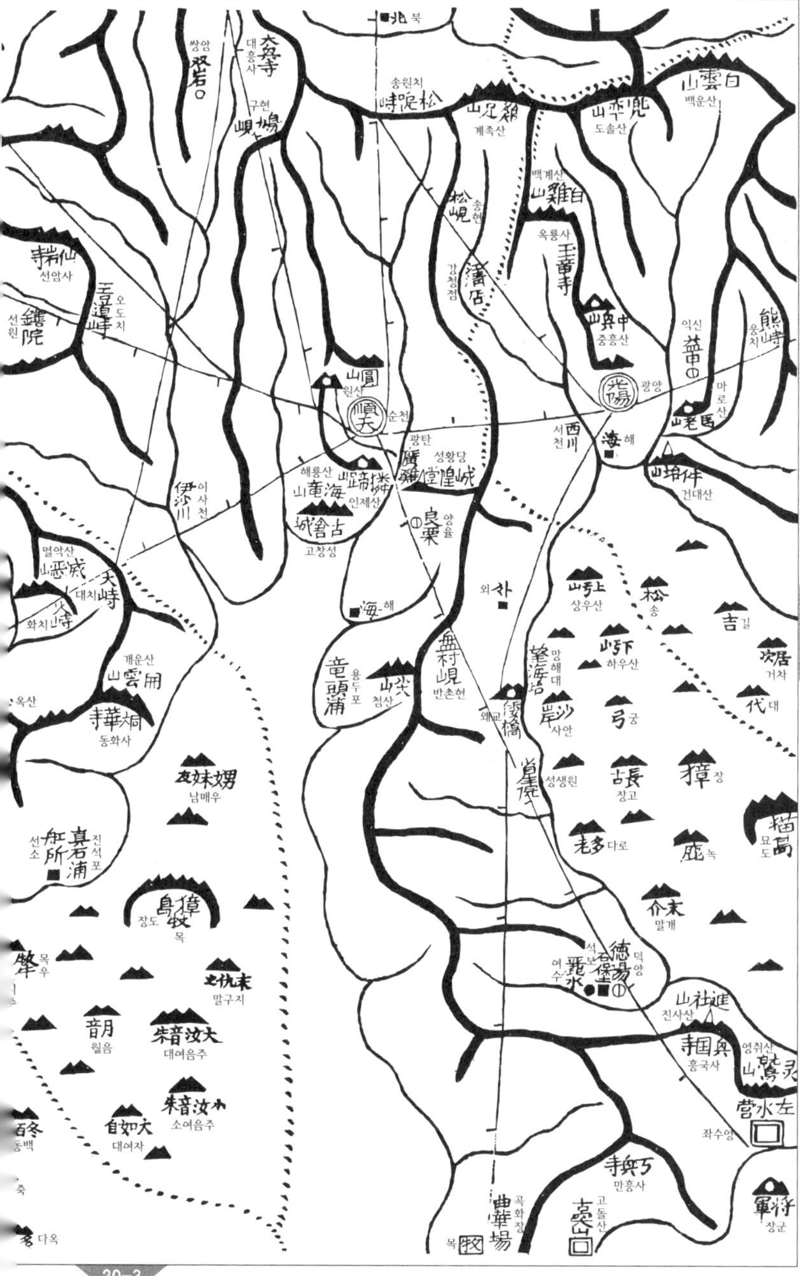

白雲山 백운산
松�||峙 송원치
雞足山 계족산
兜率山 도솔산
白雞山 백계산
鎖峙 고달치
荊山 선암사
松峙 송현 가정처럼
王鼎寺 옥룡사
鎖院 선원
圓山 원산
順天 순천
望峴 망탄
聖皇堂 성황당
海龍山 해룡산
仁聖 왕방
羅城 나성
光陽 광양
中興 중흥사
西川 서천
益市 마로산
海 해
老馬山 노마산
城舍古 고창성
良栗 양율
伴德山 건대산
天云山 화치산
天峙 대치
上于山 상우산
松 송
吉
開雲山 개운산
海村峴 반촌천
下山 하우산
次居 거처
寺桐華 동화사
竜頭浦 용두포
尖山 첨산
沙岸 사안
代 대
弓
友妹姆 남매우
嘉岩浦 진석포
堰橋
城生院 성생원
長古 장고
獐 장
猫島 묘도
庇 녹
島壽牧 장도목
老多 다로
牽牛 목우
朱音汝大 대여음주
介末 말개
德場 덕양
水營
진사산
山社進 흥국사
聲灵山 엉취산
音月 월음
朱音汝小 소여음주
水左 좌수영
自如大 대여자
百冬 동백
自華 고돌산
寺興う 만흥사
曲華場 곡화장
軍行 장군
多 다옥

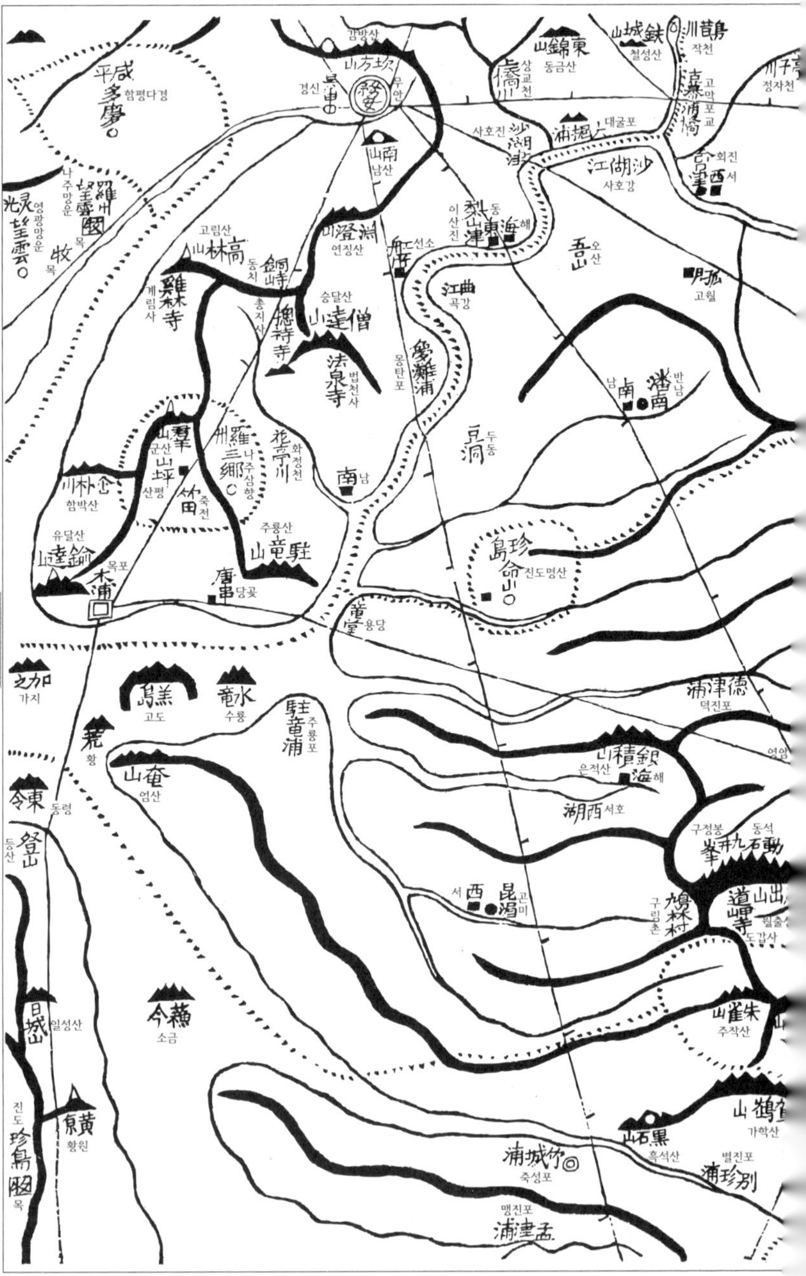

목포진(木浦鎭)은 조선 태종 때 전라도 4진 중 하나로, 첨절제사가 파견되었다.

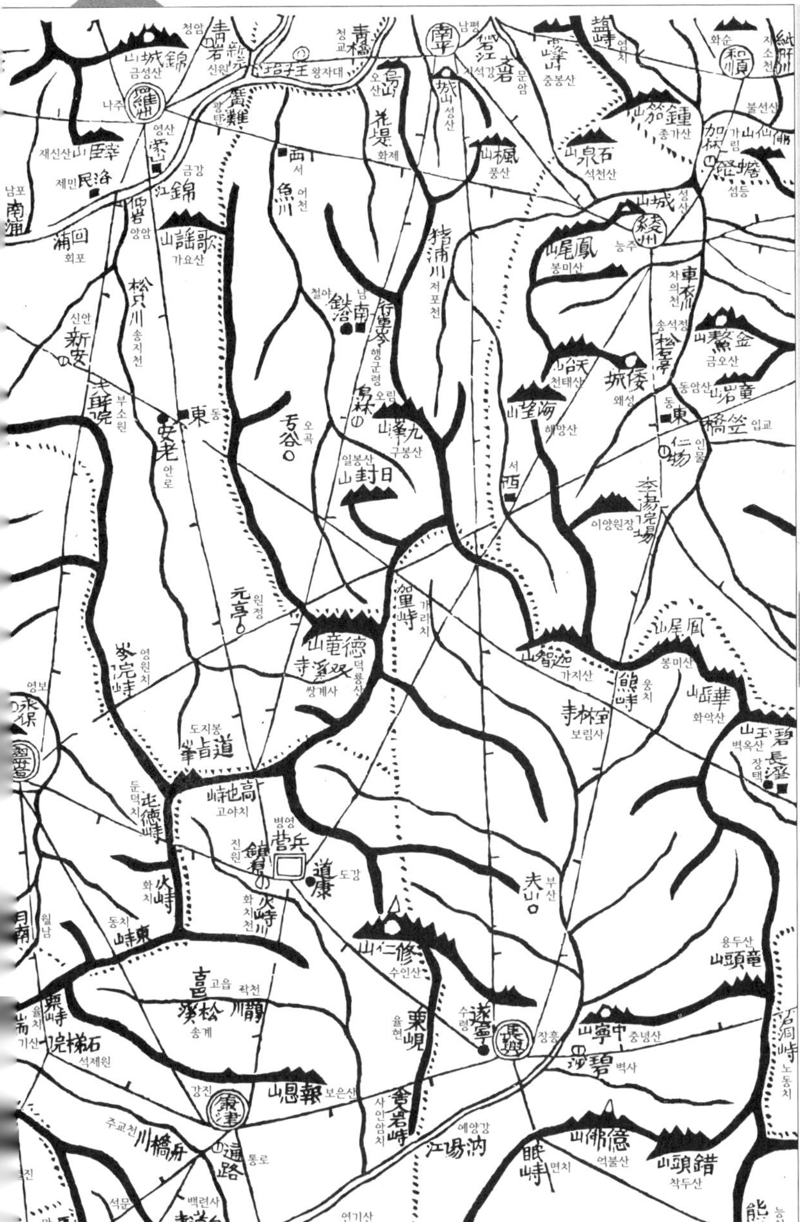

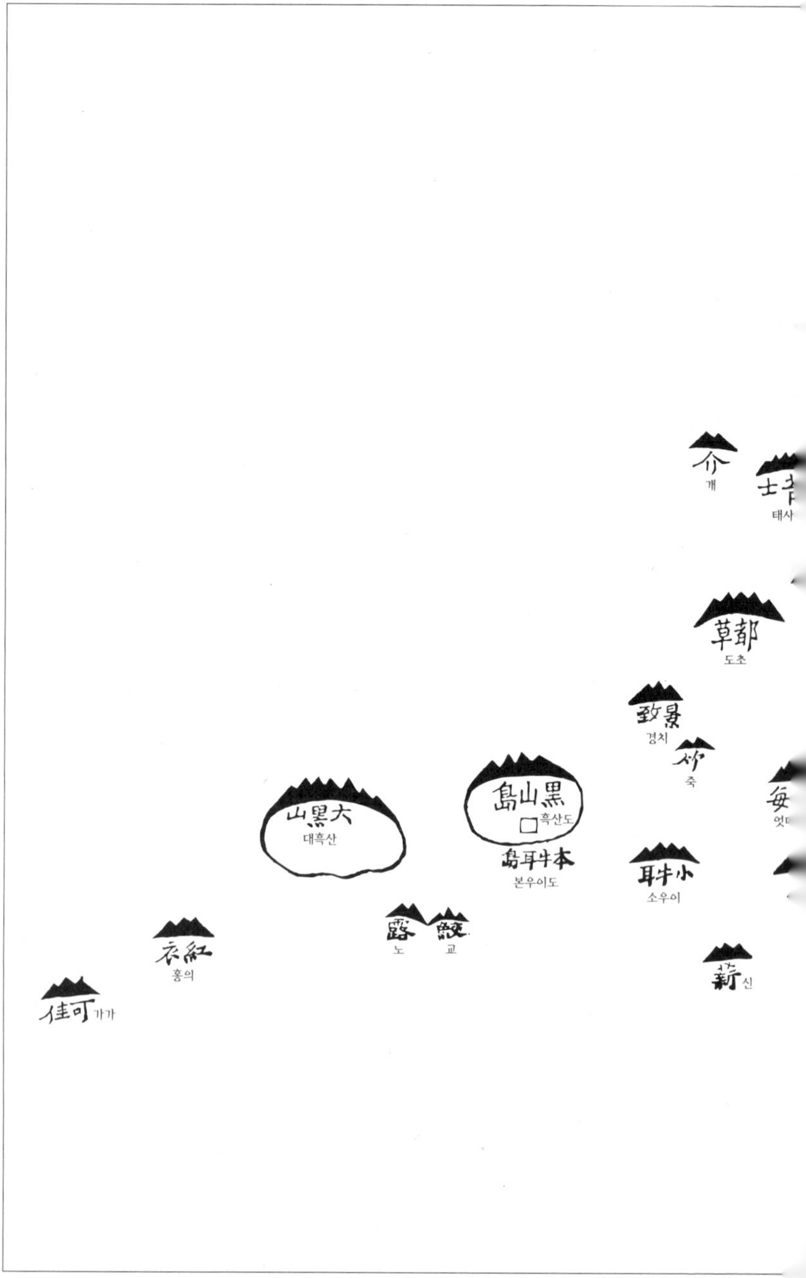

介 개
士卞 태사

草都 도초

致景 경치
竹 죽

島山黑 □ 흑산도
島耳牛本 본우이도

耳牛小 소우이

山黑大 대흑산

每 엇미

露 노
膠 교

衣紅 홍의

薪 신

佳可 가가

흑산도(黑山島)에 '본우이도(本牛耳島)'라 한 것은 본래 '우이도'였다는 뜻이다.

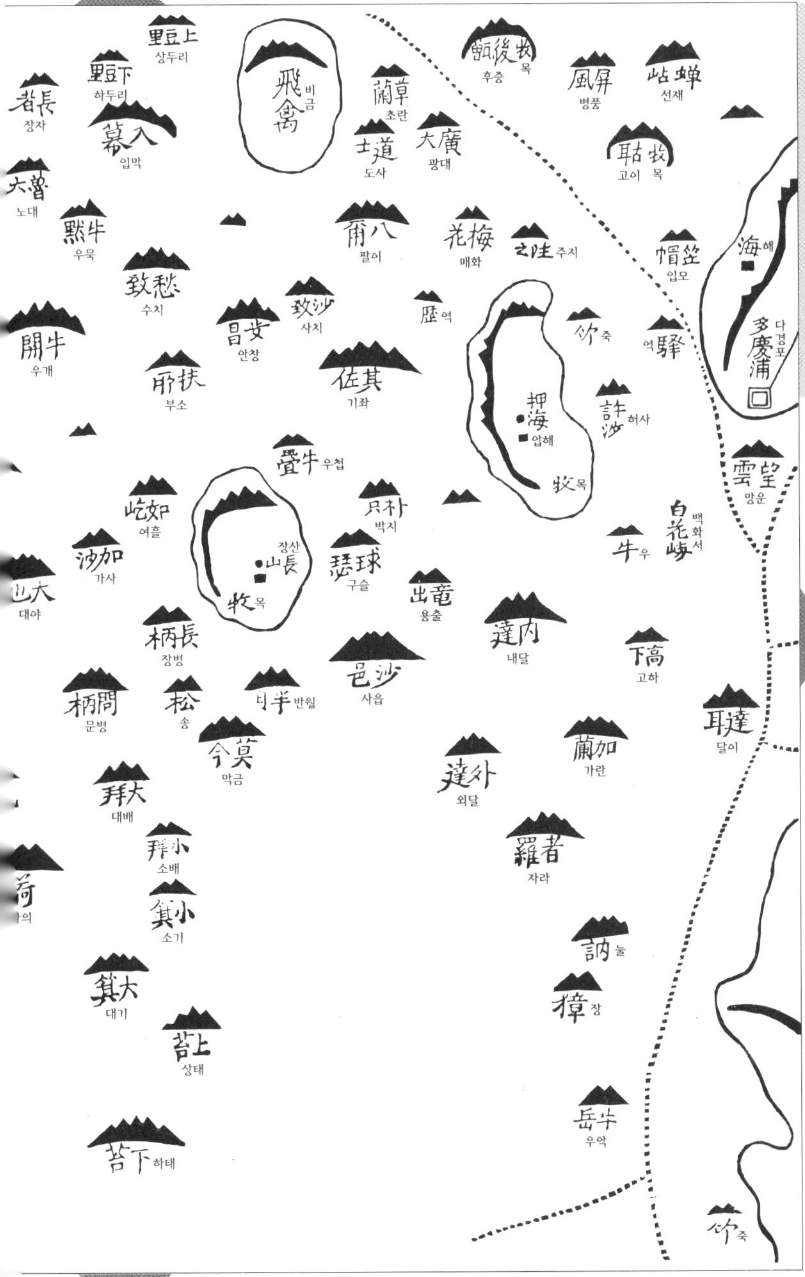

里豆上 상두리

里豆下 하두리

莫入 입막

者長 장자

六營 노대

飛禽 비금

蘭草 초란

士道 도사

大廣 광대

黙牛 우묵

致愁 수치

甫八 팔이

花梅 매화

之陸 주지

瓠後 牧 후증 목

風屛 병풍

蟬岾 선재

帽笠 入 입모

海 해

開牛 우개

昌岌 안창

致沙 사치

歷 역

竹 죽

驛 역

허沙 허사

粘 牧 고이 목

多慶浦 다겸포

佐其 기좌

丽扶 부소

押海 압해

牧 목

雲望 망운

疊牛 우첩

屹如 어흘

只朴 박지

牛 우

白花嶼 백화서

沙加 가사

山大 대아

山長 장산 牧 목

琵球 구슬

出竜 용출

達內 내달

下高 고하

耳達 달이

柄長 장병

半川 반월

邑沙 사읍

柄問 문병

松 송

今莫 막금

達外 외달

蘭加 가란

拜大 대배

拜小 소배

箕小 소기

羅者 자라

訥 눌

荷의

箕大 대기

獐 장

苔上 상태

苔下 하태

岳牛 우악

竹 죽

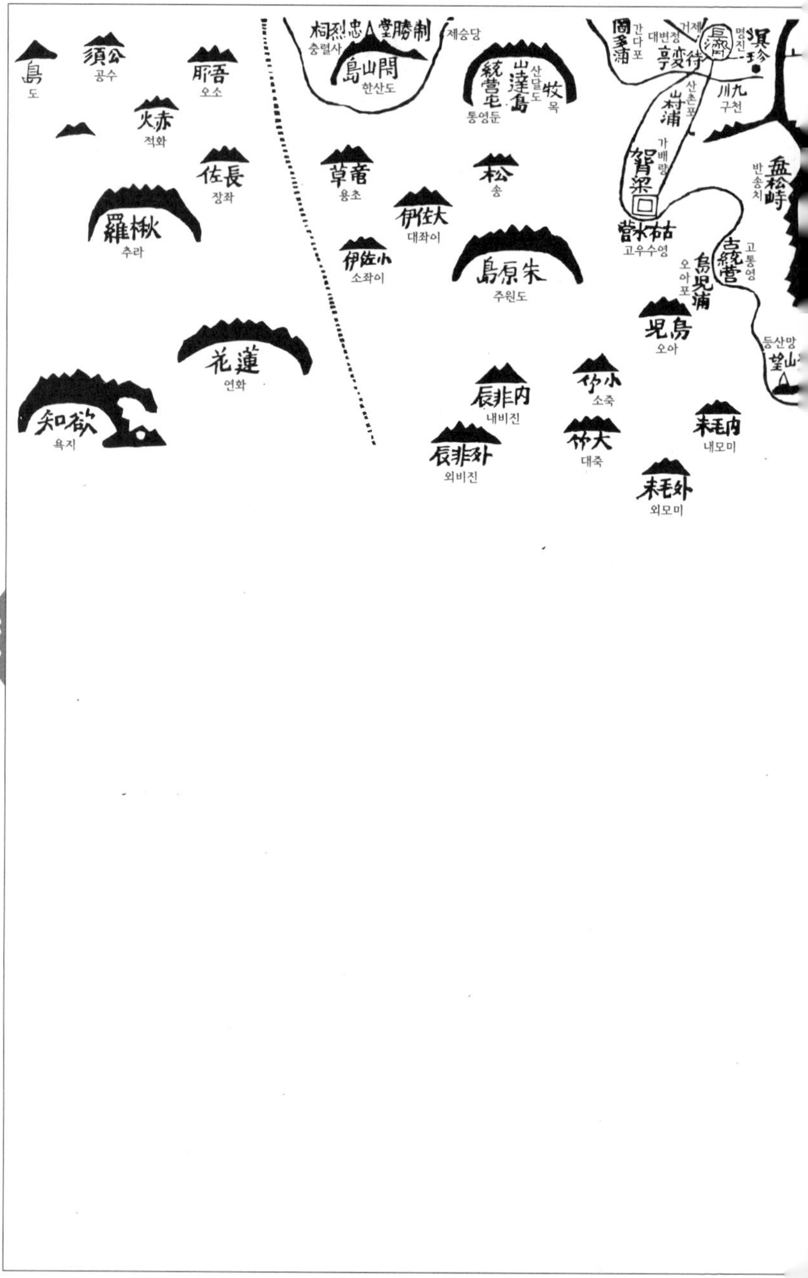

한산도 제승당(制勝堂)은 임진왜란 당시 이순신 장군이 사령부를 설치했던 곳이다.

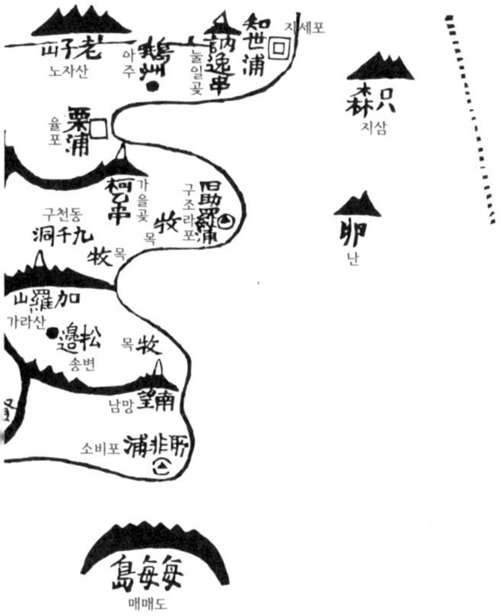

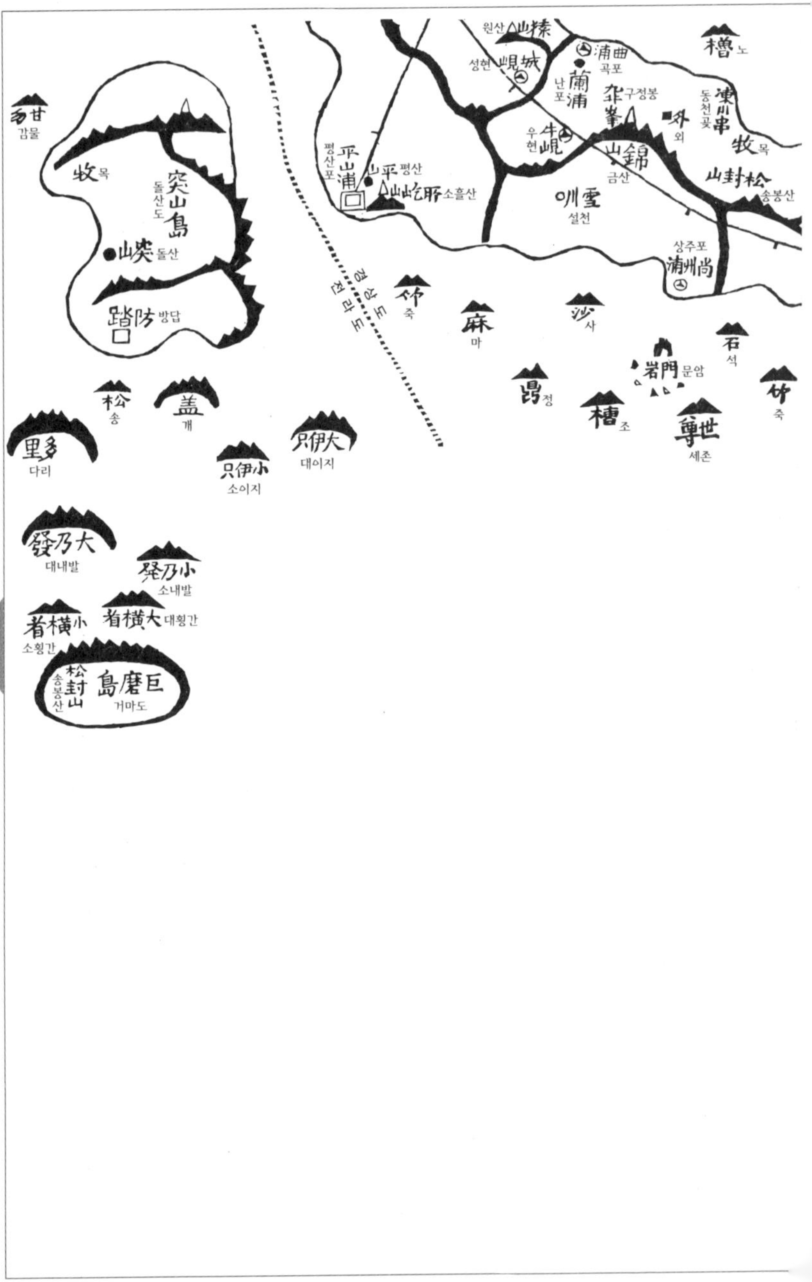

거마도(巨磨島)는 지금의 금오도(金鰲島)이고, 송봉산(松封山)은 소나무를 지킨다는 뜻이다.

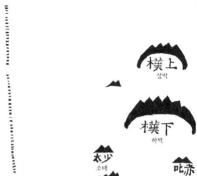

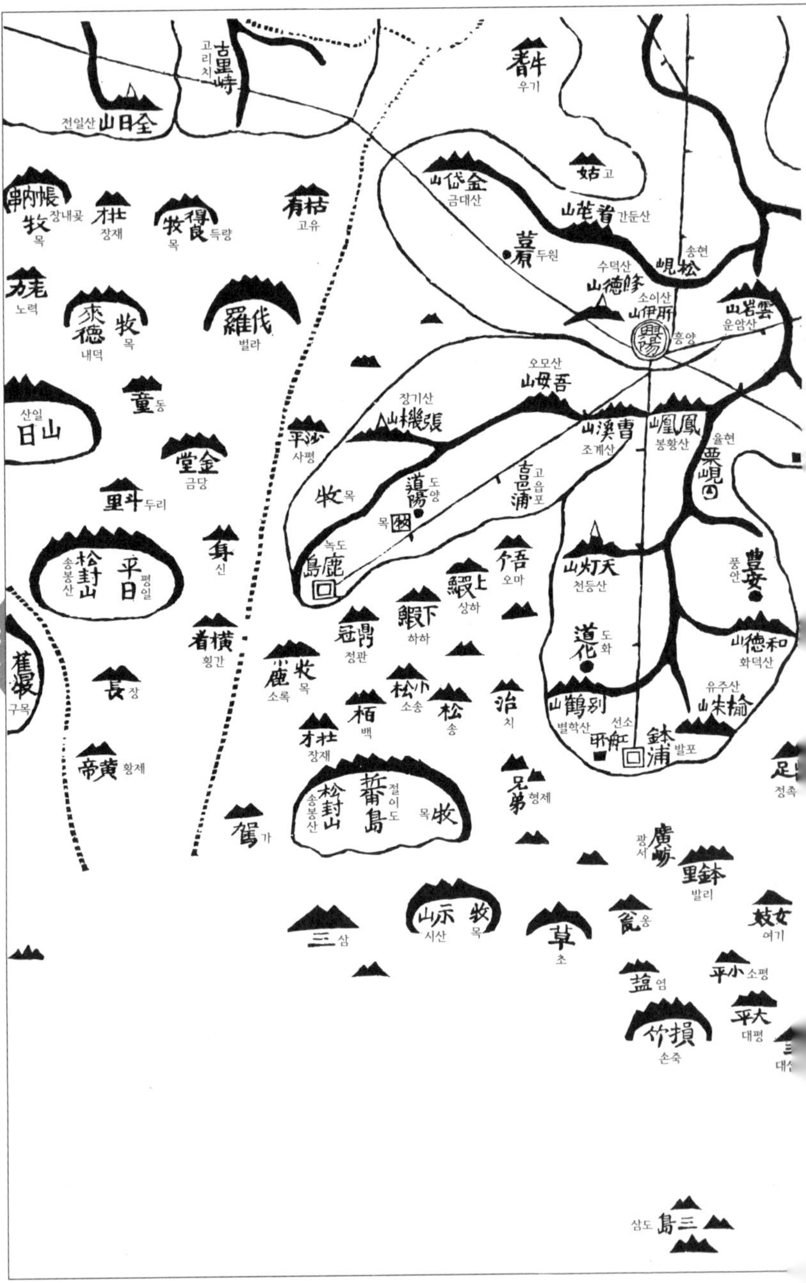

흥양(興陽)은 지금의 고흥(高興)으로, 남해안 방어를 위해 요지마다 진이 설치되었다.

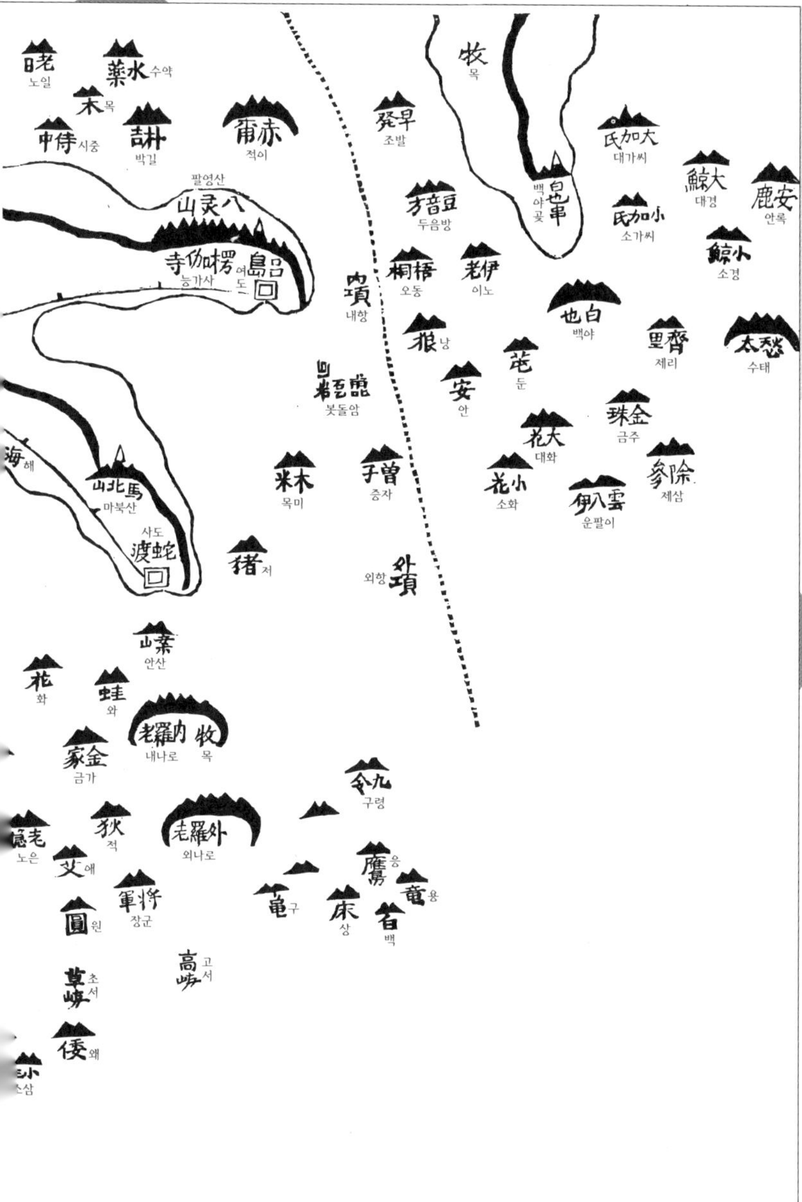

삼도(三島)는 지금의 거문도(巨文島)로, 〈대동여지도〉에 누락된 것을 표기한 것이다.　245

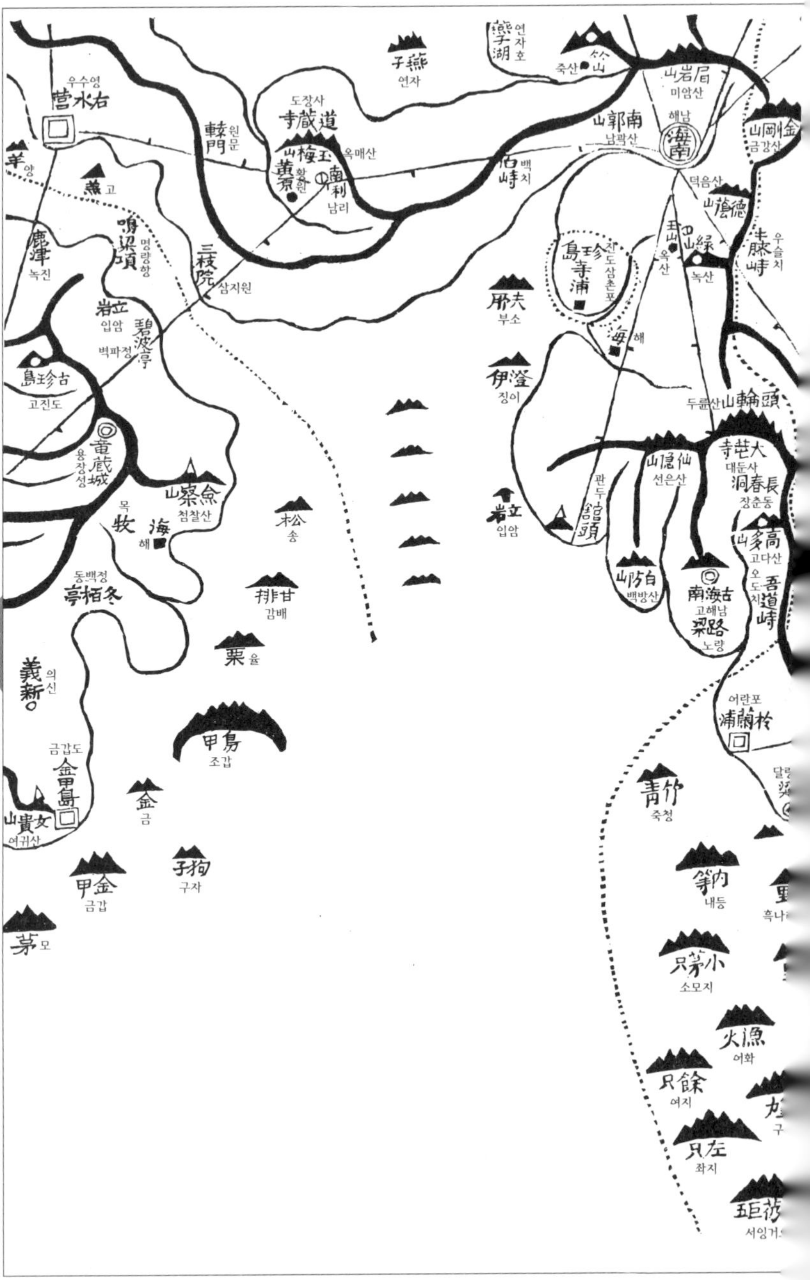

전라우수영(全羅右水營)은 임진왜란 때 명량대첩(鳴梁大捷)의 배후 기지가 됐던 곳이다.

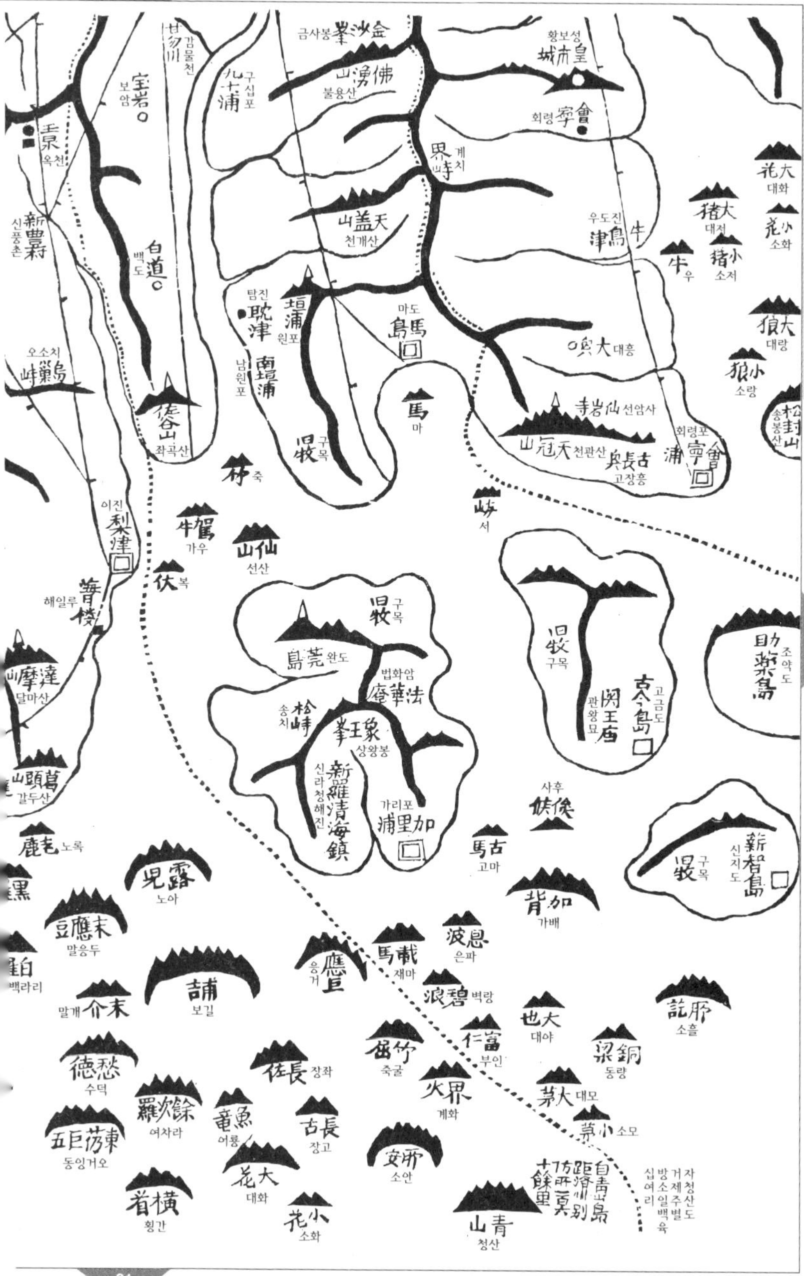

금사봉 峯沙金
보암 宝岩○
옥천 玉泉
신풍촌 新豐
백도 白道○
오소치
峰鷄島 오소치
이진루 梨津
이진 梨津
해일루
箐橫
山摩達 달마산
山頭葛 갈두산
鹿老 노록
黑
鉑
豆應末 말응두
兒露 노아
말개 介末
蒲 보길
德愁 수덕
羅次餘 여차라
珏 장좌
竜魚 어룡
古長 장고
花大 대화
花小 소화
山青 청산
省橫 횡간
巨汚東 동잉거오

구십포
九十浦
강둔천 감둔천
伐이川
불용산 山湧佛
界沙 계사
山盖天 천개산
眈津 원포
南浦 남원포
垣浦 원포
島馬口 마도
馬 마
牧 구목
筱 죽
牛駕 가우
山仙 선산
伏 복
島荒 완도
법화암 法華庵
송지 松峙
牧 구목
象王峯 상왕봉
新羅清海鎮 신라청해진
浦里加 가리포
馬古 고마
背加 가배
浪碧 벽랑
波恩 은파
馬戟 재마
應巨 응거
崛竹 죽굴
火界 계화
仁富 부인
也大 대야
梁銅 동량
茅大 대모
茅小 소모
安所 소안

황보성
城市皇
회령 寧會
우도진 牛津 우도
牛 우
선암사 寺岩仙
山冠天 천관산
兵古 고흥
浦寧會 회령포
崻 서
牧 구목
牧 구목
島王 관왕도
関王庙 관왕묘
妖倭 사후
新智島 신지도
助薬島 조약도
牧 구목

花大 대화
花小 소화
猪大 대저
猪小 소저
狼大 대랑
狼小 소랑
松山 송봉산
訛所 소흘

고진보로 표시된 달량진(達梁鎭)은 왜적의 침입으로 절도사 원적(元績)이 사망한 곳이다.　247

십여리백륙
방거소제주별도
方踞所濟州別島
자청산도
自靑山到
餘里

지사도(知士島)는 밀물 때는 섬처럼 보였으나, 지금은 진도와 간석지(干潟地)로 연결되었다.

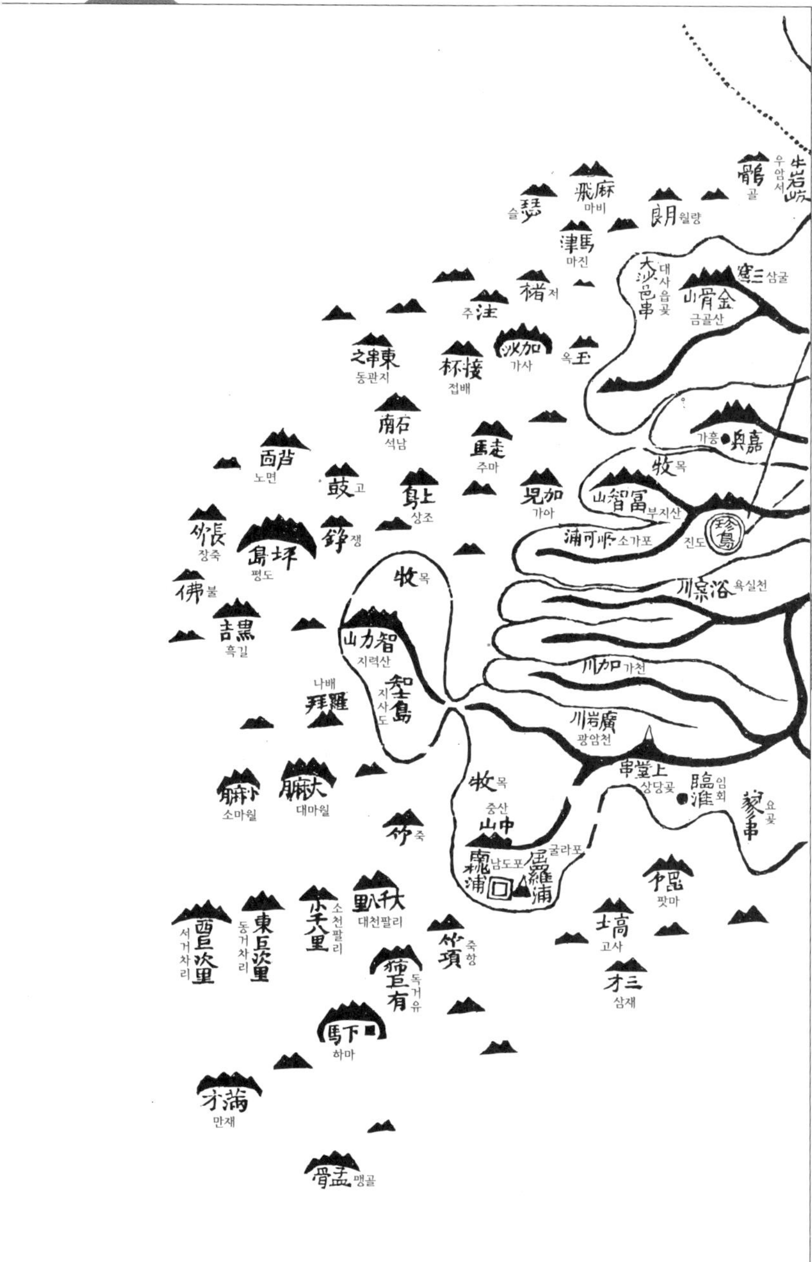

牛岩峙 우암시

飛麻 마비

良月 얼량

鶻 골

琴 슬

津馬 마진

寨三 삼굴

大沙邑串 대사읍곶

山骨金 금골산

楮 저

注 주마

火加 가사

玉 옥

之束東 동판지

杯接 접배

石南 석남

奧嘉 가흥

馬走 주마

牧 목

面芦 노면

鼓 고

島上 상조

兒加 가아

山智富 부지산

珍島 진도

浦可小 소가포

竹長 장죽

鋒 쟁

島坪 평도

牧 목

川嘉浴 육실천

佛 불

山力智 지력산

智島 지사도

川加 가천

吉黑 흑길

拜匯 나배

川岩廣 팡암천

串堂上 상당곶

臨淮 임회

蓼串 요곶

痳 소마월

脈大 대마월

竹 죽

牧 목

中山 중산

羅浦 굴라포

南桃浦口 남도포

怨 팟마

牧秋 대천팔리

少千里 소천팔리

竹頂 죽항

高士 고사

酉次里 서거차리

東兵次里 동거차리

猫有 독거유

才三 삼재

馬下 하마

才滿 만재

骨孟 맹골

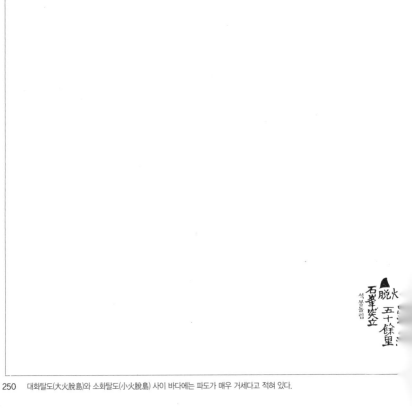

石峯突立 석봉돌립
脱火
五十
餘里

대화탈도(大火脱島)와 소화탈도(小火脱島) 사이 바다에는 파도가 매우 거세다고 적혀 있다.

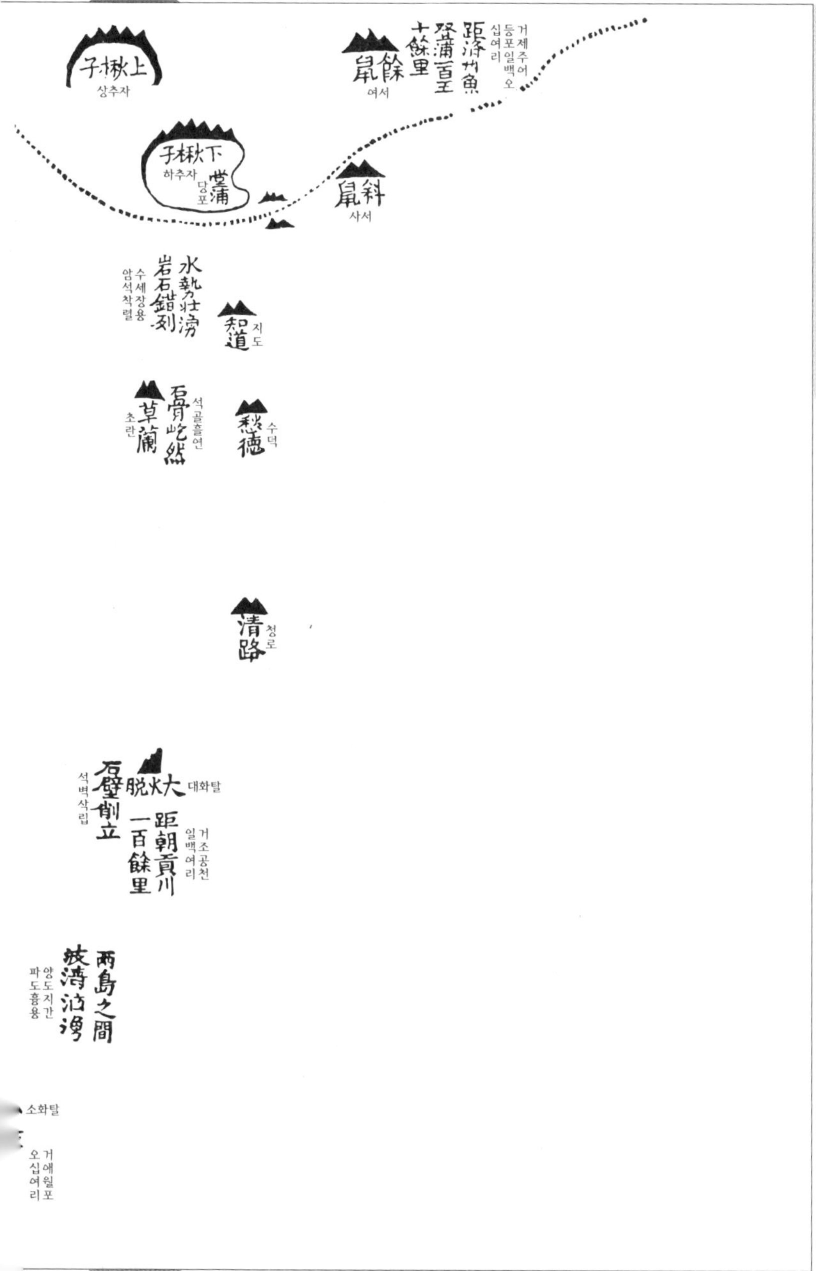

子楸上
상추자

鼠餘
여서

距濟州一百餘里
거제주일백여리

十餘里
掌浦

子楸下
하추자
掌浦
당포

鼠科
사서

水勢壯淘
岩石錯列
수세장용
암석착렬

智道
지도

胥屹然
草蘭
초란
석골흘연

愁德
수덕

清路
청로

大火脫
대화탈

石壁削立
석벽삭립

距朝貢川
一百餘里
거조공천
일백여리

兩島之間
波濤洶湧
앙도지간
파도흉용

소화탈

오십여리애포

추자도(楸子島)는 조선시대 영암(靈岩)에 속했고, 제주도를 오갈 때 중요한 기항지였다. 251

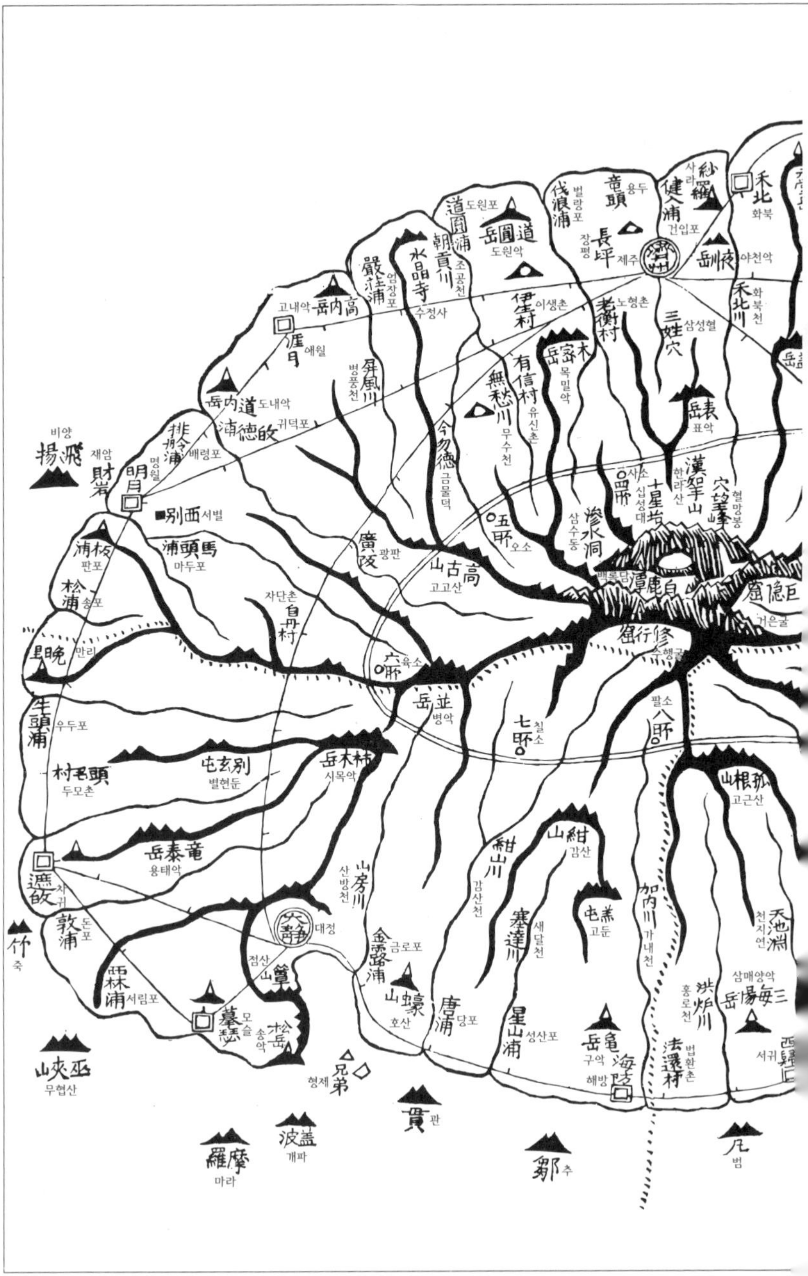

마라도(摩羅島)는 국토 최남단의 섬으로, 현재는 '마라도(馬羅島)'로 표기한다.

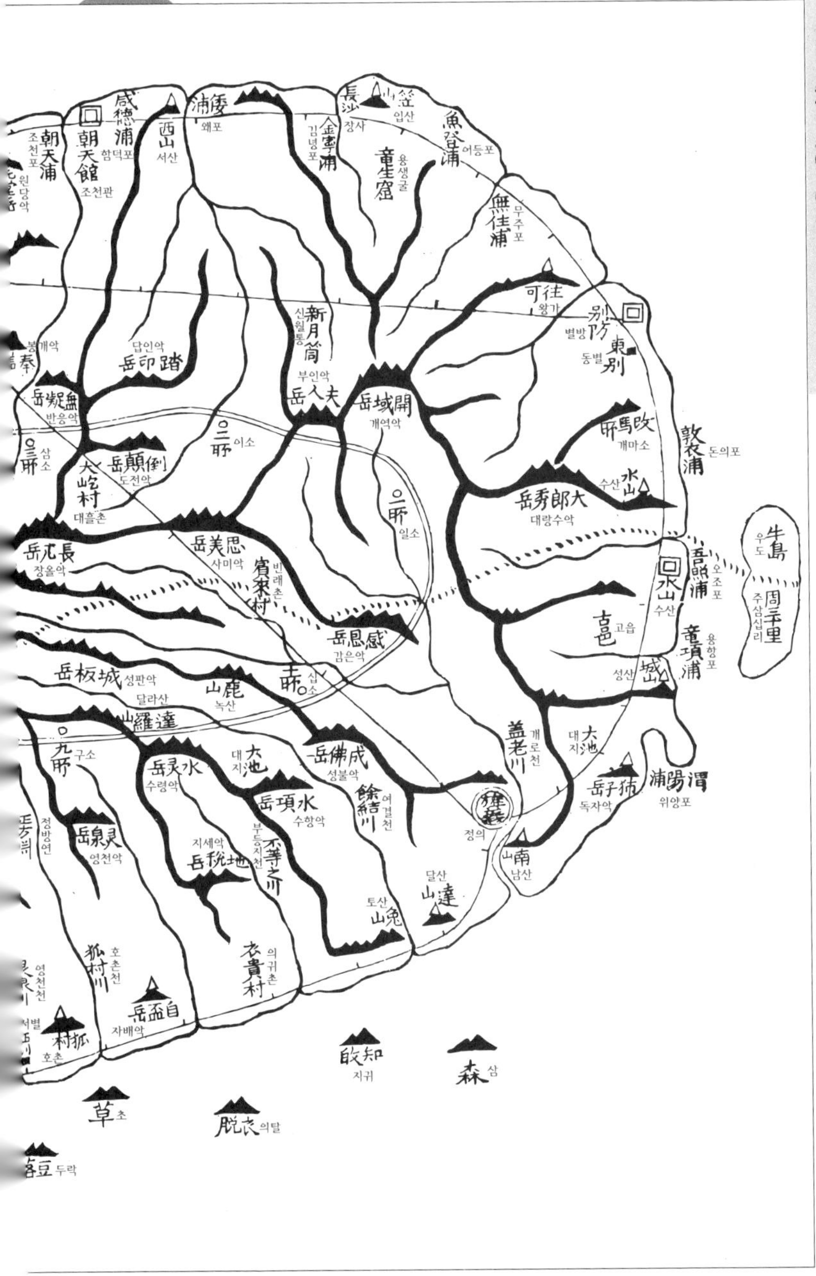

한라산 중산간지대의 타원형 테두리는 목장의 경계로 주민들은 '잣성'이라 부른다.   253

• 이 책의 특징

1. 〈대동여지도〉 한글 축쇄본
〈대동여지도〉 1861년 신유본 디지털 원판을
55%로 축소하여 모든 지명과 주기에
한글을 병기하였다.

2. 우산도와 삼도 추가
〈대동여지도〉에 누락된 독도인 우산도와
거문도인 삼도를 추가하였다.

3. 인접 지도의 층 – 면수 기입
인접한 지도를 찾기 쉽도록 지도의 상하좌우
테두리에 인접 지도의 층 – 면수를 표시하였다.

4. 〈대동여지도〉 색인도 수록
22층 최대 8면으로 구성된 120면 지도를
쉽게 찾아볼 수 있도록 〈대동여지도〉
색인도를 수록하였다.

5. 지도 하단 팁 수록
지도 하단 좌우 쪽수 옆에 지도 내용과
부합되는 간략한 설명을 수록하였다.

• 대동여지도 읽기

1. 지형의 표현

산줄기와 산
산줄기는 백두대간은 가장 굵게, 그 다음 정맥, 지맥 순으로 굵기를 달
리해 표현하였다. 산은 특징을 살려 이름난 산은 봉우리에 바위를 덧그
리고, 그 밖의 산들은 봉우리만 3개 이상 두드러지게 묘사하였다.

물줄기와 못
하천은 쌍선과 단선으로 구분하고, 쌍선 하천은 조선시대에 배가 다닐
수 있는 강을 뜻한다. 못은 자연 호수와 인공 못으로 구분하여 명칭을
달리했다.

섬과 바위섬
큰 섬은 육지와 같은 산줄기를 그리고, 작은 섬은 해안선과 작은 산줄
기를, 아주 작은 섬은 산봉우리 2~5개만 묘사하였다. 바위섬은 돌조각
모양으로 1개 또는 여러 개로 묘사하였다.

2. 도로

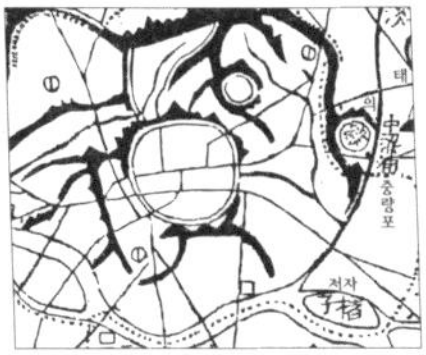

도로는 모두 직선이고, 간선도로에는 일정한 간격으로 눈금을 그려 한 눈금의 거리가 10리이다. 지형에 따라 눈금의 간격이 달라져 평지에서는 넓어지고 산지에서는 좁아진다. 조선시대에는 한양을 기점으로 1대로 의주, 2대로 경흥, 3대로 평해, 4대로 동래, 5대로 봉화, 6대로 강화, 7대로 수원, 8대로 해남, 9대로 충청수영, 10대로 통영에 이르는 10대로가 있었다.

3. 지도표

영아(營衙) □
군영에 관한 일을 하는 관아로 병영, 수영, 감영, 행영 등이 있다.

읍치(邑治) ○ 무성 ◎ 유성
전국 334개 군현의 소재지로 유성이면 쌍선 원, 무성이면 단선 원으로 표시하고 고을 이름을 표기하였다.

성지(城池) 산성 관성
적을 방어하기 위하여 쌓은 성으로, 산성과 관성이 있다.

진보(鎭堡) □ 무성 □ 유성
방어를 위해 쌓은 진지로, 유성이면 쌍선 사각형, 무성이면 단선 사각형으로 표시하였다.

창고(倉庫) ■ 무성 ■ 유성
식량이나 병기 등을 저장하는 곳으로 유성과 무성으로 구분한다.

목소(牧所) 牧場所
관용이나 군용의 말을 기르던 목장으로, 네모 안에 '牧'자를 쓴 것은 종6품 감목관이 관장하는 목장이다.

고현(古縣) ● ◉ 유성 ◎ 구읍지 유성
폐지된 부·목·군·현의 소재지로 유성, 무성, 구읍지 유성 등 세 가지로 구분한다.

고진보(古鎭堡) ▲ ◉ 유성
옛 진보로 유성과 무성으로 구분한다.

역참(驛站) ①
간선도로에 약 30km 간격으로 설치되어 공무 여행자에게 말과 숙식을 제공하는 곳이다.

방리(坊里) ○
하급 지방행정구역의 명칭으로 지금의 읍·면·동에 해당된다.

능침(陵寢) ○ 원내 능호
임금이나 왕비의 무덤으로, 원 내에 능호의 첫 글자를 적었다.

봉수(烽燧) ▲
횃불과 연기로 변방의 긴급한 상황을 중앙에 신속하게 알리는 통신 제도이다.

고산성(古山城) ▲
옛 산성이나 폐지된 산성이다.

파수(把守) △
변방의 초소나 궁궐문, 도성의 성곽을 지키는 군인을 말한다.

경계(境界) ·········
전국 334개 군현의 경계와 74개에 이르는 월경지의 경계를 점선으로 표시하였다.

도편 최선웅

1969년 국내 최초의 산악전문지인 〈월간 등산〉(현재의 〈월간 산〉)을 창간했으며, 1974년 지도 제작에 입문해 (주)매핑코리아 대표이사, 〈계간 고지도〉 편집장을 거쳐 현재 한국 지도학회 부회장, 한국고지도연구학회 이사, 한국영토학회 이사, 한국산악회 자문위원 한국지도제작연구소 대표로 활동 중이다.

저서로는 《해설 대동여지도》, 《한글 대동여지도》, 《2009년도 중학교 사회과부도》, 《전국 유명 등산지도 200산》, 《100명산 수첩》, 《백두대간 수첩》, 《한 권으로 보는 그림 한국지리 백과》, 《한 권으로 보는 그림 세계지리 백과》, 《한눈에 펼쳐보는 대동여지도》 등이 있고, 현재는 〈월간 산〉과 〈공간정보 매거진〉에 고지도 칼럼을 연재하고 있다.

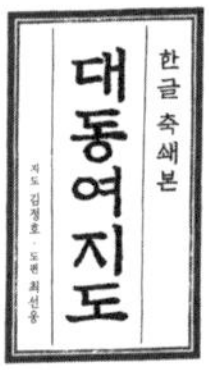

인쇄 – 2019년 2월 12일
발행 – 2019년 2월 19일
지도 – 김정호
도편 – 최선웅
발행인 – 허진
발행처 – 진선출판사(주)
편집 – 이미선, 권지은, 최윤선
디자인 – 고은정, 구연화
총무 · 마케팅 – 유재수, 나미영, 김수연
주소 – 서울시 종로구 삼일대로 457 (경운동 88번지) 수운회관 15층
　　　대표전화 (02)720–5990　팩시밀리 (02)739–2129
　　　홈페이지 www.jinsun.co.kr
등록 – 1975년 9월 3일 10–92

※책값은 커버에 있습니다.

ISBN 978-89-7221-581-3 03980

도편 ⓒ 최선웅, 2019
지도 디자인 ⓒ 최지혜, 2019　편집 ⓒ 진선출판사, 2019